4단계A 완성 스케줄표

공부한 날	주	일	학습 내용
월 일	1주	도입	이번 주에는 무엇을 공부할까?
		1일	모은 돈 알아보기
월 일		2일	수 카드로 만든 큰 수
월 일		3일	가격, 인구수 등 비교
월 일		4일	규칙을 찾아 구하기
월 일		5일	여러 각도 재기
		특강 / 평가	창의·융합·코딩 / 누구나 100점 테스트
월 일	2주	도입	이번 주에는 무엇을 공부할까?
		1일	예각과 둔각의 구별
월 일		2일	모르는 각도 구하기
월 일		3일	도형의 모든 각의 크기의 합
월 일		4일	곱셈식 완성하기
월 일		5일	조건에 맞는 곱셈식 만들기
		특강 / 평가	창의·융합·코딩 / 누구나 100점 테스트
월 일	3주	도입	이번 주에는 무엇을 공부할까?
		1일	나눗셈의 몫 활용하기
월 일		2일	검산을 활용한 계산
월 일		3일	생활 속 밀기와 뒤집기
월 일		4일	어떻게 움직인 것인지 알아보기
월 일		5일	빈 곳에 알맞은 그림
		특강 / 평가	창의·융합·코딩 / 누구나 100점 테스트
월 일	4주	도입	이번 주에는 무엇을 공부할까?
		1일	막대그래프 해석하기
월 일		2일	막대그래프 완성하기
월 일		3일	실생활에서 수의 배열의 규칙
월 일		4일	도형의 배열의 규칙
월 일		5일	계산식의 규칙
		특강 / 평가	창의·융합·코딩 / 누구나 100점 테스트

공부한 날을 표시하고 하루하루 학습 내용을 살펴보세요.

Chunjae
Makes
Chunjae

▼

기획총괄	김안나
편집개발	김정희, 이근우, 장지현, 서진호, 한인숙, 최수정, 김혜민, 박웅, 장효선
디자인총괄	김희정
표지디자인	윤순미, 안채리
내지디자인	박희춘, 이혜미
제작	황성진, 조규영

발행일	2020년 12월 15일 초판 2020년 12월 15일 1쇄
발행인	(주)천재교육
주소	서울시 금천구 가산로9길 54
신고번호	제2001-000018호
고객센터	1577-0902

※ 정답 분실 시에는 천재교육 홈페이지에서 내려받으세요.
※ KC 마크는 이 제품이 공통안전기준에 적합하였음을 의미합니다.
※ 주의
책 모서리에 다칠 수 있으니 주의하시기 바랍니다.
부주의로 인한 사고의 경우 책임지지 않습니다.
8세 미만의 어린이는 부모님의 관리가 필요합니다.

똑 똑 한

하루 사고력

창의·코딩 수학

초등 수학 4A

4학년 수준

구성 및 특장

똑 똑 한 **하루** 사고력

어떤 문제가 주어지더라도 해결할 수 있는 능력,
이미 알고 있는 것을 바탕으로 새로운 것을 이해하는 능력
위와 같은 능력이 사고력입니다.

똑똑한 하루 사고력

개념·원리 길잡이

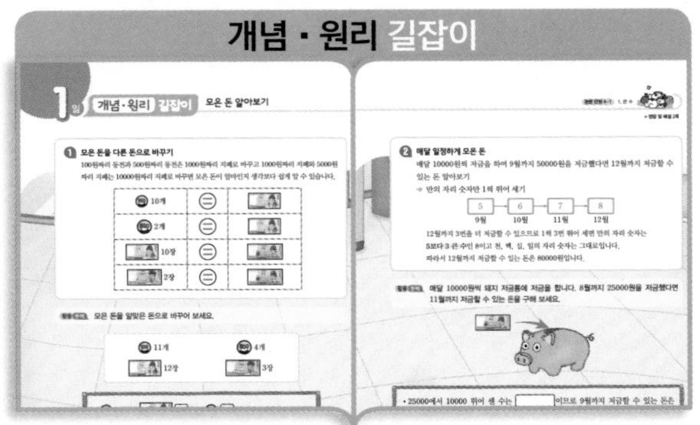

개념과 원리를 배우고 문제를 통해 익힙니다.

하루에 6쪽씩
하나의
주제로 학습합니다.

서술형·독해력 길잡이

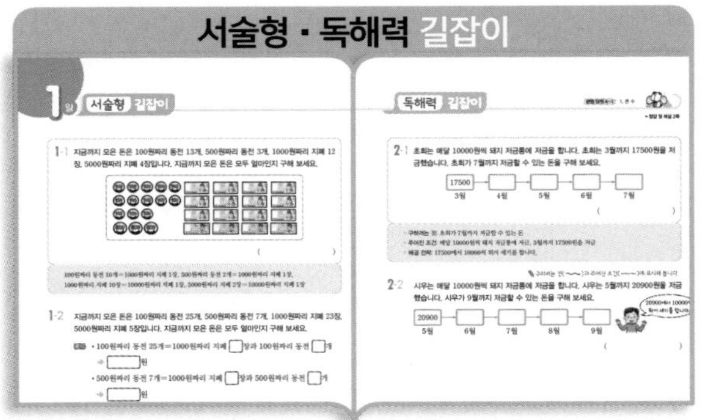

서술형 문제를 푸는 연습을 하고 긴 문제도 해석할 수 있는 독해력을 키웁니다.

사고력·코딩

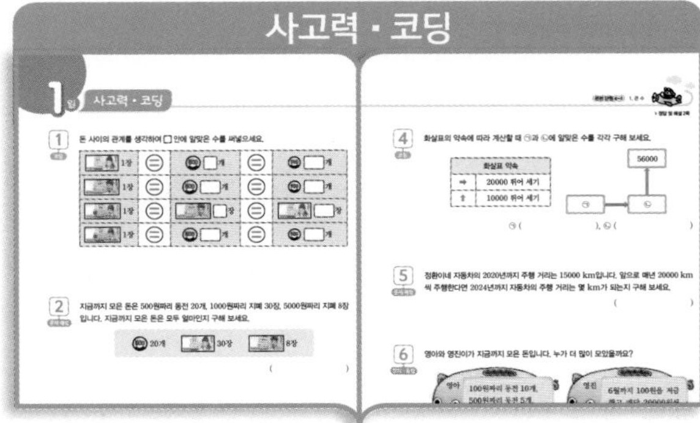

한 주 동안 학습한 내용과 관련 있는 창의·융합 문제와 코딩 문제를 풀어 봅니다.

똑똑한 하루 사고력 특강과 테스트

한 주의 특강

특강 부분을 통해 더 다양한 사고력 문제를 풀어 봅니다.

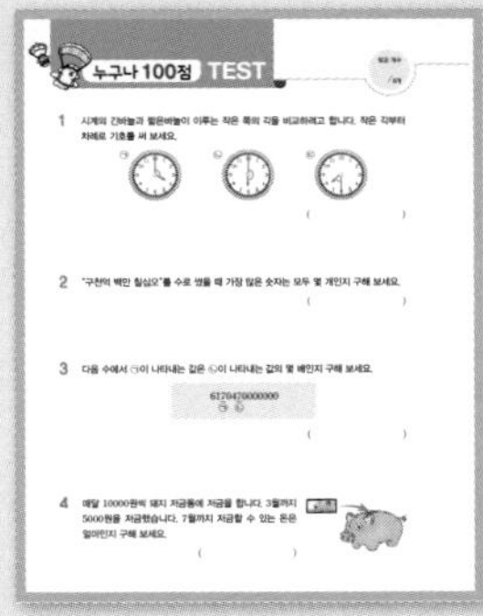

누구나 100점 테스트

한 주 동안 공부한 내용으로 테스트합니다.

차례

1주 이번 주에는 무엇을 공부할까? ①

1000이 10개인 수를 10000
또는 1만이라 쓰고 만 또는 일만
이라고 읽으니 용돈을 만 원으로
올려 달라는 소리군.

㉮
㉯
㉰

다르게 벌린 다리의 각의 크기 중에 어떤 것이 가장 클까?

벌린 다리의 각도가 가장 큰 쪽은 ㉮네요.

정답!

만 원으로 용돈 확정!

엄마가 빨리 와야 하는데…….

그런데 엄마는 어디 갔니?
살 것이 있어서 마트에 간다고 하셨어요.

엄마는 왜요?
엄마에게 중요한 말을 하려고 해.

여보, 용돈이 다 떨어졌는데……. 용돈 좀……
크크큭

1 주

이번 주에는 무엇을 공부할까? ②

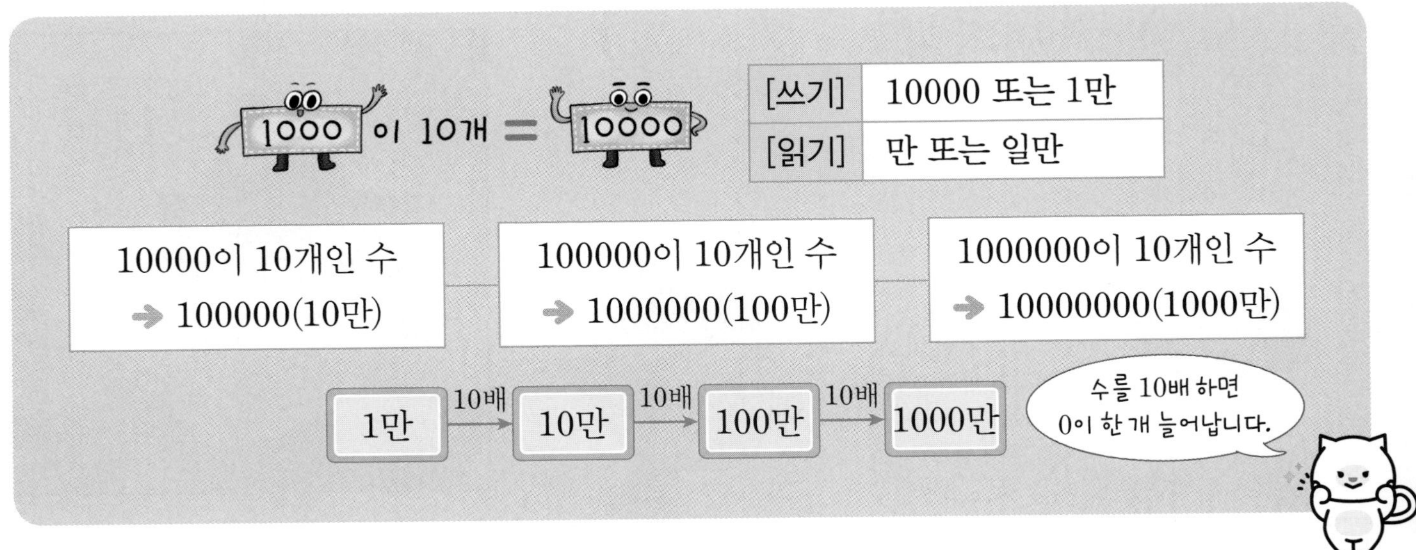

확인 문제

1-1 빈칸에 알맞은 수를 써넣으세요.

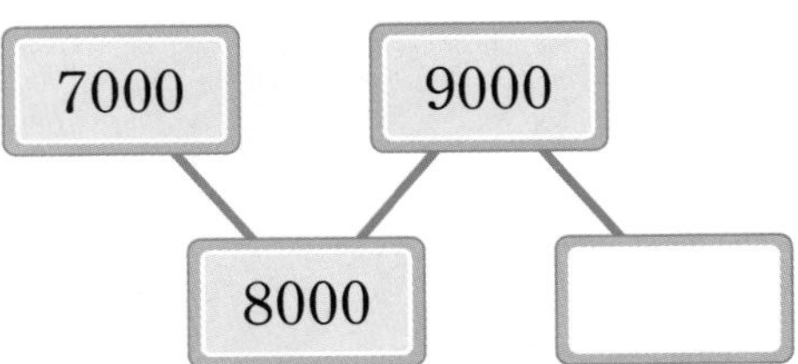

한번 더

1-2 빈칸에 알맞은 수를 써넣으세요.

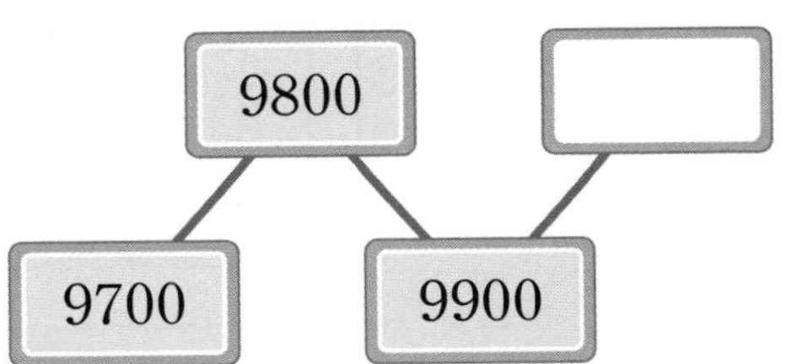

2-1 수를 읽어 보세요.

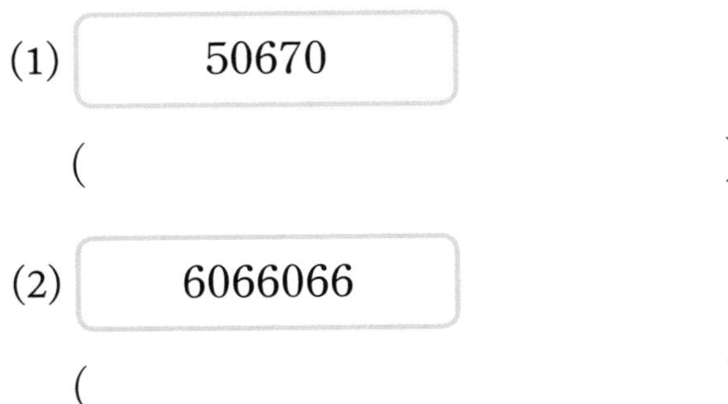

( )

( )

2-2 수를 읽어 보세요.

(1) 260749

( )

(2) 55000550

( )

▶정답 및 해설 2쪽

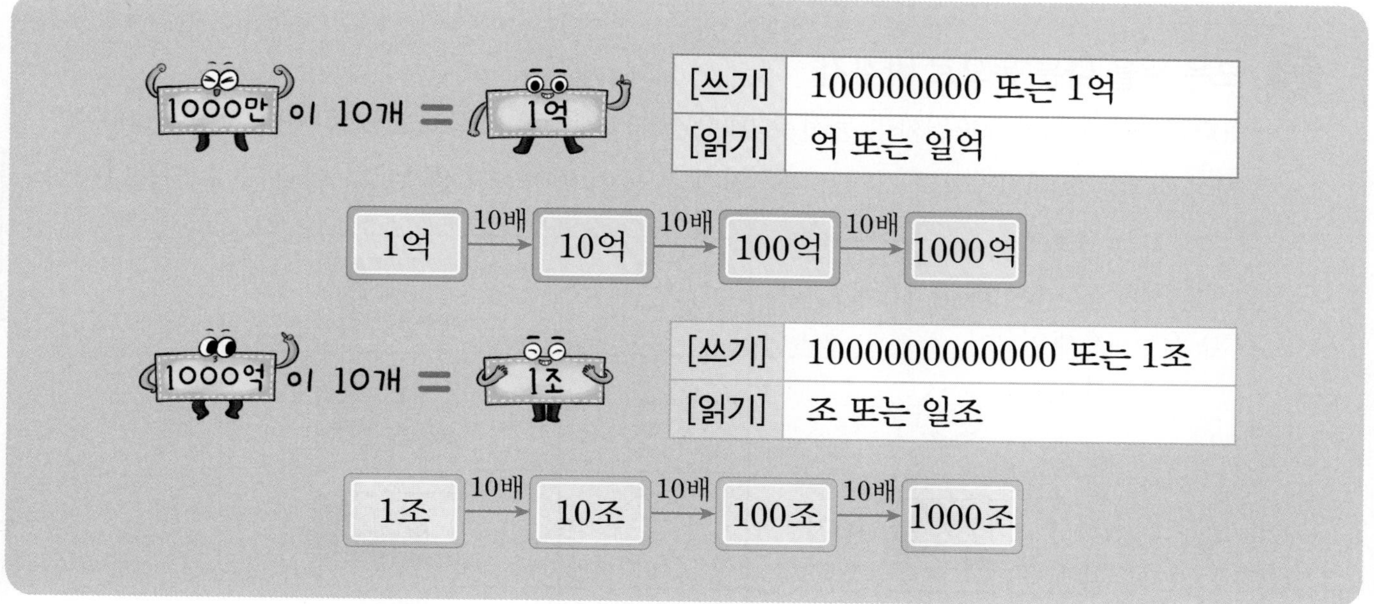

[쓰기]	100000000 또는 1억
[읽기]	억 또는 일억

1억 →(10배) 10억 →(10배) 100억 →(10배) 1000억

[쓰기]	1000000000000 또는 1조
[읽기]	조 또는 일조

1조 →(10배) 10조 →(10배) 100조 →(10배) 1000조

확인 문제

3-1 수로 나타내어 보세요.

(1) 칠억 사백육십만 오천이백구십

( )

(2) 삼십조 칠천칠십억 팔백일만 사백구

( )

한번 더

3-2 수로 나타내어 보세요.

(1) 구억 삼십팔만 육백사십오

( )

(2) 오백오조 사백사억 이천팔십만 칠십일

( )

4-1 1000억씩 뛰어 세어 보세요.

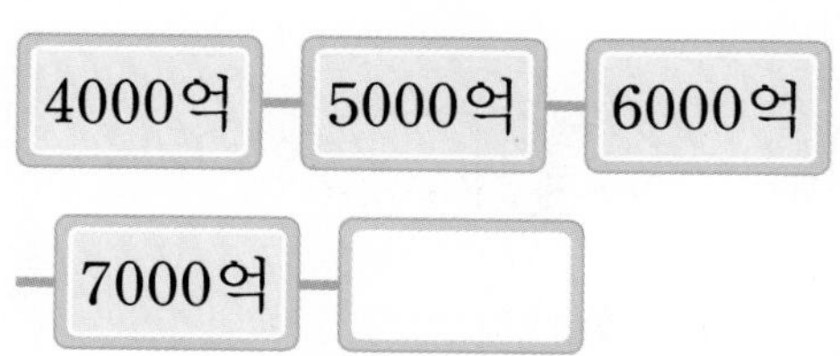

4-2 100조씩 뛰어 세어 보세요.

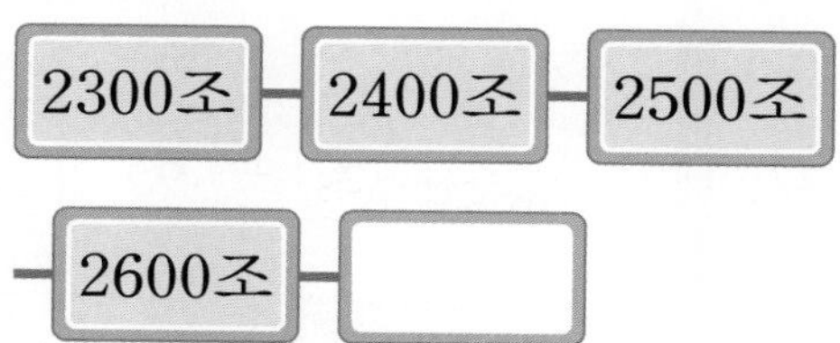

1일 개념·원리 길잡이 모은 돈 알아보기

1 모은 돈을 다른 돈으로 바꾸기

100원짜리 동전과 500원짜리 동전은 1000원짜리 지폐로 바꾸고 1000원짜리 지폐와 5000원짜리 지폐는 10000원짜리 지폐로 바꾸면 모은 돈이 얼마인지 생각보다 쉽게 알 수 있습니다.

100 10개	=	1000
500 2개	=	1000
1000 10장	=	10000
5000 2장	=	10000

활동 문제 모은 돈을 알맞은 돈으로 바꾸어 보세요.

100 11개

500 4개

1000 12장

5000 3장

- 100 11개는  □장과  □개입니다.
- 500 4개는  □장입니다.
-  12장은  □장과  □장입니다.
- 5000 3장은  □장과  □장입니다.

▶정답 및 해설 2쪽

2 매달 일정하게 모은 돈

매달 10000원씩 저금을 하여 9월까지 50000원을 저금했다면 12월까지 저금할 수 있는 돈 알아보기

➔ 만의 자리 숫자만 1씩 뛰어 세기

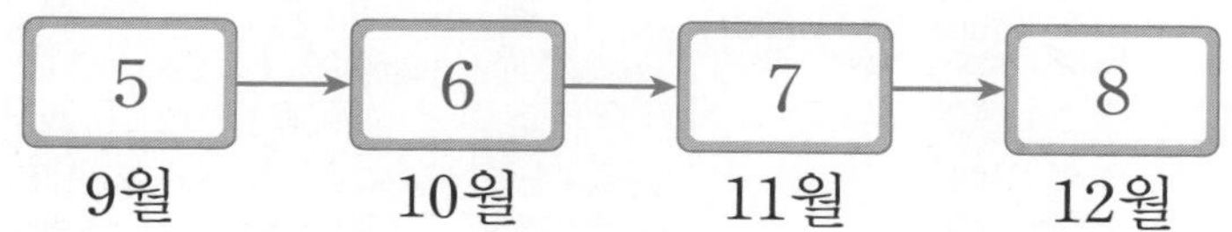

12월까지 3번을 더 저금할 수 있으므로 1씩 3번 뛰어 세면 만의 자리 숫자는 5보다 3 큰 수인 8이고 천, 백, 십, 일의 자리 숫자는 그대로입니다.
따라서 12월까지 저금할 수 있는 돈은 80000원입니다.

활동 문제 매달 10000원씩 돼지 저금통에 저금을 합니다. 8월까지 25000원을 저금했다면 11월까지 저금할 수 있는 돈을 구해 보세요.

• 25000에서 10000 뛰어 센 수는 ☐이므로 9월까지 저금할 수 있는 돈은 ☐원입니다.

• 35000에서 10000 뛰어 센 수는 ☐이므로 10월까지 저금할 수 있는 돈은 ☐원입니다.

• 45000에서 10000 뛰어 센 수는 ☐이므로 11월까지 저금할 수 있는 돈은 ☐원입니다.

1-1 지금까지 모은 돈은 100원짜리 동전 13개, 500원짜리 동전 3개, 1000원짜리 지폐 12장, 5000원짜리 지폐 4장입니다. 지금까지 모은 돈은 모두 얼마인지 구해 보세요.

( )

100원짜리 동전 10개=1000원짜리 지폐 1장, 500원짜리 동전 2개=1000원짜리 지폐 1장,
1000원짜리 지폐 10장=10000원짜리 지폐 1장, 5000원짜리 지폐 2장=10000원짜리 지폐 1장

1-2 지금까지 모은 돈은 100원짜리 동전 25개, 500원짜리 동전 7개, 1000원짜리 지폐 23장, 5000원짜리 지폐 5장입니다. 지금까지 모은 돈은 모두 얼마인지 구해 보세요.

풀이
- 100원짜리 동전 25개=1000원짜리 지폐 □장과 100원짜리 동전 □개
  ➔ □원
- 500원짜리 동전 7개=1000원짜리 지폐 □장과 500원짜리 동전 □개
  ➔ □원
- 1000원짜리 지폐 23장=10000원짜리 지폐 □장과 1000원짜리 지폐 □장
  ➔ □원
- 5000원짜리 지폐 5장=10000원짜리 지폐 □장과 5000원짜리 지폐 □장
  ➔ □원

따라서 지금까지 모은 돈은 모두 □원입니다.

답 ____________

▶정답 및 해설 2쪽

2-1 초희는 매달 10000원씩 돼지 저금통에 저금을 합니다. 초희는 3월까지 17500원을 저금했습니다. 초희가 7월까지 저금할 수 있는 돈을 구해 보세요.

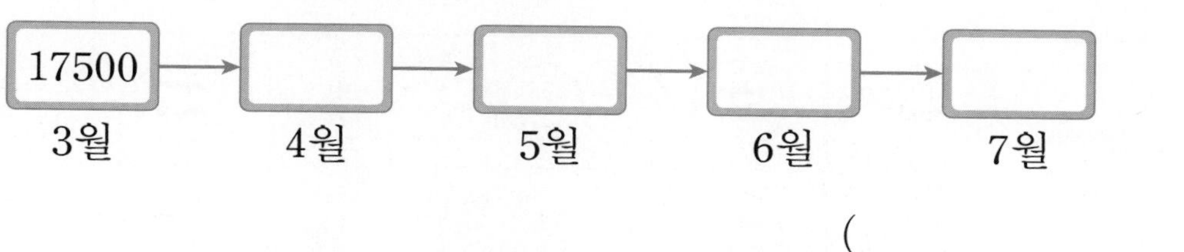

( )

- 구하려는 것: 초희가 7월까지 저금할 수 있는 돈
- 주어진 조건: 매달 10000원씩 돼지 저금통에 저금, 3월까지 17500원을 저금
- 해결 전략: 17500에서 10000씩 뛰어 세기를 합니다.

✎ 구하려는 것(〰〰)과 주어진 조건(——)에 표시해 봅니다.

2-2 시우는 매달 10000원씩 돼지 저금통에 저금을 합니다. 시우는 5월까지 20900원을 저금했습니다. 시우가 9월까지 저금할 수 있는 돈을 구해 보세요.

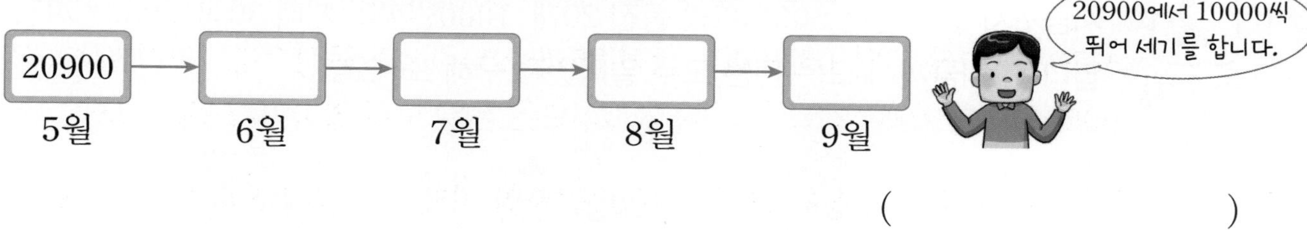

( )

2-3 다정이는 매달 20000원씩 돼지 저금통에 저금을 합니다. 다정이는 1월까지 500원을 저금했습니다. 다정이가 5월까지 저금할 수 있는 돈을 구해 보세요.

( )

1 코딩

돈 사이의 관계를 생각하여 □ 안에 알맞은 수를 써넣으세요.

1000 1장	=	500 □개	=	100 □개
5000 1장	=	500 □개	=	100 □개
10000 1장	=	5000 □장	=	1000 □장
10000 1장	=	500 □개	=	100 □개

지금까지 모은 돈은 500원짜리 동전 20개, 1000원짜리 지폐 30장, 5000원짜리 지폐 8장입니다. 지금까지 모은 돈은 모두 얼마인지 구해 보세요.

(　　　　　　　　)

상혁이는 매달 10000원씩 돼지 저금통에 저금을 하려고 합니다. 저금한 돈이 60000원이 될 때까지 저금을 하려고 합니다. 1월에 0원일 때 몇 월까지 저금해야 할까요?

(　　　　　　　　)

▶정답 및 해설 2쪽

4 코딩

화살표의 약속에 따라 계산할 때 ㉠과 ㉡에 알맞은 수를 각각 구해 보세요.

화살표 약속	
➡	20000 뛰어 세기
⬆	10000 뛰어 세기

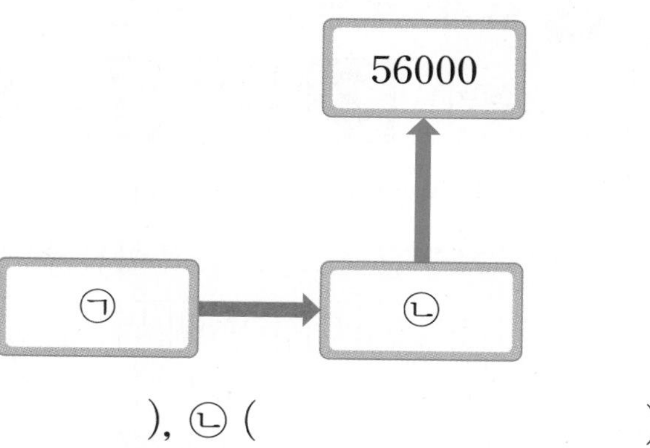

㉠ (　　　　　　　　), ㉡ (　　　　　　　　)

5 문제 해결

정환이네 자동차의 2020년까지 주행 거리는 15000 km입니다. 앞으로 매년 20000 km씩 주행한다면 2024년까지 자동차의 주행 거리는 몇 km가 되는지 구해 보세요.

(　　　　　　　　)

6 창의·융합

영아와 영진이가 지금까지 모은 돈입니다. 누가 더 많이 모았을까요?

영아
100원짜리 동전 10개,
500원짜리 동전 5개,
1000원짜리 지폐 15장,
5000원짜리 지폐 5장,
10000원짜리 지폐 2장을
모았어.
영진
6월까지 100원을 저금
했고 매달 20000원씩
돼지 저금통에 9월까지
저금을 했어.

(　　　　　　　　)

수 카드로 만든 큰 수

1 수 카드로 만든 셋째로 큰 수

수 카드 3, 8, 1, 6, 9, 5를 한 번씩 사용하여 여섯 자리 수를 만들어 보면 만들 여섯 자리 수를 □□□□□□라고 놓습니다.

- 가장 큰 수 만들기: 주어진 수 카드의 수를 높은 자리에 큰 수부터 차례로 써넣습니다.
  9 8 6 5 3 1
- 둘째로 큰 수 만들기: 가장 큰 수에서 십의 자리 숫자와 일의 자리 숫자를 바꾸어 씁니다.
  9 8 6 5 3 1 → 9 8 6 5 1 3
- 셋째로 큰 수 만들기: 가장 큰 수에서 백의 자리 숫자와 십의 자리 숫자를 바꾸어 씁니다.
  9 8 6 5 3 1 → 9 8 6 3 5 1

활동 문제 어항 속의 물고기에 써 있는 수를 한 번씩 사용하여 여섯 자리 수를 만들었습니다. 빨간색에는 가장 큰 여섯 자리 수를, 파란색에는 둘째로 큰 여섯 자리 수를 각각 만들어 보세요.

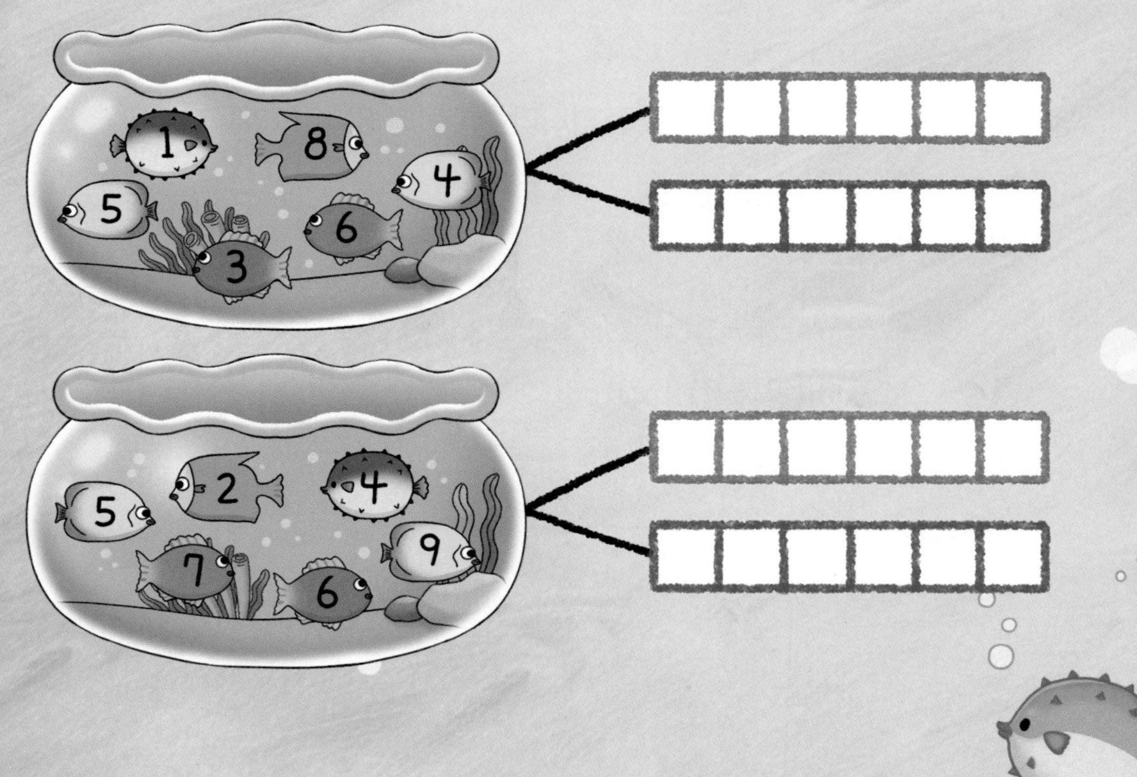

▶정답 및 해설 3쪽

2 수 카드로 만든 셋째로 작은 수

수 카드 7, 2, 5, 9, 4, 3을 한 번씩 사용하여 여섯 자리 수를 만들어 보면 만들 여섯 자리 수를 □□□□□□라고 놓습니다.

- 가장 작은 수 만들기: 주어진 수 카드의 수를 높은 자리에 작은 수부터 차례로 써넣습니다.

  2 3 4 5 7 9

- 둘째로 작은 수 만들기: 가장 작은 수에서 십의 자리 숫자와 일의 자리 숫자를 바꾸어 씁니다.

  2 3 4 5 7 9 → 2 3 4 5 9 7

- 셋째로 작은 수 만들기: 가장 작은 수에서 백의 자리 숫자와 십의 자리 숫자를 바꾸어 씁니다.

  2 3 4 5 7 9 → 2 3 4 7 5 9

활동 문제 어항 속의 물고기에 써 있는 수를 한 번씩 사용하여 여섯 자리 수를 만들었습니다. 빨간색에는 가장 작은 여섯 자리 수를, 파란색에는 둘째로 작은 여섯 자리 수를 각각 만들어 보세요.

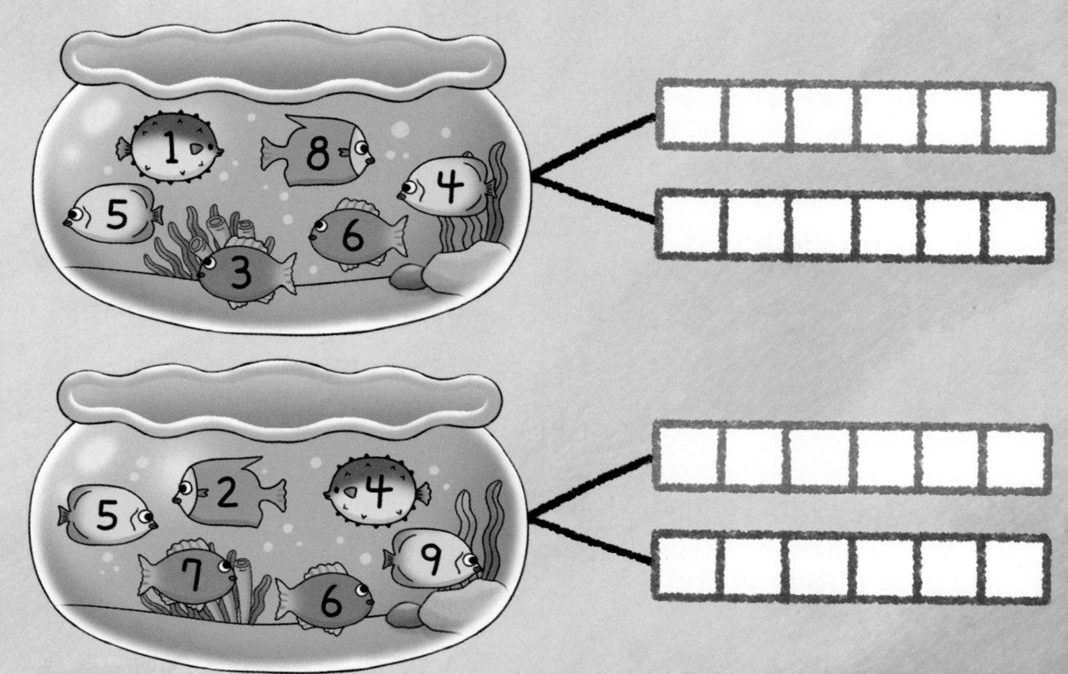

2일 서술형 길잡이

1-1 수 카드 6장을 한 번씩 사용하여 여섯 자리 수를 만들었습니다. 만든 여섯 자리 수 중 둘째로 큰 수와 둘째로 작은 수를 각각 구해 보세요.

3 4 7 8 5 1

둘째로 큰 수 (　　　　　　　　), 둘째로 작은 수 (　　　　　　　　)

- 가장 큰 수: 8>7>5>4>3>1을 이용
- 가장 작은 수: 1<3<4<5<7<8을 이용
- 둘째로 큰 수: 가장 큰 수에서 십의 자리 숫자와 일의 자리 숫자 바꾸기
- 둘째로 작은 수: 가장 작은 수에서 십의 자리 숫자와 일의 자리 숫자 바꾸기

1-2 수 카드 6장을 한 번씩 사용하여 여섯 자리 수를 만들었습니다. 만든 여섯 자리 수 중 셋째로 큰 수와 둘째로 작은 수를 각각 구해 보세요.

0 6 5 2 8 3

풀이 ① 주어진 수 카드의 수의 크기를 비교하면 8>6>5>3>2>0이므로 높은 자리에 큰 수부터 차례로 써서 만든 가장 큰 여섯 자리 수는 ☐입니다.

② 둘째로 큰 수는 가장 큰 여섯 자리 수에서 십의 자리 숫자와 ☐의 자리 숫자를 바꾸어 씁니다. → ☐

③ 셋째로 큰 수는 가장 큰 여섯 자리 수에서 백의 자리 숫자와 ☐의 자리 숫자를 바꾸어 씁니다. → ☐

④ 주어진 수 카드의 수의 크기를 비교하면 0<2<3<5<6<8이고 0은 맨 앞에 올 수 없으므로 높은 자리에 작은 수부터 차례로 써서 만든 가장 작은 여섯 자리 수는 ☐입니다.

⑤ 둘째로 작은 수는 가장 작은 여섯 자리 수에서 십의 자리 숫자와 ☐의 자리 숫자를 바꾸어 씁니다. → ☐

답 셋째로 큰 수 (　　　　　　　　), 둘째로 작은 수 (　　　　　　　　)

▶정답 및 해설 3쪽

2-1 가은이는 수 카드 6장을 한 번씩 사용하여 여섯 자리 수를 만들었습니다. 가은이가 만든 여섯 자리 수 중 셋째로 큰 수를 쓰고, 그 수를 읽어 보세요.

4 9 2 7 1 5

- 셋째로 큰 수 (　　　　　　　　　　)
- 읽기 (　　　　　　　　　　)

- 구하려는 것: 가은이가 만든 여섯 자리 수 중 셋째로 큰 수를 쓰고 읽기
- 주어진 조건: ❶ 수 카드 6장　❷ 한 번씩 사용하여 여섯 자리 수 만들기
- 해결 전략: ❶ 수 카드 6장의 수의 크기를 비교하기 ➔ $9>7>5>4>2>1$
  ❷ 가장 큰 수 만들기 ➔ 975421
  ❸ 둘째로 큰 수와 셋째로 큰 수 만들기

✎ 구하려는 것(〰〰)과 주어진 조건(——)에 표시해 봅니다.

2-2 건희는 수 카드 6장을 한 번씩 사용하여 여섯 자리 수를 만들었습니다. 건희가 만든 여섯 자리 수 중 셋째로 큰 수를 쓰고, 그 수를 읽어 보세요.

8 2 6 3 4 7

- 셋째로 큰 수 (　　　　　　　　　　)
- 읽기 (　　　　　　　　　　)

2-3 태희는 수 카드 6장을 한 번씩 사용하여 십의 자리 숫자가 5인 여섯 자리 수를 만들었습니다. 태희가 만든 여섯 자리 수 중 셋째로 큰 수를 쓰고, 그 수를 읽어 보세요.

7 4 0 5 9 1

- 셋째로 큰 수 (　　　　　　　　　　)
- 읽기 (　　　　　　　　　　)

2일 사고력 • 코딩

수 카드 6장을 한 번씩 사용하여 여섯 자리 수를 만들었습니다. 만든 여섯 자리 수 중 셋째로 큰 수를 구해 보세요.

( )

수 카드 6장을 한 번씩 사용하여 여섯 자리 수를 만들었습니다. 만든 여섯 자리 수 중 셋째로 작은 수를 쓰고, 그 수를 읽어 보세요.

맨 앞에 0은 올 수 없어!

• 셋째로 작은 수 ( )

• 읽기 ( )

3 창의 · 융합

중국 숫자 6개를 한 번씩 사용하여 여섯 자리 수를 만들었습니다. 만든 여섯 자리 수 중 셋째로 작은 수를 구해 보세요.

	1	2	3	4	5	6	7	8	9
중국 숫자(한자)	一	二	三	四	五	六	七	八	九

六 四 二 五 八 三

( )

▶정답 및 해설 3쪽

공에 써 있는 수 6개를 한 번씩 사용하여 여섯 자리 수를 만들었습니다. 만든 여섯 자리 수 중 40만보다 크면서 40만에 가장 가까운 수를 구해 보세요.

( )

수 카드 8장을 한 번씩 사용하여 여덟 자리 수를 만들었습니다. 만든 여덟 자리 수 중 만의 자리 숫자는 5, 십의 자리 숫자는 7인 둘째로 작은 수를 구해 보세요.

( )

수 카드 6장을 한 번씩 사용하여 여섯 자리 수를 만들었습니다. 다음 조건을 모두 만족하는 여섯 자리 수를 구해 보세요.

- 십의 자리 숫자는 2입니다.
- 천의 자리 숫자는 십의 자리 숫자보다 6만큼 더 큰 수입니다.
- 만의 자리 숫자는 일의 자리 숫자의 2배입니다.

( )

3일 개념·원리 길잡이 가격, 인구수 등 비교

1 집안에 있는 전자 제품의 가격 비교

비싼 전자 제품의 가격을 비교하려면 자릿수를 먼저 알아보고 같은 자릿수이면 높은 자리부터 차례로 비교하면 쉽게 알 수 있습니다.

스마트폰	냉장고	태블릿
1350000원	2600000원	750000원

① 가격을 나타내는 수의 자릿수 비교

가장 작은 수 → 750000

1350000	2600000	750000
7자리 수	7자리 수	6자리 수

② 같은 자릿수이면 높은 자리 수부터 차례로 비교

1350000 →	1	3	5	0	0	0	0	→ 둘째로 큰 수
2600000 →	②	6	0	0	0	0	0	→ 가장 큰 수

활동 문제 세 자동차의 가격을 보고 수로 나타내어 보세요.

A 자동차

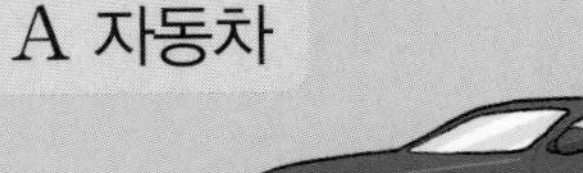

육천만 원

B 자동차

삼천만 원

C 자동차

이억 오천만 원

• A 자동차의 가격은 [   ]원입니다.

• B 자동차의 가격은 [   ]원입니다.

• C 자동차의 가격은 [   ]원입니다.

수로 쓸 때 읽지 않은 자리는 0을 써!

▶ 정답 및 해설 4쪽

2 세계 여러 나라의 인구수 비교

세계 여러 나라의 총 인구수(통계청 국가통계포털, 2020년)는 약 7794799000명(약 78억 명)입니다. 인구수를 비교하려면 자릿수를 먼저 알아보고 같은 자릿수이면 높은 자리부터 차례로 비교하면 쉽게 알 수 있습니다.

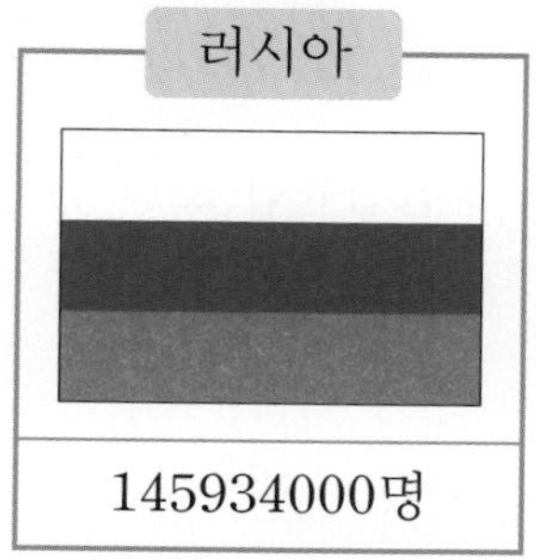

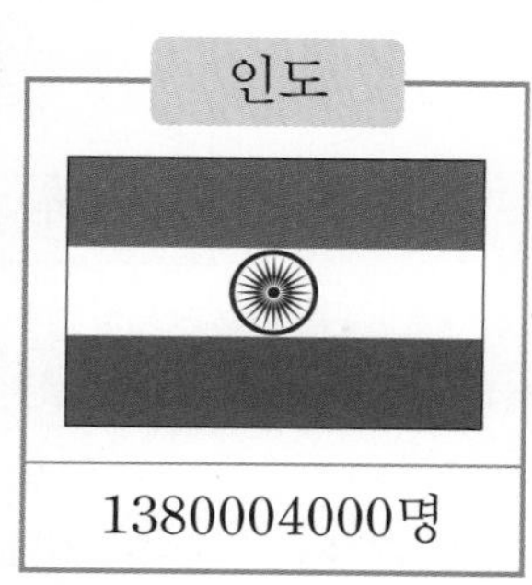

➔ 인구수를 나타내는 수의 자릿수 비교

145934000	51781000	1380004000
9자리 수	8자리 수	10자리 수
	가장 작은 수	가장 큰 수

활동 문제 세 나라의 인구수를 보고 수로 나타내어 보세요.

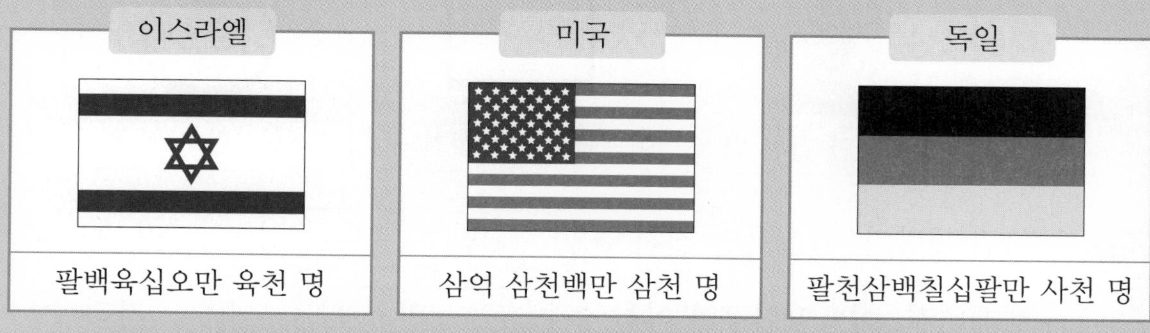

- 이스라엘의 인구수는 [ ] 명입니다.
- 미국의 인구수는 [ ] 명입니다.
- 독일의 인구수는 [ ] 명입니다.

1-1 토스터기, 전자레인지, 전기 오븐의 가격이 다음과 같을 때 가격이 비싼 제품부터 차례로 이름을 써 보세요.

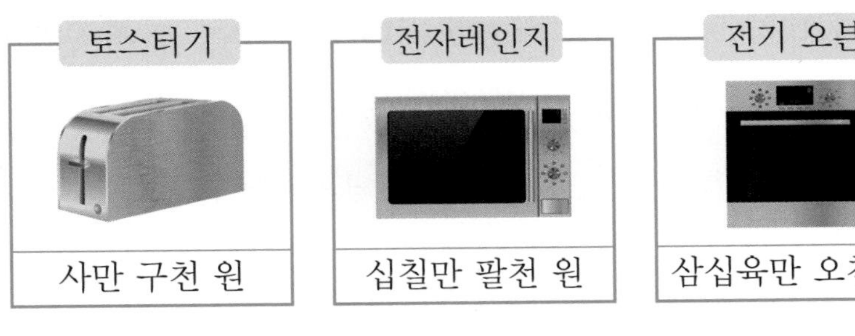

(　　　　　　　　　　　　　　　　　　　　)

가격을 수로 쓴 뒤 자릿수를 비교한 다음 같은 자릿수의 수는 높은 자리부터 크기를 비교합니다.
- 토스터기: 사만 구천 → 4만 9000(5자리 수)
- 전자레인지: 십칠만 팔천 → 17만 8000(6자리 수)
- 전기 오븐: 삼십육만 오천 → 36만 5000(6자리 수)

(전자레인지, 전기 오븐: 높은 자리부터 크기 비교)

1-2 드럼 세탁기, 텔레비전, 로봇 청소기의 가격이 다음과 같을 때 가격이 비싼 제품부터 차례로 이름을 써 보세요.

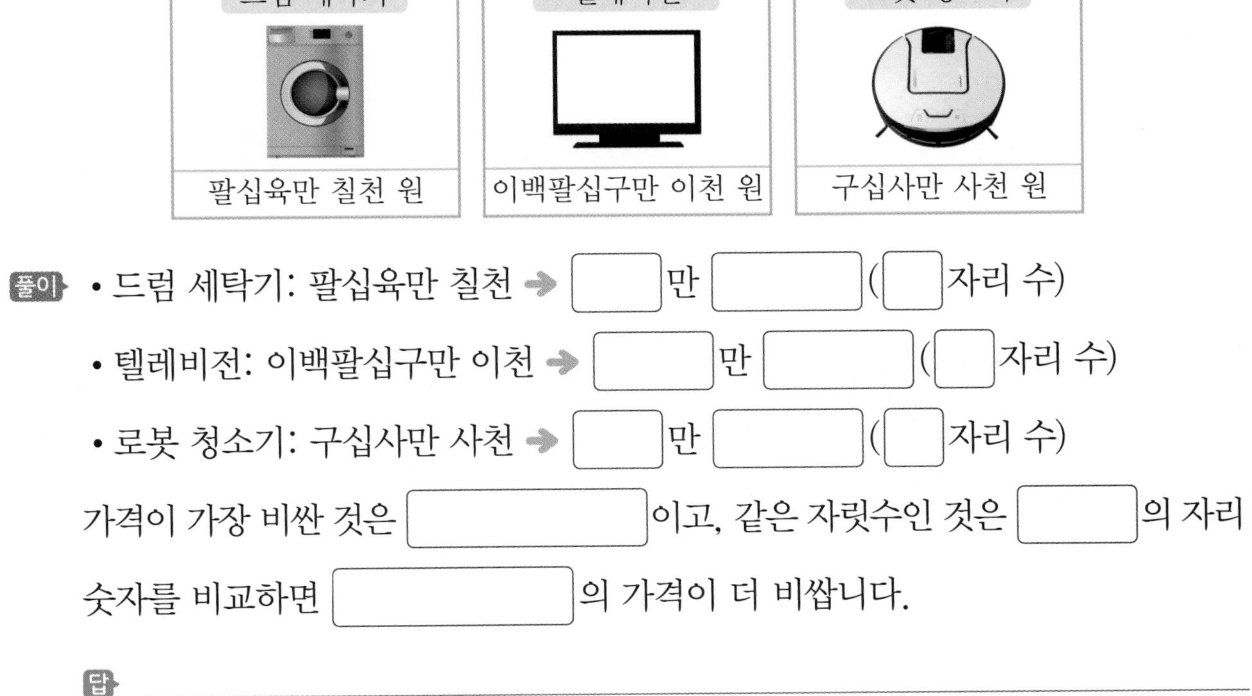

풀이
- 드럼 세탁기: 팔십육만 칠천 → ☐만 ☐(☐자리 수)
- 텔레비전: 이백팔십구만 이천 → ☐만 ☐(☐자리 수)
- 로봇 청소기: 구십사만 사천 → ☐만 ☐(☐자리 수)

가격이 가장 비싼 것은 ☐이고, 같은 자릿수인 것은 ☐의 자리 숫자를 비교하면 ☐의 가격이 더 비쌉니다.

답 ____________________

▶정답 및 해설 4쪽

2-1 통계청 국가통계포털에서 2020년 세계 여러 나라의 인구수를 조사한 내용입니다. 나이지리아는 이억 육백십사만 명, 베트남은 구천칠백삽십삼만 구천 명, 영국은 육천칠백팔십팔만 육천 명입니다. 인구수가 많은 나라부터 차례로 이름을 써 보세요.

( )

- 구하려는 것: 인구수가 많은 나라부터 차례로 이름 쓰기
- 주어진 조건: 나이지리아, 베트남, 영국의 인구수
- 해결 전략: ❶ 인구수를 수로 나타낸 뒤 자릿수를 알아보기
  ❷ 같은 자릿수는 높은 자리부터 차례로 수의 크기 비교하기

✎ 구하려는 것(〰)과 주어진 조건(——)에 표시해 봅니다.

2-2 통계청 국가통계포털에서 2020년 세계 여러 나라의 인구수를 조사한 내용입니다. 네팔은 이천구백십삼만 칠천 명, 이집트는 일억 이백삽십삼만 사천 명, 오스트레일리아는 이천오백오십만 명입니다. 인구수가 적은 나라부터 차례로 이름을 써 보세요.

해결 전략

❶ 인구수를 수로 나타낸 뒤 자릿수를 알아보기

❷ 같은 자릿수는 높은 자리부터 차례로 수의 크기 비교하기

2-3 통계청 국가통계포털에서 2020년 세계 여러 나라의 인구수를 조사한 내용입니다. 필리핀은 일억 구백오십팔만 천 명, 멕시코는 일억 이천팔백구십삼만 삼천 명, 스페인은 사천육백칠십오만 오천 명, 아르헨티나는 사천오백십구만 육천 명입니다. 인구수가 많은 나라부터 차례로 이름을 써 보세요.

---

1 문제 해결

다음은 태양계 행성으로 태양에서 각 행성까지의 거리를 나타낸 것입니다. 태양에서 행성까지의 거리가 토성보다 더 먼 행성을 모두 찾아 이름을 써 보세요.

수성	토성	지구	해왕성
5791만 km	14억 2667만 km	1억 4960만 km	44억 9840만 km
목성	**금성**	**천왕성**	**화성**
7억 7834만 km	1억 821만 km	28억 7066만 km	2억 2794만 km

❶ 태양에서 각 행성까지의 거리를 나타내는 수의 자릿수를 구해 보세요.

수성: □자리 수, 토성: □자리 수, 지구: □자리 수,

해왕성: □자리 수, 목성: □자리 수, 금성: □자리 수,

천왕성: □자리 수, 화성: □자리 수

❷ 태양에서 각 행성까지의 거리를 나타내는 수가 같은 자릿수인 것끼리 비교하여 태양에서 먼 행성부터 차례로 이름을 써 보세요.

( )

❸ 토성보다 더 멀리 있는 행성을 모두 찾아 이름을 써 보세요.

( )

▶정답 및 해설 5쪽

2 문제 해결

다음은 세계 커피 생산량이 1, 2, 3위인 세 나라의 2018년 커피 생산량을 나타낸 것입니다. 커피 생산량이 많은 나라부터 차례로 이름을 써 보세요.

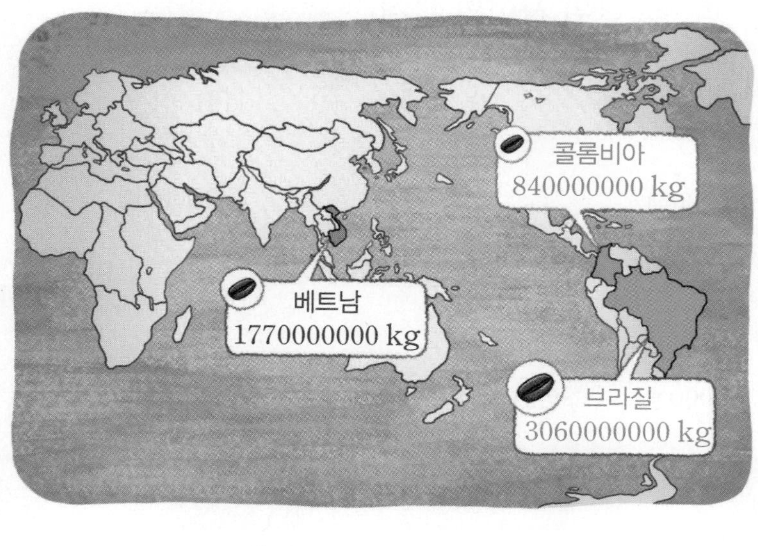

( )

3 창의 · 융합

영화 4편의 매출액입니다. 매출액이 1000억보다 많은 영화를 모두 찾아 영화 제목을 써 보세요.

7번방의 선물	명량	도둑들	국제시장
91431950670원	135751933910원	93665632500원	110922799630원

( )

4일 개념·원리 길잡이 규칙을 찾아 구하기

1 바뀌는 수의 규칙 찾기

• 일, 만, 억, 조 단위 사이의 관계

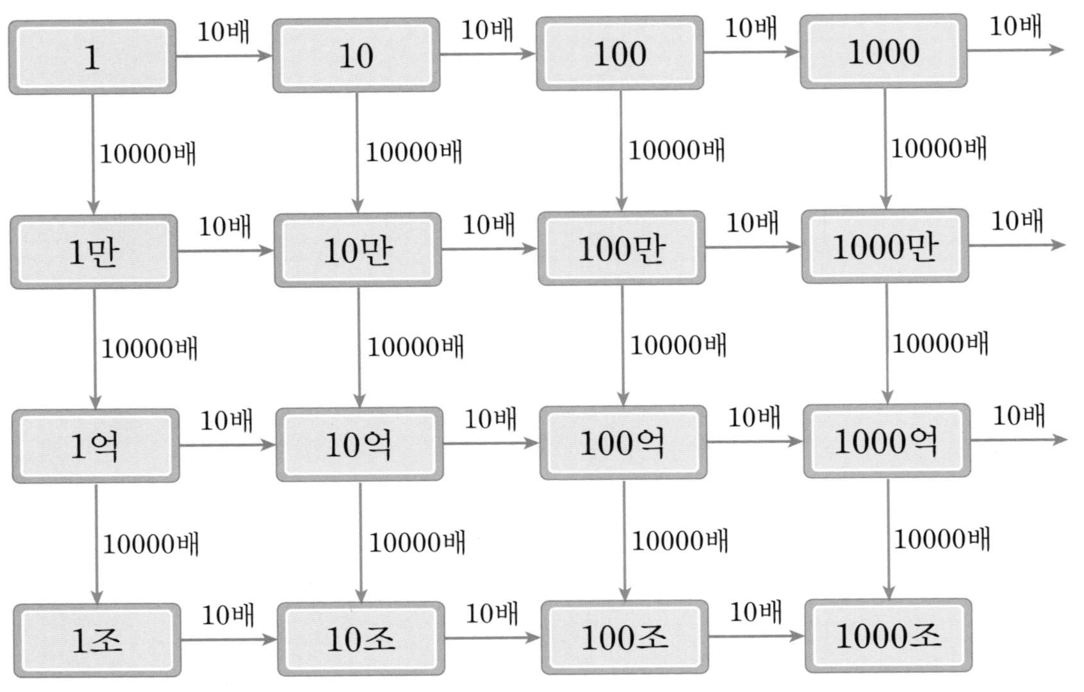

활동 문제 모든 나라들이 공통으로 사용하는 보조 단위입니다. □ 안에 알맞은 수를 써넣으세요.

기호	K	M	G	T
단위	킬로	메가	기가	테라
나타내는 수	1000	100만	10억	1조

• 1 킬로헤르츠(KHz)= □ 헤르츠(Hz)

• 1 메가헤르츠(MHz)= □ 헤르츠(Hz)

• 1 기가헤르츠(GHz)= □ 헤르츠(Hz)

• 1 테라헤르츠(THz)= □ 헤르츠(Hz)

0이 3개씩 늘어나는 규칙이 있네!

▶정답 및 해설 5쪽

2 거울에 비친 수의 규칙 찾기

큰 수를 읽은 것을 거울에 비추면 어떤 규칙으로 수가 나타나는지 알아봅니다.

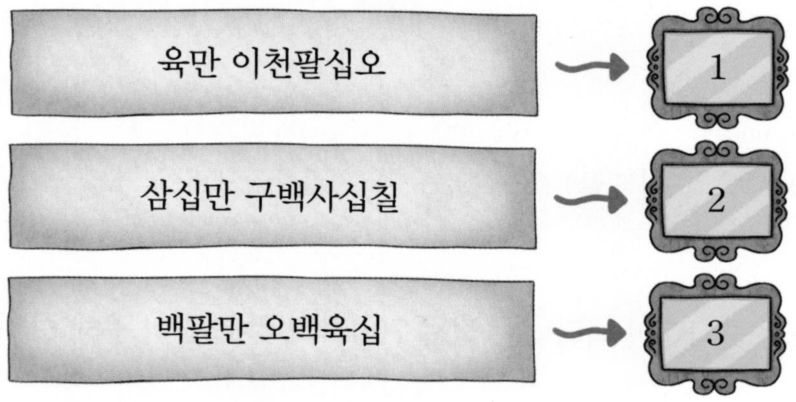

➔ 수로 나타낸 뒤 0의 개수 알아보기

읽은 수	육만 이천팔십오	삼십만 구백사십칠	백팔만 오백육십
수로 나타내기	62085	300947	1080560
0의 개수	1	2	3

활동 문제 수로 바꾸어 나타내어 보세요.

• 사백육십만
➔ ______

• 칠천이만 팔십
➔ ______

• 오십억 구백만 삼
➔ ______

• 백오억 천사만 사천
➔ ______

• 삼천육십억 삼백만 칠백
➔ ______

• 구십조 구천억 구백만 구
➔ ______

4일 서술형 길잡이

1-1 다음 수에서 숫자 5가 나타내는 값은 500억의 몇 배인지 구해 보세요.

50700200000000

(   )

50700200000000을 네 자리씩 끊어서 숫자 5는 어느 자리 숫자이고 어떤 값을 나타내는지 알아봅니다.

1-2 다음 수에서 숫자 7이 나타내는 값은 700억의 몇 배인지 구해 보세요.

709004000000000

풀이 709004000000000을 네 자리씩 끊어서 표시하면 709004000000000이므로

709 ☐ 40 ☐ 입니다.

숫자 7은 ☐ 의 자리 숫자이고 ☐ 를 나타냅니다.

따라서 숫자 7이 나타내는 값은 700억의 ☐ 배입니다.

답 ____________

1-3 다음 수에서 ㉠이 나타내는 값은 ㉡이 나타내는 값의 몇 배인지 구해 보세요.

3800680000000000
(㉠: 3 아래의 8, ㉡: 6 다음의 8)

(   )

▶정답 및 해설 6쪽

2-1 다음과 같이 읽은 수를 종이에 써서 거울에 비추면 일정한 규칙으로 어떤 수가 나타납니다. 앨리스가 "구백오만 팔천사백육"이라고 수를 읽었습니다. 읽은 수를 종이에 써서 거울에 비추면 거울에 나타나는 수는 얼마인지 써 보세요.

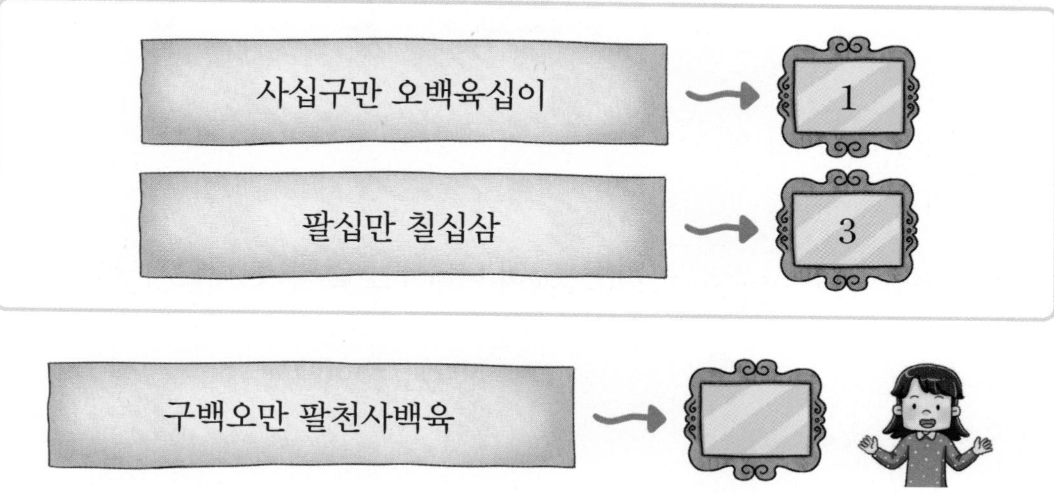

- 구하려는 것: "구백오만 팔천사백육"이라고 읽은 수를 종이에 써서 거울에 비추면 거울에 나타나는 수
- 주어진 조건: "사십구만 오백육십이"를 종이에 써서 거울에 비추면 나타나는 수 1, "팔십만 칠십삼"을 종이에 써서 거울에 비추면 나타나는 수 3
- 해결 전략: "사십구만 오백육십이", "팔십만 칠십삼"을 수로 나타내어 거울에 비추면 1과 3이 나타나는 이유와 "구백오만 팔천사백육"을 수로 나타내어 거울에 비추면 나타나는 수를 찾습니다.

2-2 위 2-1과 같이 읽은 수를 종이에 써서 거울에 비추면 일정한 규칙으로 어떤 수가 나타납니다. 코난이 "칠백억 이천구만 삼백팔"이라고 수를 읽었습니다. 읽은 수를 종이에 써서 거울에 비추면 거울에 나타나는 수는 얼마인지 구해 보세요.

(　　　　　　　　)

2-3 위 2-1과 같이 읽은 수를 종이에 써서 거울에 비추면 일정한 규칙으로 어떤 수가 나타납니다. 루피가 "구십조 백억"이라고 수를 읽었습니다. 읽은 수를 종이에 써서 거울에 비추면 거울에 나타나는 수는 얼마인지 구해 보세요.

(　　　　　　　　)

4일 사고력 • 코딩

1 추론

규칙을 찾아 빈칸에 알맞은 수를 써넣으세요.

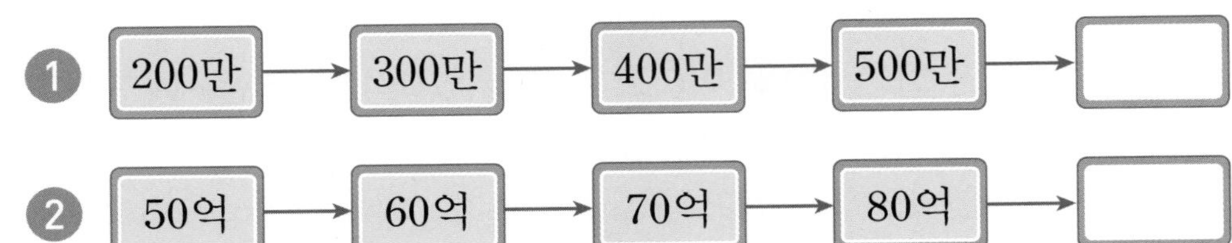

2 문제 해결

다음 수에서 ㉠이 나타내는 값은 ㉡이 나타내는 값의 몇 배인지 구해 보세요.

( )

3 코딩

규칙에 따라 빈칸에 알맞은 수를 써넣으세요.

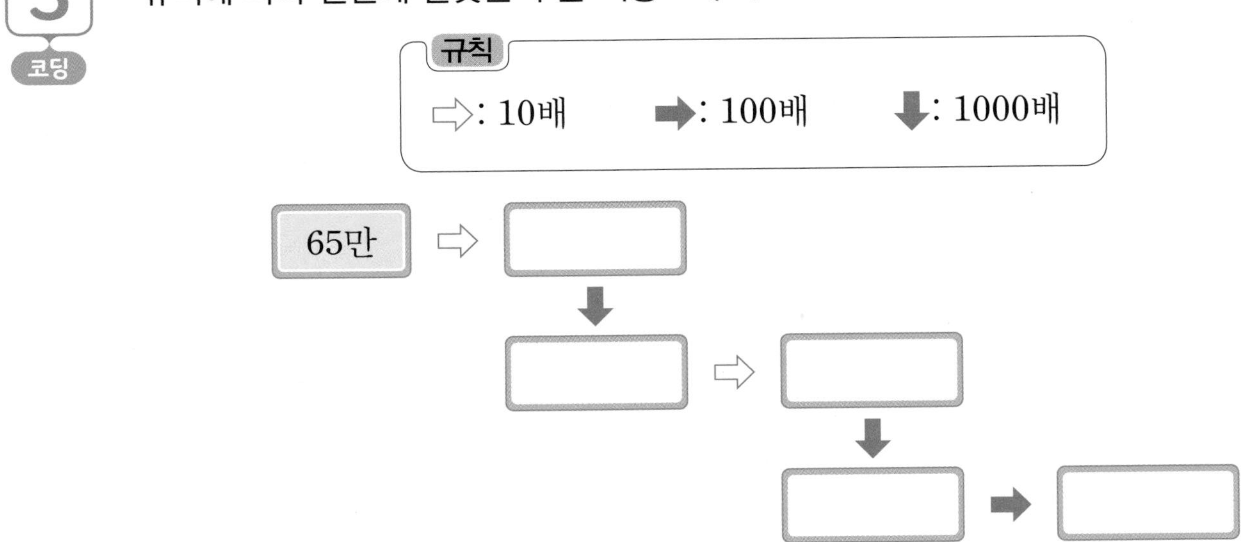

▶정답 및 해설 6쪽

4 코딩

모든 나라들이 공통으로 사용하는 보조 단위입니다. □ 안에 알맞은 수를 써넣으세요.

기호	K	M	G	T
단위	킬로	메가	기가	테라
나타내는 수	1000	100만	10억	1조

1 테라헤르츠(THz) = □ 기가헤르츠(GHz)
= □ 메가헤르츠(MHz)
= □ 킬로헤르츠(KHz)
= □ 헤르츠(Hz)

5 창의·융합

60조 215억 70만 400이라는 수를 4개의 공에 나누어 쓴 뒤 노란색 상자에 넣으면 어떤 숫자의 개수가 적힌 공이 나옵니다. 900조 301억 840만 2이라는 수를 4개의 공에 나누어 쓴 뒤 노란색 상자에 넣으면 어떤 수가 적힌 공이 나올까요?

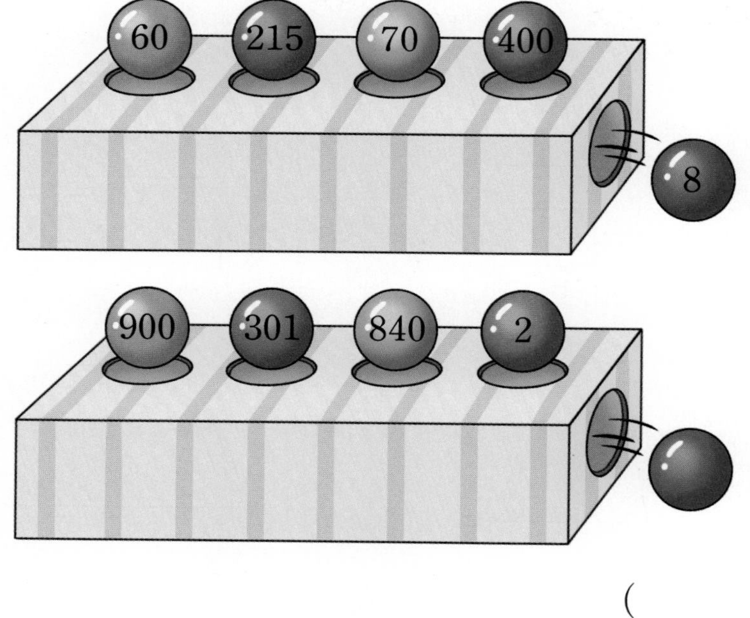

(　　　　　　　　)

1 각도기를 이용하여 각도 재기

각의 두 변이 모두 각도기의 밑변과 일치하지 않을 때 각 ㄱㄴㄷ의 크기를 바깥쪽 눈금 또는 안쪽 눈금으로 잴 수 있습니다.

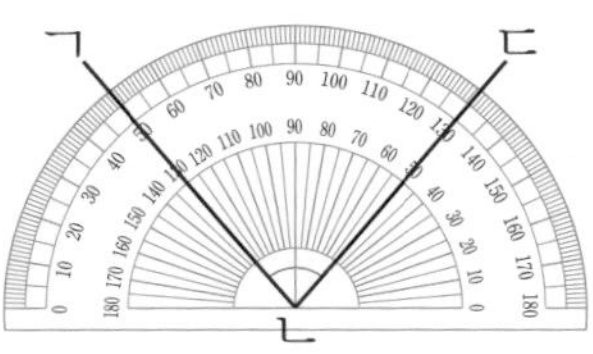

① 바깥쪽 눈금 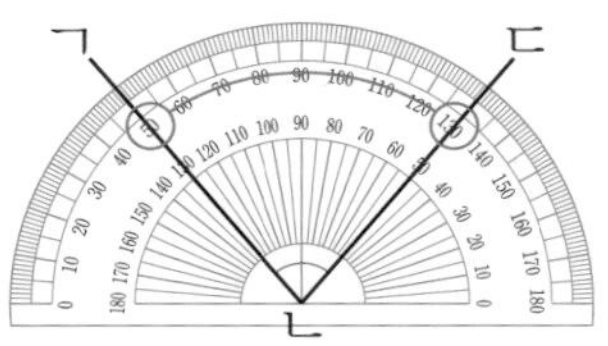	② 안쪽 눈금 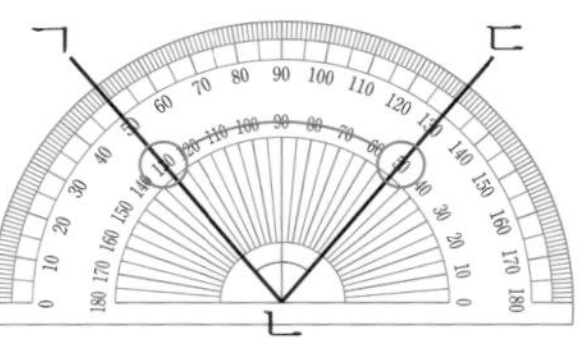
50과 130이므로 130－50＝80입니다. ➔ (각 ㄱㄴㄷ)＝80°	130과 50이므로 130－50＝80입니다. ➔ (각 ㄱㄴㄷ)＝80°

활동 문제 각도를 재어 보세요.

바깥쪽 눈금과 안쪽 눈금 중 선택해!

①
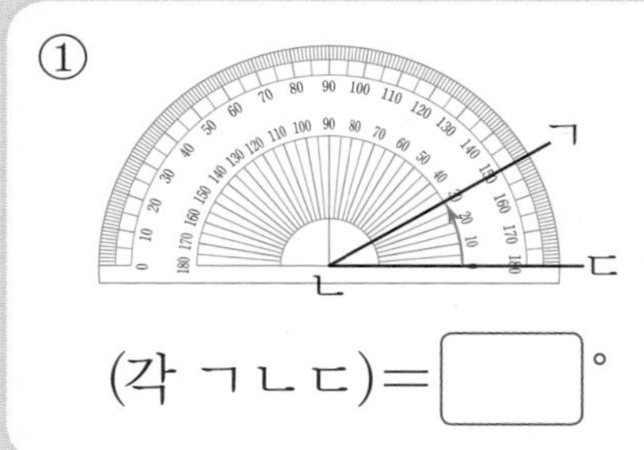

(각 ㄱㄴㄷ)＝□°

②
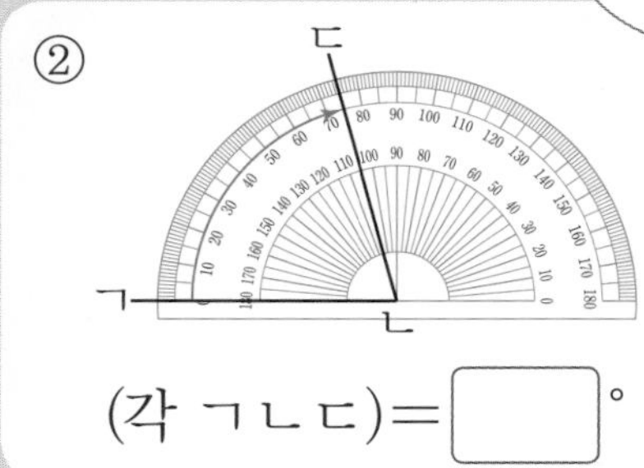

(각 ㄱㄴㄷ)＝□°

③
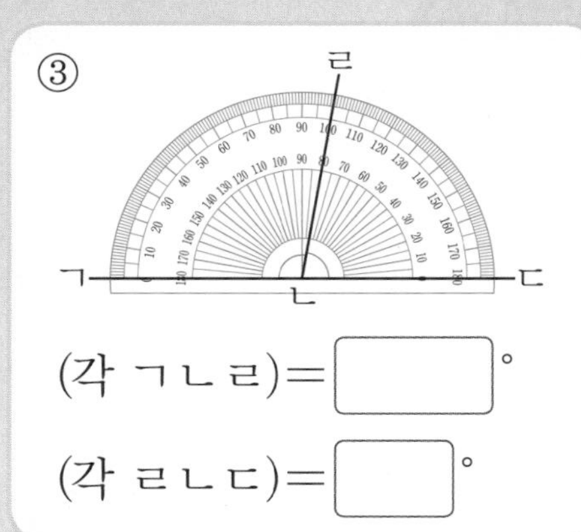

(각 ㄱㄴㄹ)＝□°

(각 ㄹㄴㄷ)＝□°

④
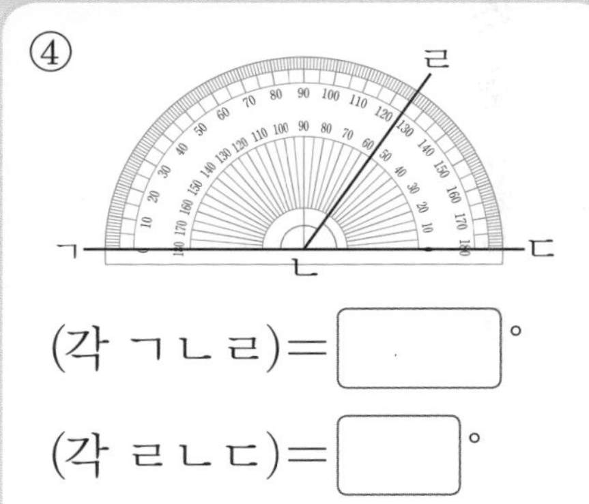

(각 ㄱㄴㄹ)＝□°

(각 ㄹㄴㄷ)＝□°

▶ 정답 및 해설 6쪽

2 시계의 긴바늘과 짧은바늘이 이루는 작은 쪽의 각

시계의 1시처럼 12와 1 사이의 이루는 각이 30°라는 것과 '몇 시'와 '몇 시 30분'을 나타내는 시계에서 긴바늘과 짧은바늘이 벌어진 정도로 긴바늘과 짧은바늘이 이루는 작은 쪽의 각을 비교할 수도 있습니다.

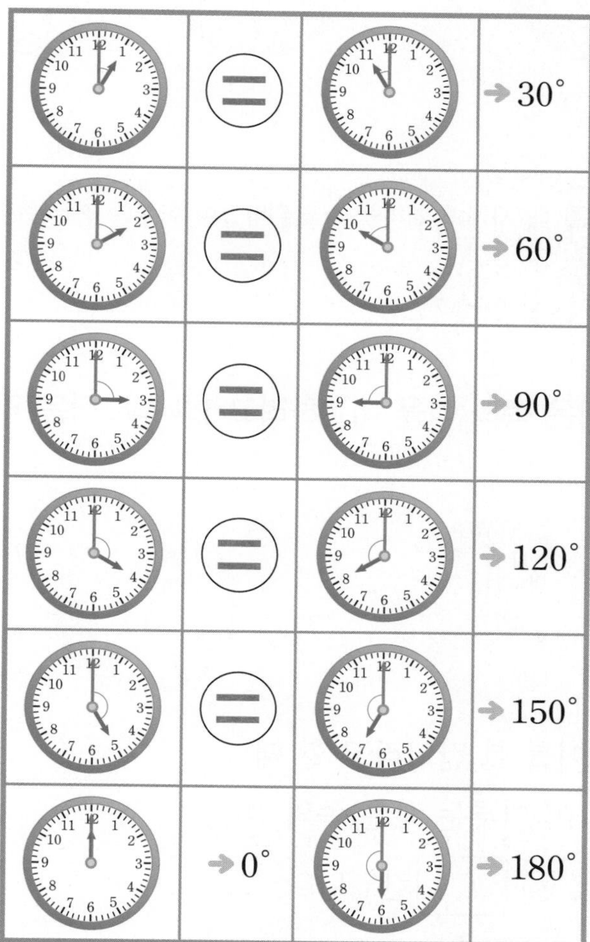

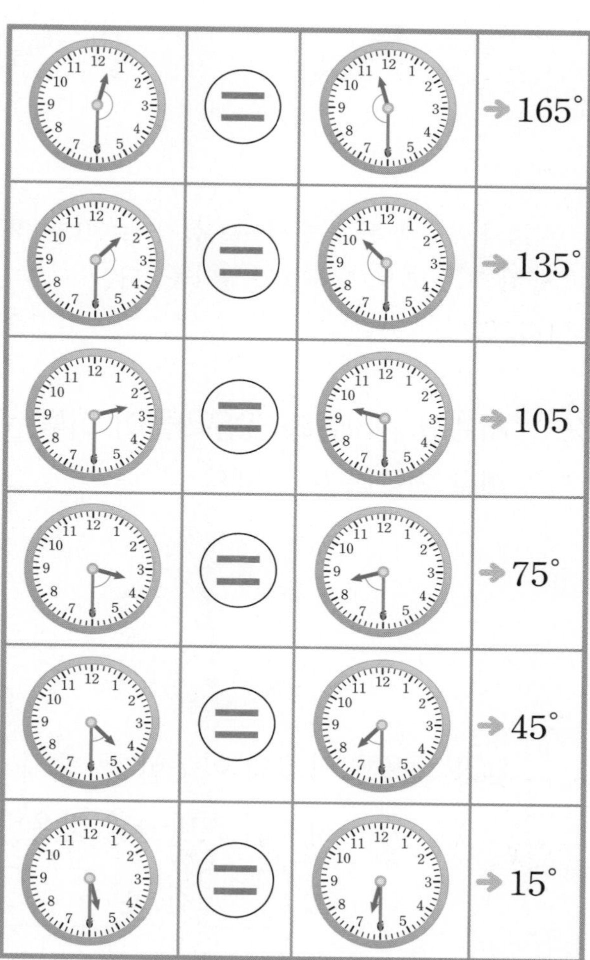

활동 문제 부채의 부챗살이 이루는 각의 크기는 일정합니다. 많이 벌어진 부채부터 ( ) 안에 1, 2, 3을 써 보세요.

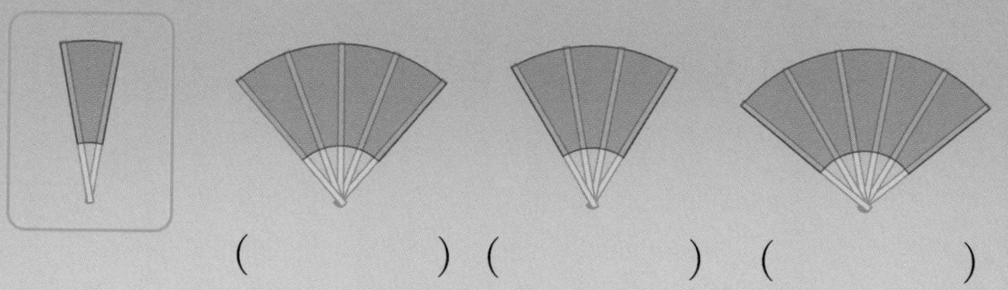

( ) ( ) ( )

1-1 시계의 긴바늘과 짧은바늘이 이루는 작은 쪽의 각을 비교하려고 합니다. 큰 각부터 차례로 기호를 써 보세요.

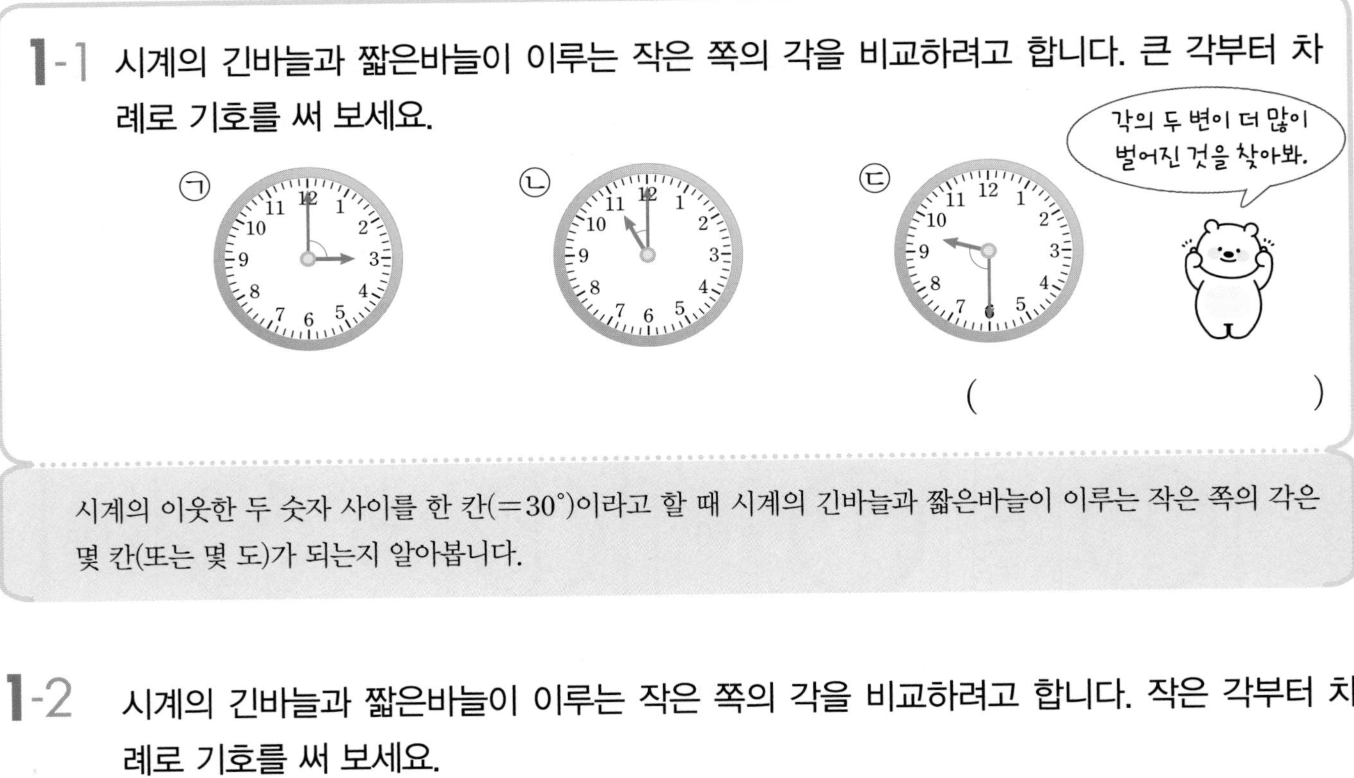

각의 두 변이 더 많이 벌어진 것을 찾아봐.

(　　　　　　　　　　)

시계의 이웃한 두 숫자 사이를 한 칸(=30°)이라고 할 때 시계의 긴바늘과 짧은바늘이 이루는 작은 쪽의 각은 몇 칸(또는 몇 도)가 되는지 알아봅니다.

1-2 시계의 긴바늘과 짧은바늘이 이루는 작은 쪽의 각을 비교하려고 합니다. 작은 각부터 차례로 기호를 써 보세요.

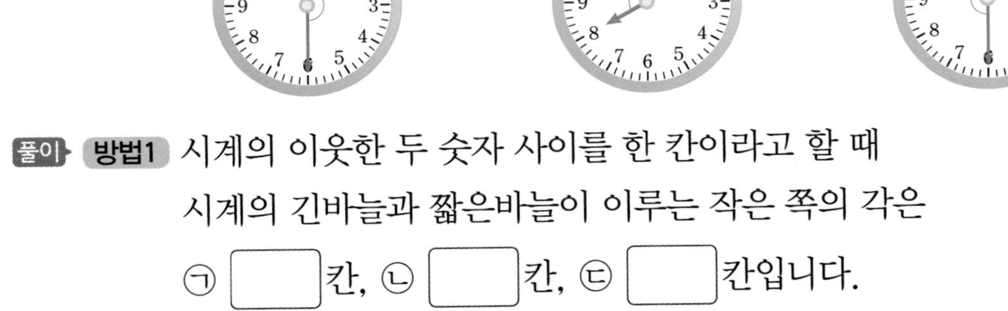

풀이 **방법1** 시계의 이웃한 두 숫자 사이를 한 칸이라고 할 때
시계의 긴바늘과 짧은바늘이 이루는 작은 쪽의 각은
㉠ □칸, ㉡ □칸, ㉢ □칸입니다.

방법2 시계의 이웃한 두 숫자 사이의 각은 30°이므로
시계의 긴바늘과 짧은바늘이 이루는 작은 쪽의 각은
㉠ □°, ㉡ □°, ㉢ □°입니다.

→ **방법1** 또는 **방법2**에 의해서 시계의 긴바늘과 짧은바늘이 이루는 작은 쪽의 각을 작은 각부터 차례로 기호를 쓰면 □, □, □입니다.

답 ______________

▶정답 및 해설 6쪽

2-1 경은이는 도화지 위에 자를 이용하여 각 ㄱㄴㄷ을 그린 뒤 각도기를 그림과 같이 올려 놓았습니다. 각 ㄱㄴㄷ의 크기는 몇 도인지 구해 보세요.

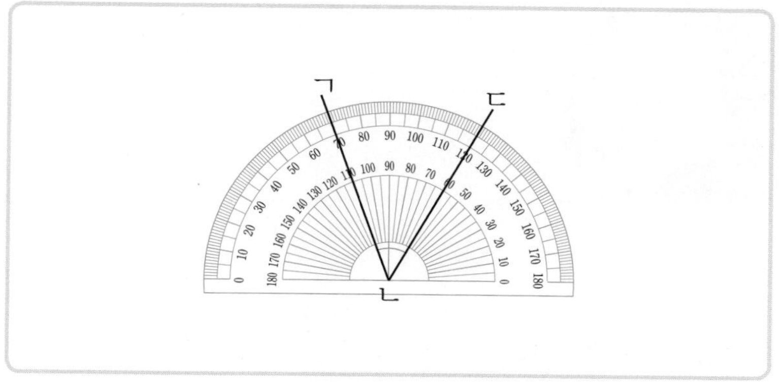
ㄱ
ㄷ
ㄴ

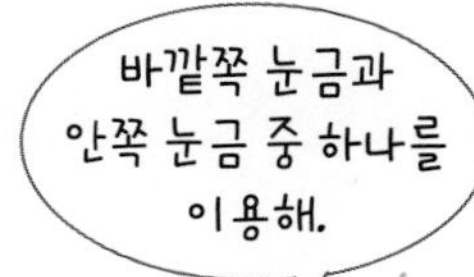
바깥쪽 눈금과
안쪽 눈금 중 하나를
이용해.

( )

- 구하려는 것: 각 ㄱㄴㄷ의 크기
- 주어진 조건: ❶ 그린 각 ㄱㄴㄷ ❷ 각 ㄱㄴㄷ에 올린 각도기
- 해결 전략: 각도기에서 바깥쪽 눈금 또는 안쪽 눈금을 이용하여 각 ㄱㄴㄷ의 크기를 구합니다.
  바깥쪽 눈금 ➔ 70, 120 / 안쪽 눈금 ➔ 110, 60

✎ 구하려는 것(〰)과 주어진 조건(——)에 표시해 봅니다.

2-2 진겸이는 도화지 위에 자를 이용하여 각 ㄱㄴㄷ을 그린 뒤 각도기를 그림과 같이 올려 놓았습니다. 각 ㄱㄴㄷ의 크기는 몇 도인지 구해 보세요.

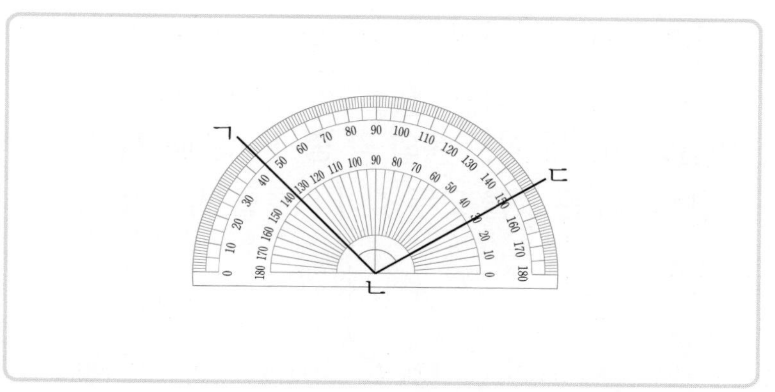
ㄱ
ㄷ
ㄴ

각도기에서
바깥쪽 눈금 또는
안쪽 눈금을 이용하여
각 ㄱㄴㄷ의 크기를
구합니다.

( )

5일 사고력 · 코딩

1 문제 해결

이탈리아에 있는 피사의 사탑입니다. 표시한 각보다 더 큰 각을 그려 보세요.

2 추론

크기가 같은 피자 2판을 각각 똑같이 나누었습니다. 피자 2판에서 각각 한 조각씩 남았을 때 남은 피자의 양이 더 많은 것을 찾아 기호를 써 보세요.

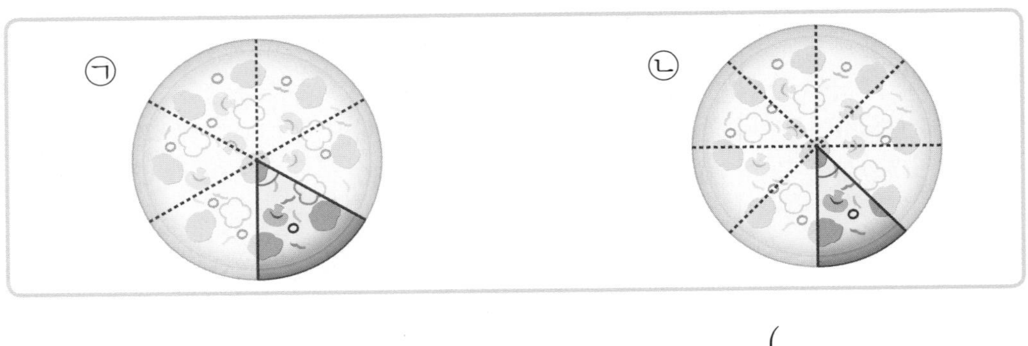

( )

3 문제 해결

다음 시계의 시곗바늘이 이루는 작은 쪽의 각 중 4시일 때 시계의 긴바늘과 짧은바늘이 이루는 작은 쪽의 각보다 더 큰 것을 모두 찾아 기호를 써 보세요.

㉠ 

㉡ 

㉢ 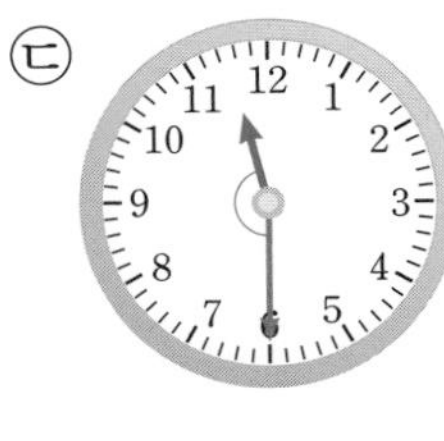

( )

▶정답 및 해설 7쪽

각도기를 이용하여 각도가 바르게 적힌 푯말의 길을 따라가서 보물을 찾아보세요.

점 ㄱ을 ㉮에 찍고 점 ㄷ을 ㉱에 찍었을 때 만들 수 있는 각 ㄱㄴㄷ의 크기는 몇 도인지 구해 보세요.

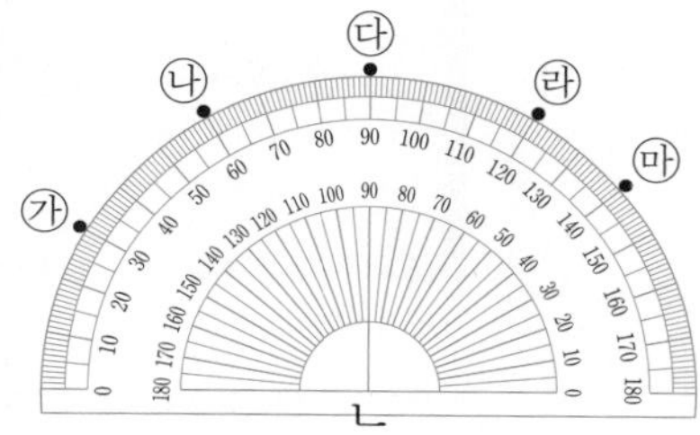

(   )

오른쪽 시계의 시각은 11시 35분 23초입니다. 긴바늘, 짧은바늘, 초바늘 중 두 바늘이 이루는 작은 쪽의 각의 크기를 비교하려고 합니다. 각의 크기가 가장 큰 것은 어떤 바늘과 어떤 바늘이 이루는 작은 쪽의 각인지 구해 보세요.

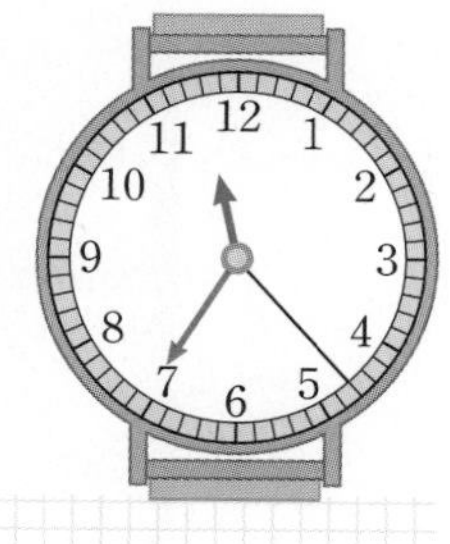

풀이

답 ____________________

창의 · 융합 · 코딩

1 가은이의 생일을 축하하는 생일 잔치를 하고 있습니다. 그림에서 각도가 서로 다른 부분을 5군데 찾아 아래 그림에 ○표 하세요. 문제 해결

2 물고기를 잡으려고 합니다. 대화를 읽고 알맞은 답이 써 있는 물고기를 잡아 선으로 이어 보세요. 창의·융합

200만이 100개인 수는 얼마일까요?
200만이 1000개인 수는 얼마일까요?
조가 50개인 수는 얼마일까요?
억이 50300개인 수는 얼마일까요?
5조 300억
200억
5조
2억
20억
50조
5030억

3 피자 한 판을 8조각으로 나눈 뒤 혜선, 나은, 진겸, 민호가 각각 2조각씩 먹으려고 합니다. 혜선이가 먼저 2조각을 먹었습니다. 물음에 답하세요. 추론

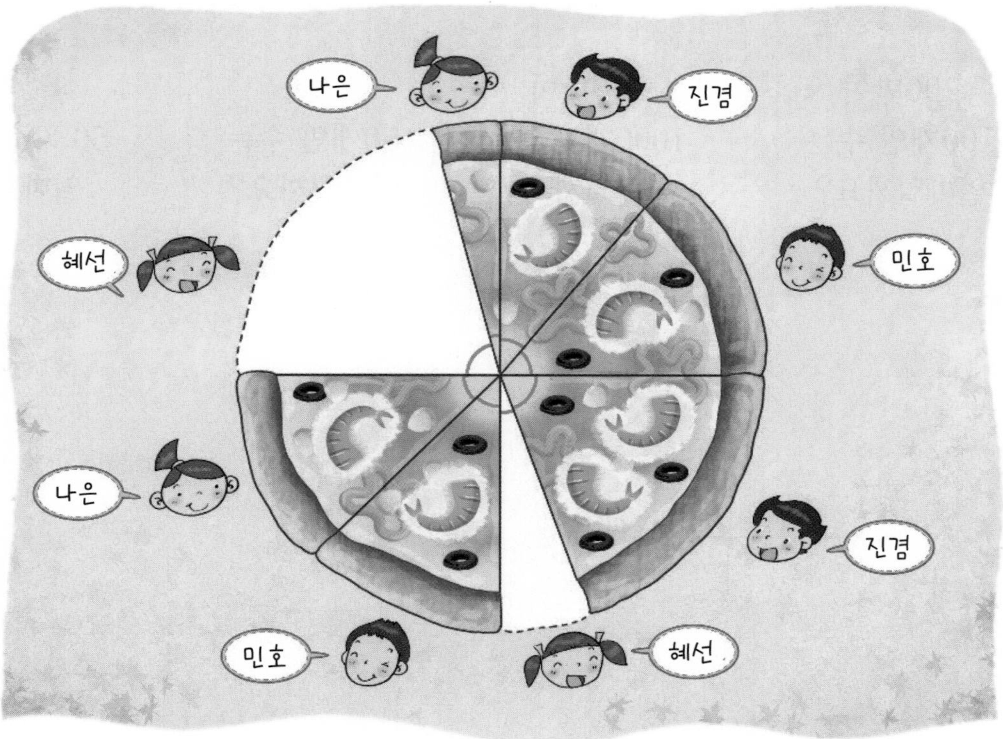

① 혜선이가 먹은 피자에 표시된 각의 크기와 가장 비슷한 각이 표시된 피자를 골라 번호를 쓰세요.

(　　　　　　　　　　)

② 혜선이가 먹은 피자보다 더 많은 양의 피자를 먹게 되는 친구는 누구일까요?

(　　　　　　　　　　)

4 우리나라의 시별 외국인 수를 조사하여 나타낸 것입니다. 물음에 답하세요. 문제 해결

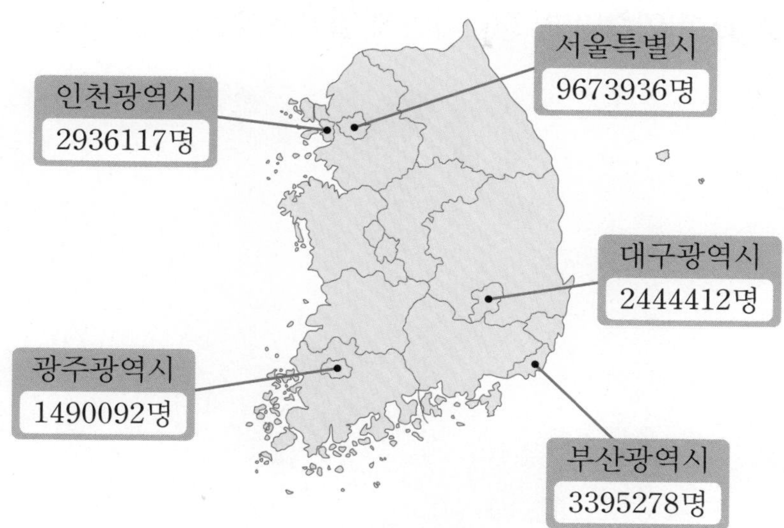

① 외국인 수를 읽어 보세요.

- 인천광역시: ______________________ 명
- 광주광역시: ______________________ 명
- 서울특별시: ______________________ 명
- 대구광역시: ______________________ 명
- 부산광역시: ______________________ 명

② 인천광역시의 외국인 수보다 외국인 수가 많은 지역을 모두 써 보세요.

( )

5 다음 세 수에서 천억의 자리 숫자가 나타내는 값의 합을 구해 보세요. 문제 해결

㉠ 

㉡ 

㉢ 

( )

6 태희는 징검다리를 건너 시냇물을 지나가야 집에 갈 수 있습니다. 징검다리에는 일정한 규칙으로 수가 쓰여 있습니다. 징검다리에 알맞은 수를 써넣으세요. 추론

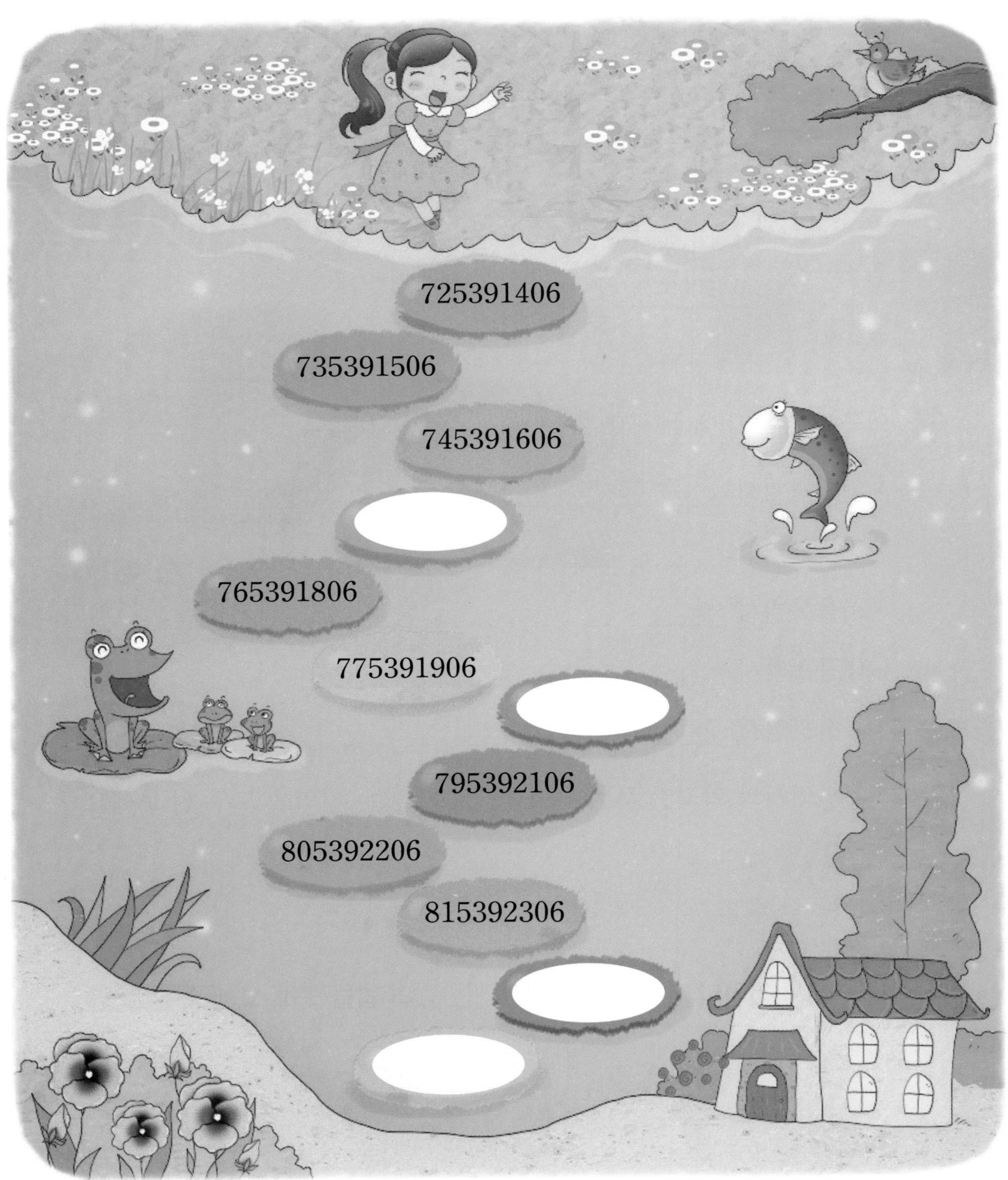

7 다음과 같이 읽은 수를 종이에 써서 거울에 비추면 일정한 규칙으로 어떤 수가 나타나고 변의 수가 거울에 나타난 수인 도형을 그리면 됩니다. "사천팔십억 구천일만 이백육십오"라고 수를 읽었을 때 읽은 수를 종이에 써서 거울에 비추면 거울에 나타나는 수를 쓰고 알맞은 도형을 그려 보세요. 추론

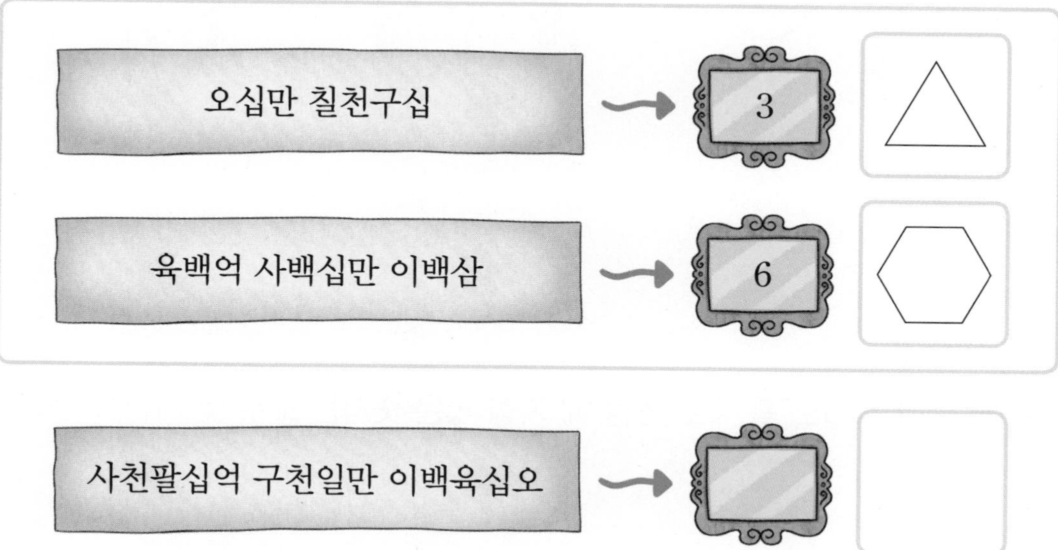

사천팔십억 구천일만 이백육십오 →

8 상혁이는 여러 화석이 언제쯤 생겼는지 조사하였습니다. 다음 화석 중 가장 늦게 생긴 화석을 찾아 기호를 써 보세요. 창의·융합

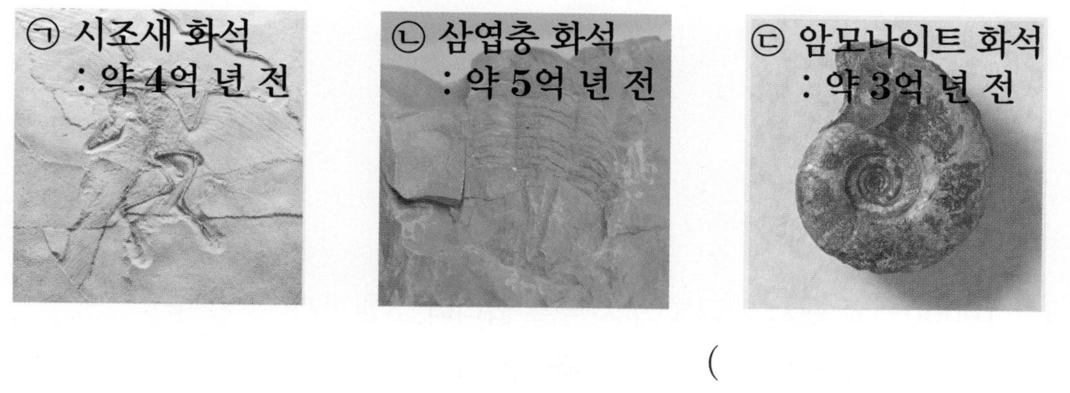

( )

누구나 100점 TEST

맞은 개수 /8개

1 시계의 긴바늘과 짧은바늘이 이루는 작은 쪽의 각을 비교하려고 합니다. 작은 각부터 차례로 기호를 써 보세요.

㉠ 

㉡ 

㉢ 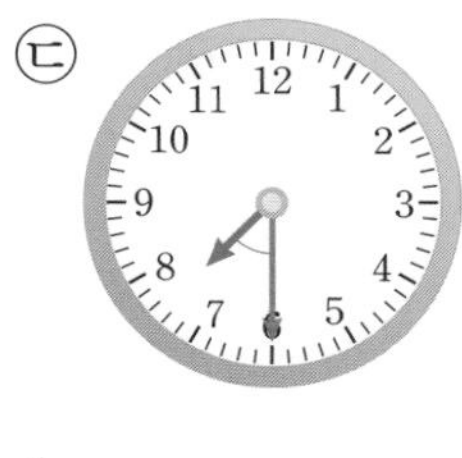

(　　　　　　　　)

2 "구천억 백만 칠십오"를 수로 썼을 때 가장 많은 숫자는 모두 몇 개인지 구해 보세요.

(　　　　　　　　)

3 다음 수에서 ㉠이 나타내는 값은 ㉡이 나타내는 값의 몇 배인지 구해 보세요.

6170470000000
㉠ ㉡

(　　　　　　　　)

4 매달 10000원씩 돼지 저금통에 저금을 합니다. 3월까지 5000원을 저금했습니다. 7월까지 저금할 수 있는 돈은 얼마인지 구해 보세요.

(　　　　　　　　)

5 공에 써 있는 수 6개를 한 번씩 사용하여 여섯 자리 수를 만들었습니다. 만든 여섯 자리 수 중 둘째로 큰 수와 둘째로 작은 수를 각각 구해 보세요.

둘째로 큰 수 (　　　　　　　　), 둘째로 작은 수 (　　　　　　　　)

6 지금까지 모은 돈은 100원짜리 동전 15개, 500원짜리 동전 5개, 1000원짜리 지폐 14장, 5000원짜리 지폐 6장입니다. 지금까지 모은 돈은 모두 얼마인지 구해 보세요.

(　　　　　　　　)

7 세 나라의 인구수를 보고 인구수가 많은 나라부터 차례로 이름을 써 보세요.

인도	중국	인도네시아
		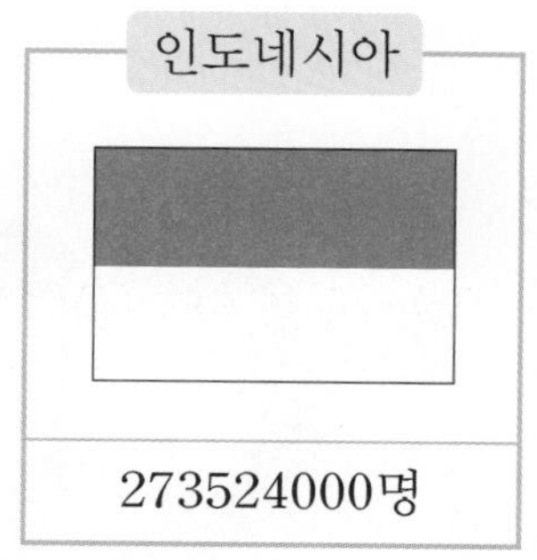
1380004000명	1439324000명	273524000명

(출처: 통계청 국가통계포털, 2020)

(　　　　　　　　)

8 수 카드 6장을 한 번씩 사용하여 여섯 자리 수를 만들었습니다. 만든 여섯 자리 수 중 셋째로 큰 수를 쓰고, 그 수를 읽어 보세요.

- 셋째로 큰 수 (　　　　　　　　)
- 읽기 (　　　　　　　　)

2주 이번 주에는 무엇을 공부할까? ①

와~ 너
유연하다.

아니야. 요즘 스트
레칭을 게을리 했
더니 유연성이 떨
어졌어.

얼마 전까지 이렇게
옆으로 누워서
40°+70° 만큼
다리를 벌릴 수
있었어.
진짜?

40°
+
70°
=
110°
40°+70°=110°
우와~
110°만큼이나
다리를 벌릴 수
있었네.

그럼 지금은
얼마만큼 다리를
벌릴 수 있어?
봐봐~

지금은
80° 밖에
못해.

얼마나 차이가
나는거지?

110°
−
80°
=
30°
110°−80°=30°
30°나
줄었구나.

만화로 미리 보기

어떻게 하면
유연성이
좋아질까?

이렇게 다리
찢기를 하루에
400번씩 70일 동안
하면 유연성이
좋아질 거야.

400 × 70을
계산해 보면……

(몇백) × (몇십)을 계산할 때는
(몇) × (몇)의 값에 곱하는
두 수의 0의 개수만큼 0을
붙이면 돼.
400 × 70 = 28000
4 × 7 = 28

우와~
28000번
하려면
힘들겠다.
끙차……

김연아 선수처럼
유연해지려면
이 정도는 해야지.
우두둑

하나, 둘, 셋
뿌웅
앗~!!
이게 무슨
소리지?

헤헤
너무 힘을
줬나 봐.
윽~ 냄새.

2주 이번 주에는 무엇을 공부할까? ②

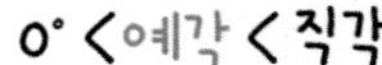

삼각형의 세 각의 크기의 합은 180°야.

사각형의 네 각의 크기의 합은 360°야.

확인 문제

1-1 주어진 각이 '예각'인지, '둔각'인지 알맞은 말에 ○표 하세요.

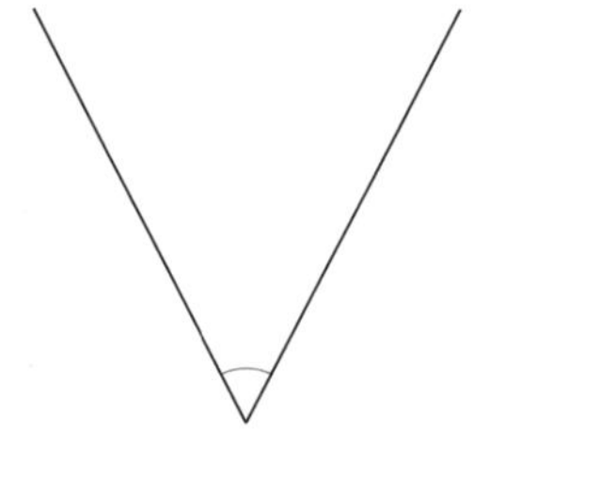

(예각 , 둔각)

한번 더

1-2 주어진 각이 '예각'인지, '둔각'인지 알맞은 말을 써 보세요.

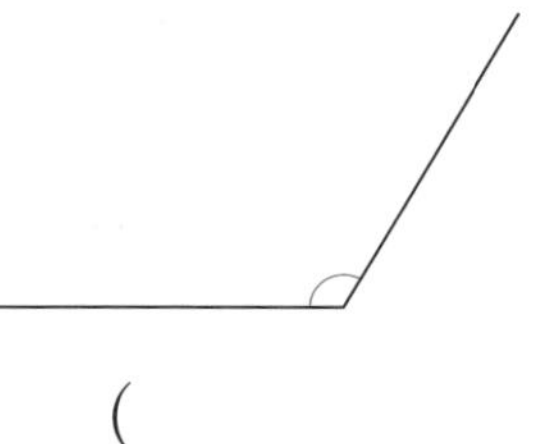

(　　　　　　　　)

2-1 삼각형에서 ㉠의 각도를 구해 보세요.

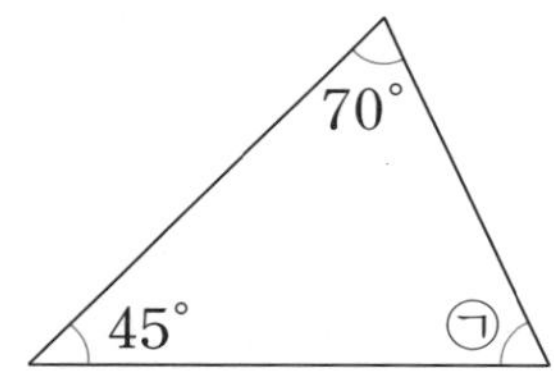

$70° + 45° + ㉠ = \square°$

$115° + ㉠ = \square°$

$㉠ = \square° - 115°$

$㉠ = \square°$

2-2 사각형에서 ㉠의 각도를 구해 보세요.

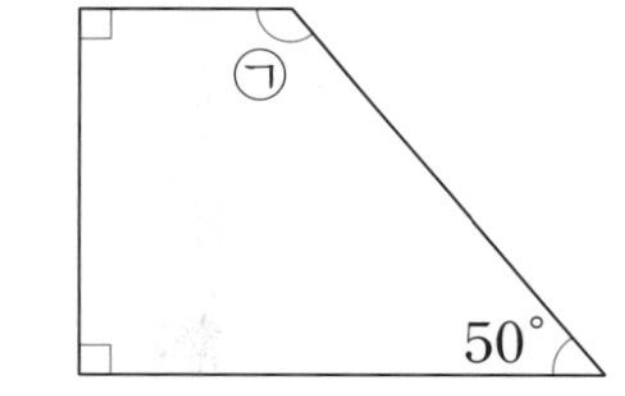

$90° + 90° + 50° + ㉠ = \square°$

$230° + ㉠ = \square°$

$㉠ = \square° - 230°$

$㉠ = \square°$

▶정답 및 해설 9쪽

• (세 자리 수)×(몇십)

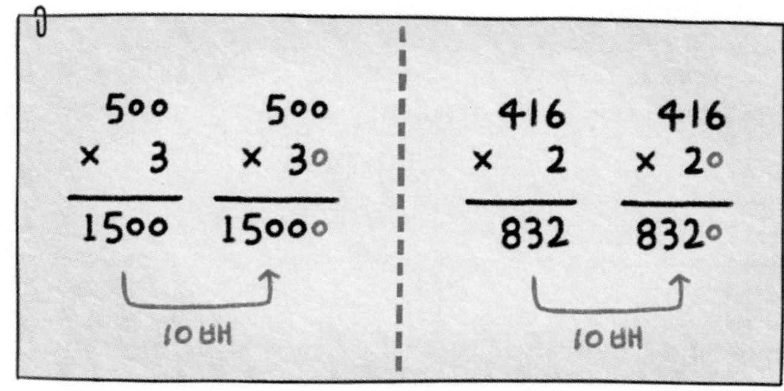

• (세 자리 수)×(몇십몇)

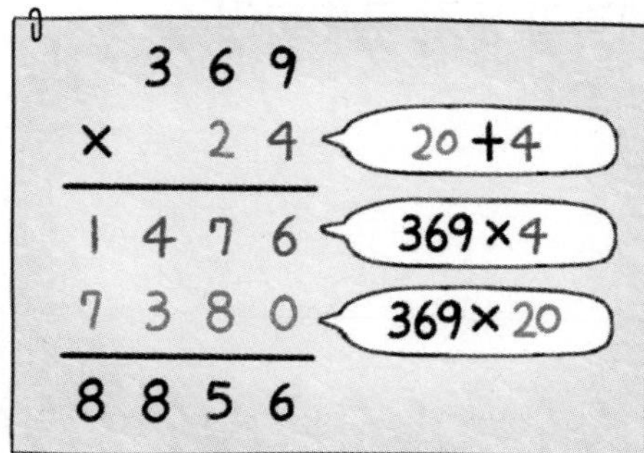

확인 문제

3-1 계산해 보세요.

(1)
$$\begin{array}{r} 2\,0\,0 \\ \times \quad 7\,0 \\ \hline \end{array}$$
□

(2)
$$\begin{array}{r} 4\,0\,0 \\ \times \quad 6\,0 \\ \hline \end{array}$$
□

한번 더

3-2 계산해 보세요.

(1)
$$\begin{array}{r} 3\,1\,0 \\ \times \quad 2\,0 \\ \hline \end{array}$$
□

(2)
$$\begin{array}{r} 5\,0\,7 \\ \times \quad 3\,0 \\ \hline \end{array}$$
□

4-1 계산해 보세요.

(1)
$$\begin{array}{r} 5\,1\,7 \\ \times \quad 1\,4 \\ \hline \end{array}$$

(2)
$$\begin{array}{r} 3\,4\,2 \\ \times \quad 3\,9 \\ \hline \end{array}$$

4-2 계산해 보세요.

(1)
$$\begin{array}{r} 7\,5\,3 \\ \times \quad 2\,5 \\ \hline \end{array}$$

(2)
$$\begin{array}{r} 6\,9\,4 \\ \times \quad 3\,6 \\ \hline \end{array}$$

1 예각과 둔각 구별하기

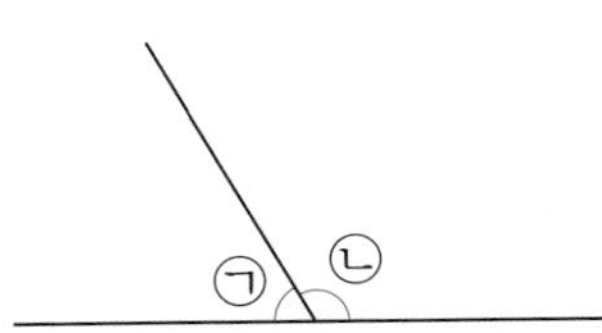
㉠
㉡

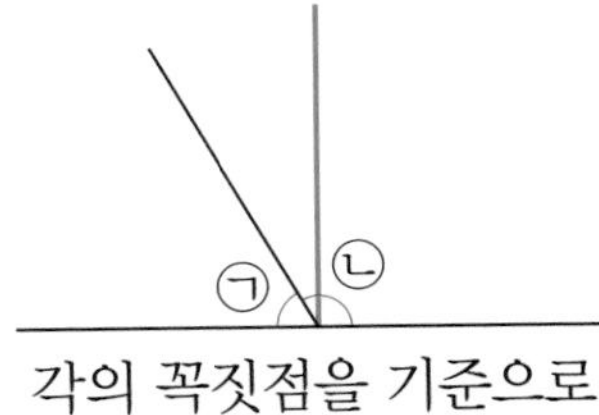
㉠
㉡

각의 꼭짓점을 기준으로 직각을 떠올려 봅니다.

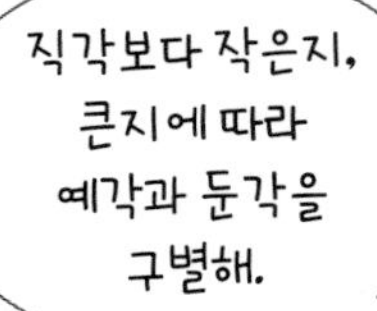
직각보다 작은지,
큰지에 따라
예각과 둔각을
구별해.

㉠은 각도가 0°보다 크고 직각보다 작은 각이므로 예각이고,
㉡은 각도가 직각보다 크고 180°보다 작은 각이므로 둔각입니다.

활동 문제 학생들이 낚시를 하고 있습니다. 알맞은 물고기와 연결해 보세요.

둔각
직각
예각

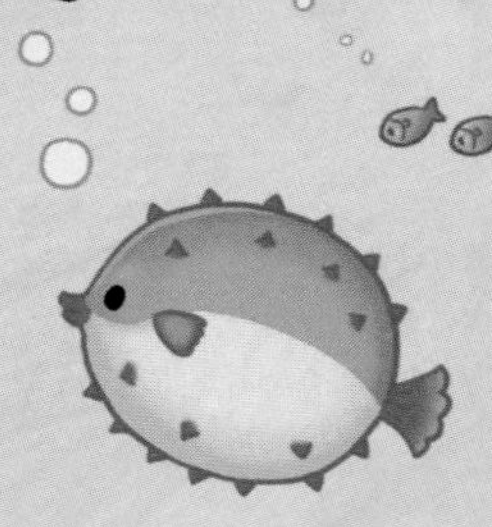

▶정답 및 해설 9쪽

2 크고 작은 예각과 둔각의 수

①②③④	1개짜리	2개짜리	3개짜리	합계
예각	①, ②, ③, ④ 4개	①②, ②③ 2개	없음	6개
둔각	없음	③④ 1개	①②③, ②③④ 2개	3개

활동 문제 크고 작은 예각과 둔각의 수를 세어 가며 길을 찾아 가세요.

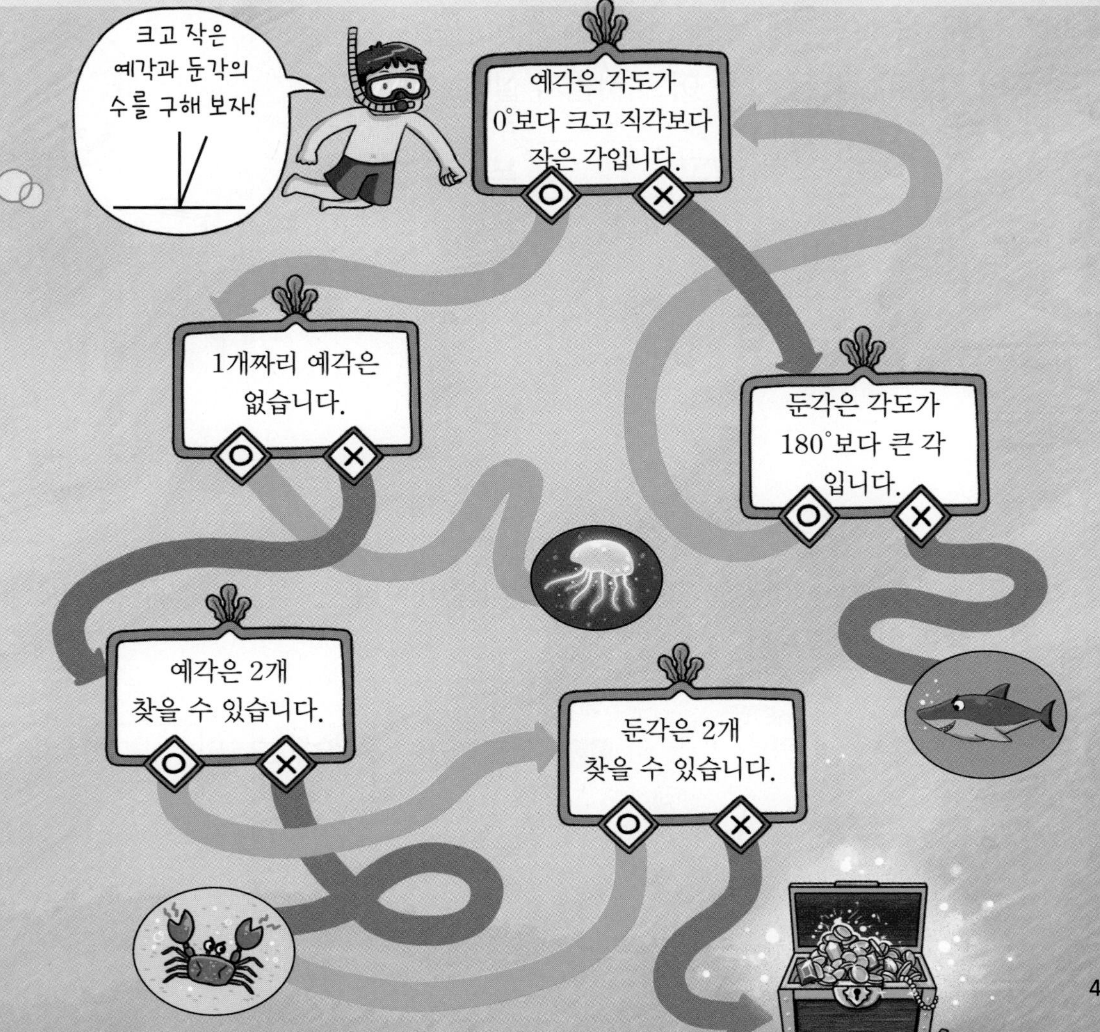
크고 작은
예각과 둔각의
수를 구해 보자!
예각은 각도가
0°보다 크고 직각보다
작은 각입니다.
1개짜리 예각은
없습니다.
둔각은 각도가
180°보다 큰 각
입니다.
예각은 2개
찾을 수 있습니다.
둔각은 2개
찾을 수 있습니다.

1-1 시각에 맞게 시계의 긴바늘을 그리고, 시곗바늘이 이루는 작은 쪽의 각이 예각, 둔각 중 어느 것인지 설명해 보세요.

7시 30분에 세수를 했습니다.

설명 ______________________________

____

❶ 시각에 맞게 긴바늘을 그립니다.
❷ 시곗바늘이 이루는 작은 쪽의 각도가 90°보다 작은지, 큰지 알아봅니다.

1-2 시각에 맞게 시계의 긴바늘을 그리고, 시곗바늘이 이루는 작은 쪽의 각이 예각, 둔각 중 어느 것인지 설명해 보세요.

8시에 등교 준비를 했습니다.

설명 각도가 □°보다 크고 □°보다 작은 각이므로 □입니다.

1-3 시각에 맞게 시계의 긴바늘을 그리고, 시곗바늘이 이루는 작은 쪽의 각이 예각, 둔각 중 어느 것인지 설명해 보세요.

5시 40분

설명 각도가 □°보다 크고 □°보다 작은 각이므로 □입니다.

▶정답 및 해설 9쪽

2-1 해민이가 스케치북에 그린 도형입니다. 도형에서 찾을 수 있는 크고 작은 예각은 모두 몇 개인지 구해 보세요.

(   )

- 구하려는 것: 크고 작은 예각의 수
- 주어진 조건: 해민이가 그린 도형
- 해결 전략: 각 1개짜리, 각 2개짜리, 각 3개짜리 각 중에서 예각인 각은 모두 몇 개인지 찾습니다.

✎ 구하려는 것(〰〰)과 주어진 조건(——)에 표시해 봅니다.

2-2 도형에서 찾을 수 있는 크고 작은 둔각은 모두 몇 개인지 구해 보세요.

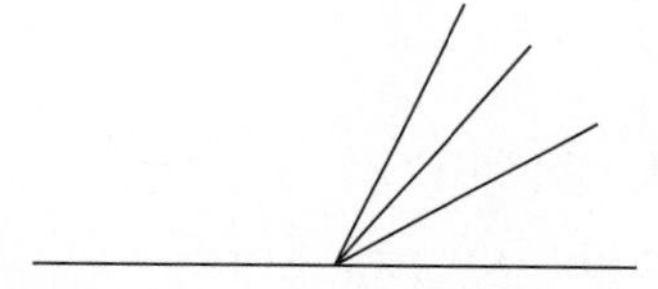

해결 전략

각 1개짜리, 각 2개짜리, 각 3개짜리 각 중에서 둔각인 각은 모두 몇 개인지 찾습니다.

(   )

2-3 도형에서 찾을 수 있는 크고 작은 예각과 둔각은 각각 몇 개인지 구해 보세요.

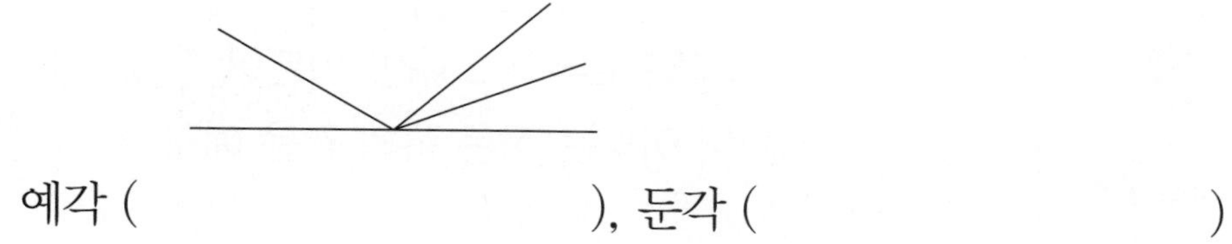

예각 (   ), 둔각 (   )

1일 사고력 · 코딩

1 창의 · 융합

다음은 어느 별자리를 나타낸 것입니다. 별자리에서 찾을 수 있는 둔각의 수를 구해 보세요.

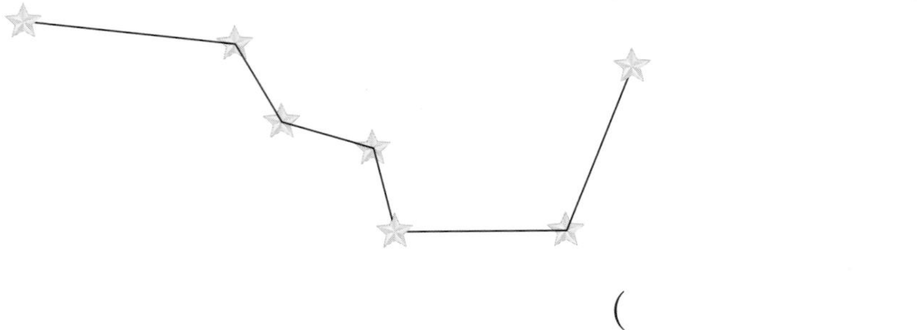

(　　　　　　　　　　)

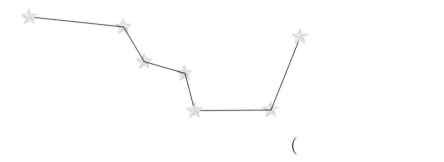

2 창의 · 융합

길이 끊겨있는 두 곳을 곧게 이었을 때 길의 시작부터 끝까지에서 찾을 수 있는 예각과 둔각은 각각 몇 개인지 구해 보세요.

예각 (　　　　　　　　　　), 둔각 (　　　　　　　　　　)

3 문제 해결

오른쪽 시계의 시각으로부터 2시간 30분이 지났을 때, 시계의 긴바늘과 짧은바늘이 이루는 작은 쪽의 각은 예각, 직각, 둔각 중에서 어느 것일까요?

(　　　　　　　　　　)

▶정답 및 해설 10쪽

나무판에 박힌 못에 줄을 연결하여 예각을 만들려고 합니다. 어느 못으로 줄을 연결해야 하는지 번호를 모두 써 보세요.

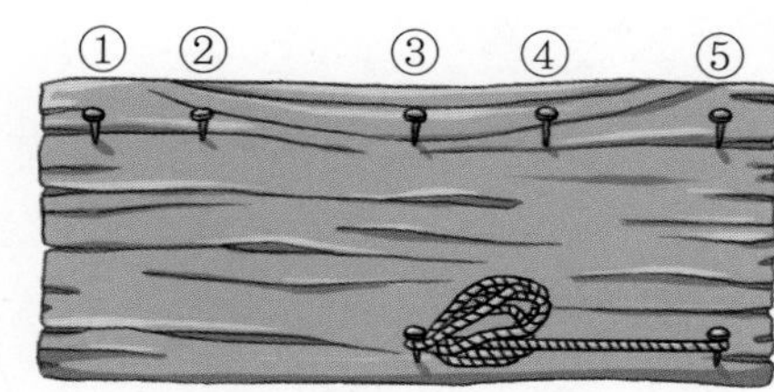

( )

다음 흐름에 따라 출력된 값은 얼마인지 구해 보세요.

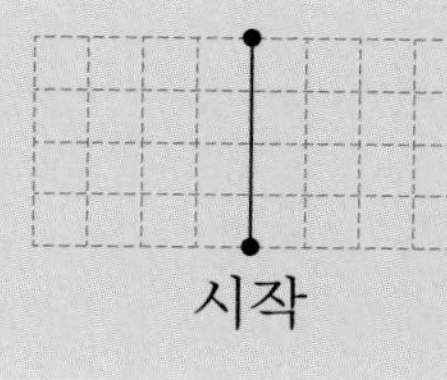

점 2개를 왼쪽과 같이 찍고 선을 그은 후에 시작합니다.

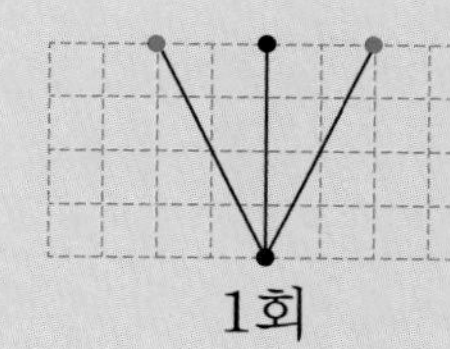

한 회마다 빨간 점을 2개씩 추가하고 선을 긋습니다.

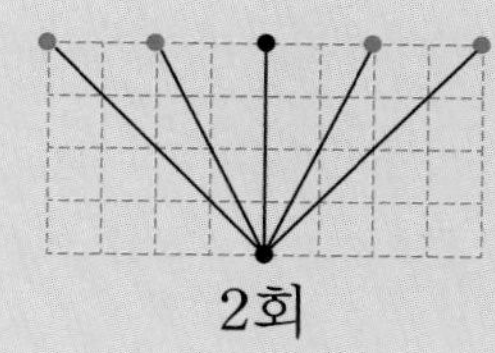

2회에서 찾을 수 있는 크고 작은 예각의 수를 출력하세요.

( )

모르는 각도 구하기

1 덧셈과 뺄셈의 역연산을 이용한 각도 구하기

▲+●=■ → ■−●=▲, ■−▲=●

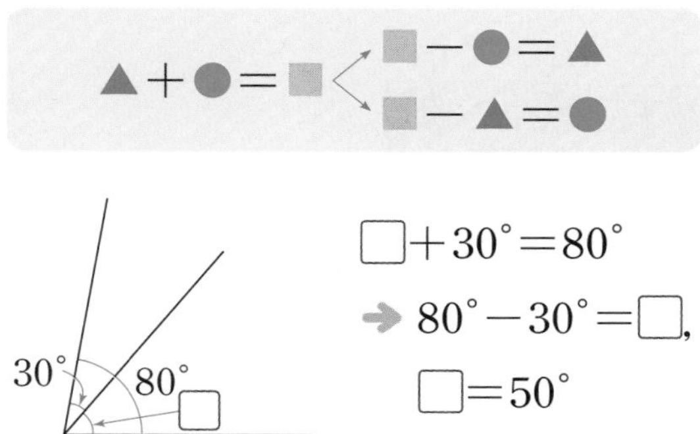

$\square+30^\circ=80^\circ$

➔ $80^\circ-30^\circ=\square$, $\square=50^\circ$

■−●=▲ → ▲+●=■, ●+▲=■

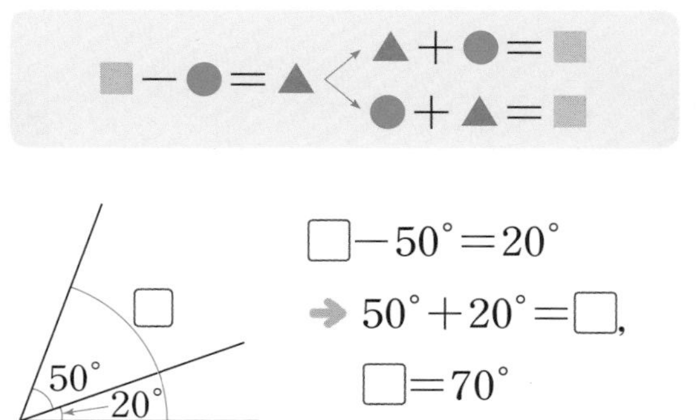

$\square-50^\circ=20^\circ$

➔ $50^\circ+20^\circ=\square$, $\square=70^\circ$

활동 문제 덧셈과 뺄셈의 역연산 관계를 생각하면서 가로와 세로의 세 개의 각도의 합이 100° 가 되는 빙고를 완성해 보세요.

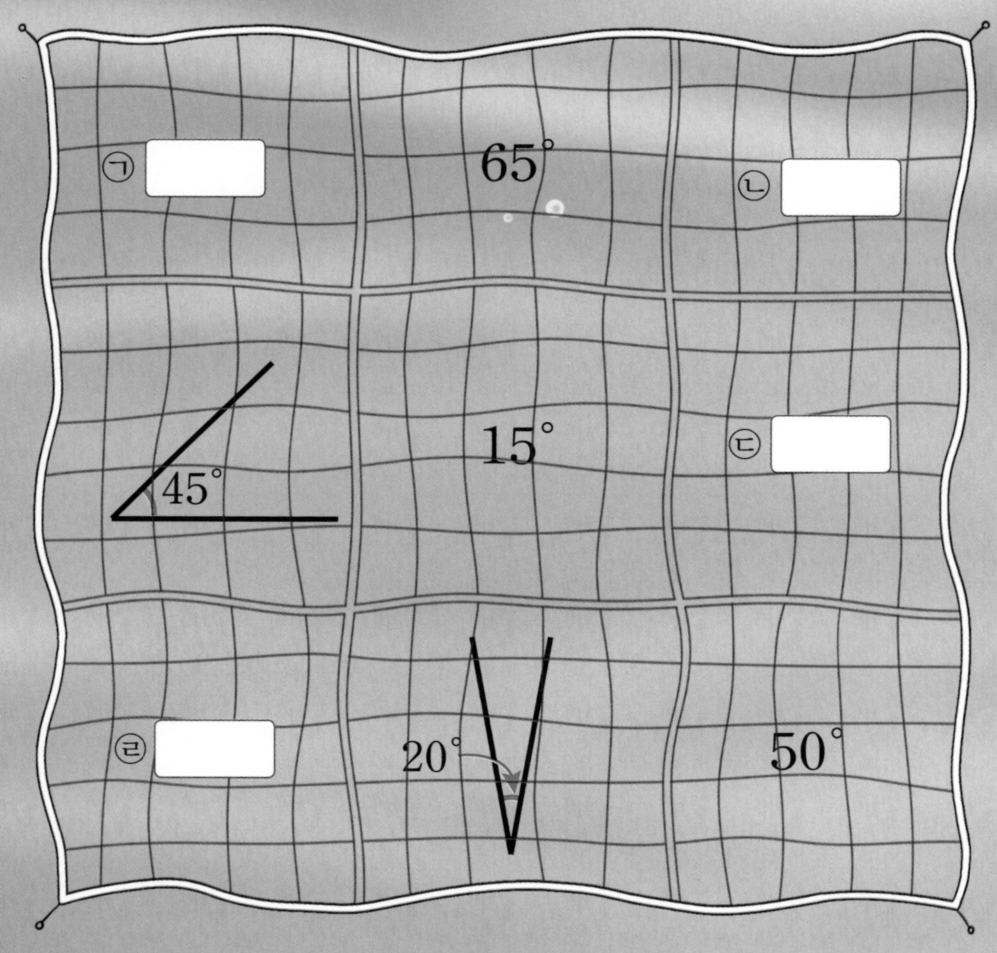

▶정답 및 해설 10쪽

2 똑같이 나눈 각의 크기 구하기

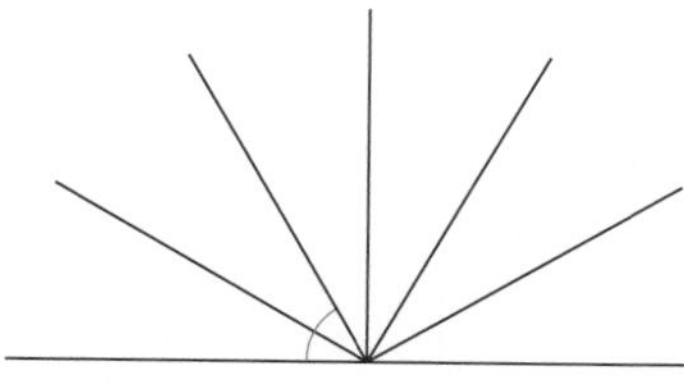

직선을 크기가 같은 각 6개로 나눈 것입니다.
직선을 이루는 각의 크기는 180°이므로
가장 작은 한 각의 크기는 $180° \div 6 = 30°$입니다.
➔ 표시한 각의 크기는 $30° + 30° = 60°$입니다.

2주 2일

활동 문제 상어가 바른 설명이 적힌 물고기를 잡아 먹고 다른 상어가 있는 곳까지 가려고 합니다. 알맞게 선으로 이어 보세요.

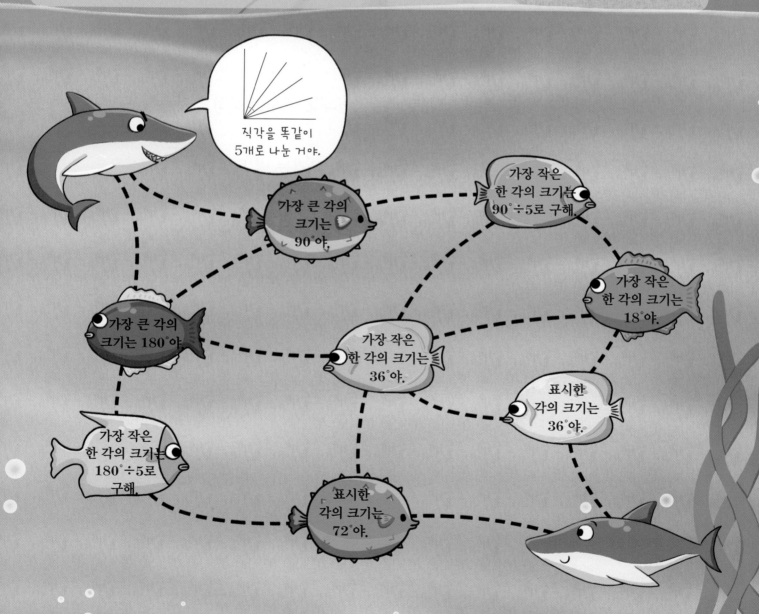

직각을 똑같이 5개로 나눈 거야.

가장 큰 각의 크기는 90°야.

가장 작은 한 각의 크기는 90°÷5로 구해.

가장 작은 한 각의 크기는 18°야.

가장 큰 각의 크기는 180°야.

가장 작은 한 각의 크기는 36°야.

표시한 각의 크기는 36°야.

가장 작은 한 각의 크기는 180°÷5로 구해.

표시한 각의 크기는 72°야.

1-1 정사각형 모양 색종이를 다음과 같이 접었다 펼쳤습니다. 표시한 각의 크기는 몇 도인지 구해 보세요.

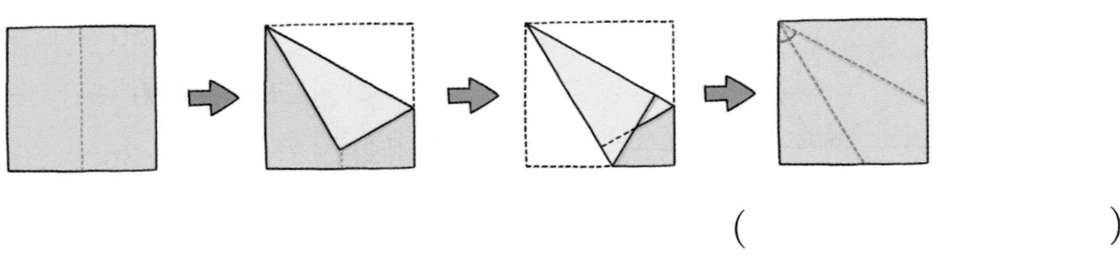

( )

❶ 정사각형의 한 각의 크기를 알아봅니다.
❷ 가장 작은 한 각의 크기를 알아봅니다.
❸ 표시한 각의 크기는 가장 작은 한 각의 크기의 2배입니다.

1-2 각도가 100°인 각을 똑같이 5개로 나누었습니다. 표시한 각의 크기는 몇 도인지 구해 보세요.

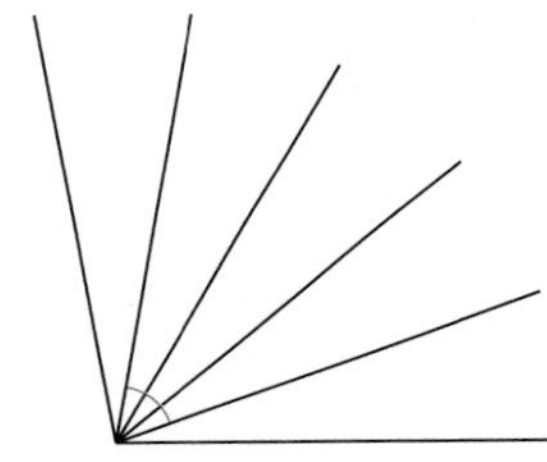

(1) 가장 작은 한 각의 크기는 몇 도일까요?

( )

(2) 표시한 각의 크기는 몇 도일까요?

( )

1-3 직선을 똑같이 5개로 나누었습니다. 표시한 각의 크기는 몇 도인지 구해 보세요.

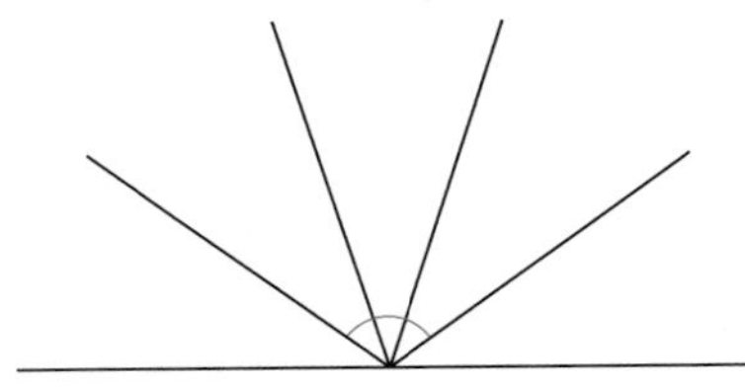

(1) 가장 작은 한 각의 크기는 몇 도일까요?

( )

(2) 표시한 각의 크기는 몇 도일까요?

( )

▶정답 및 해설 11쪽

2-1 도희는 종이접기를 하고 있습니다. 직사각형 모양의 종이를 그림과 같이 접었을 때 ㉠의 각도를 구해 보세요.

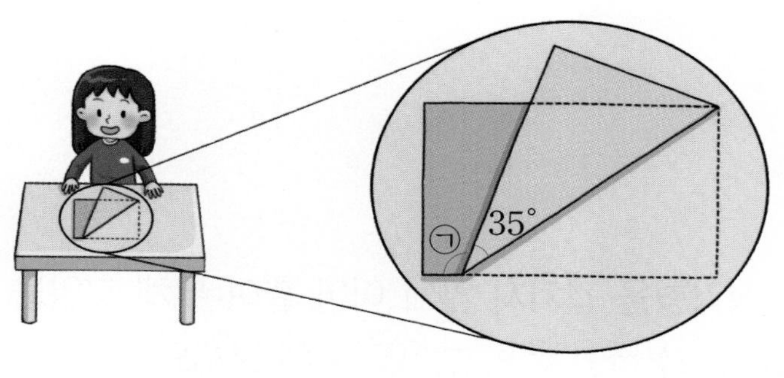

(　　　　　　　　)

- 구하려는 것: ㉠의 각도
- 주어진 조건: 접은 부분의 각도가 35°
- 해결 전략: 종이를 접은 부분의 각도는 접기 전의 각도와 같습니다. ➔ ㉠$+35°+35°=180°$

구하려는 것(〰〰)과 주어진 조건(——)에 표시해 봅니다.

2-2 직사각형 모양의 종이를 그림과 같이 접었습니다. ㉠의 각도를 구해 보세요.

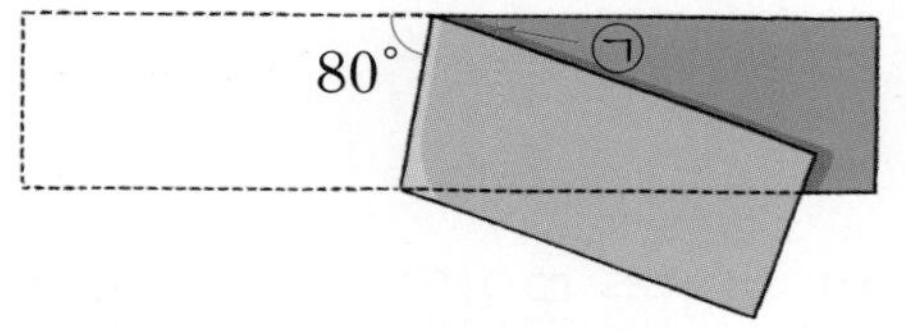

해결 전략
종이를 접은 부분의 각도는 접기 전의 각도와 같습니다.

(　　　　　　　　)

2-3 직사각형 모양의 종이를 그림과 같이 접었습니다. ㉠의 각도를 구해 보세요.

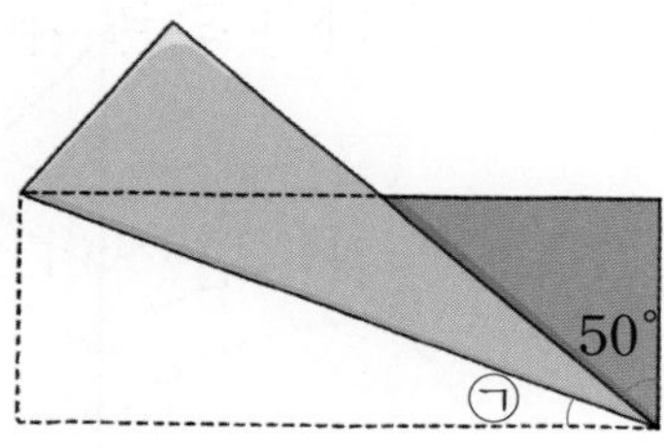

(　　　　　　　　)

2일 사고력 • 코딩

1 창의 · 융합

피자 한 판을 똑같이 8조각으로 나눈 것 중 5조각을 먹었습니다. 먹고 남은 피자가 오른쪽과 같을 때, ㉠의 크기를 구해 보세요.

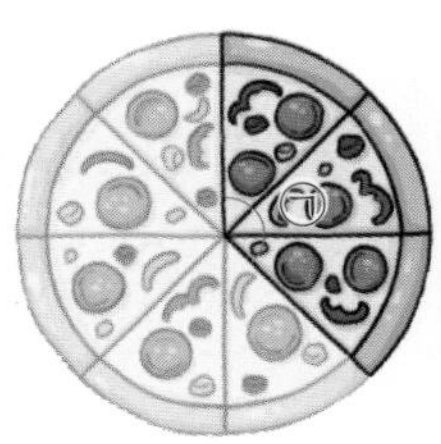

( )

2 창의 · 융합

크기가 같은 삼각형을 겹치지 않게 이어 붙여 부채 모양을 만들었습니다. 각 ㄱㄴㄹ의 크기가 20°일 때 각 ㄱㄴㄷ의 크기를 구해 보세요.

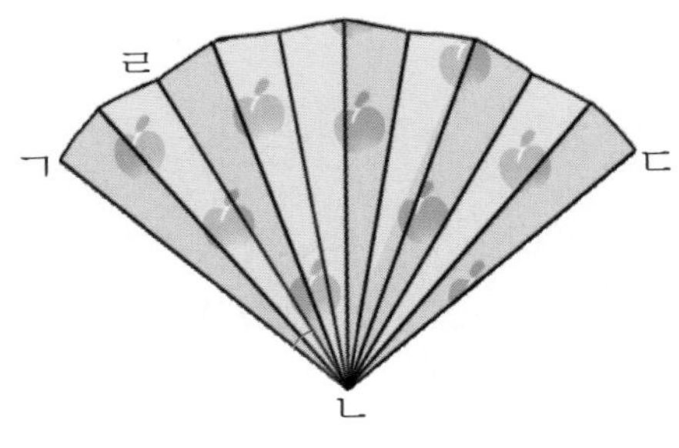

( )

3 문제 해결

거미가 거미줄을 만들고 있습니다. 거미줄 모양을 보고 □ 안에 알맞은 각도를 써넣으세요.

▶정답 및 해설 11쪽

다음 색종이의 한 각의 크기는 $108°$입니다. 색종이를 다음과 같이 접었다 펼쳤습니다. 표시한 각의 크기는 몇 도인지 구해 보세요.

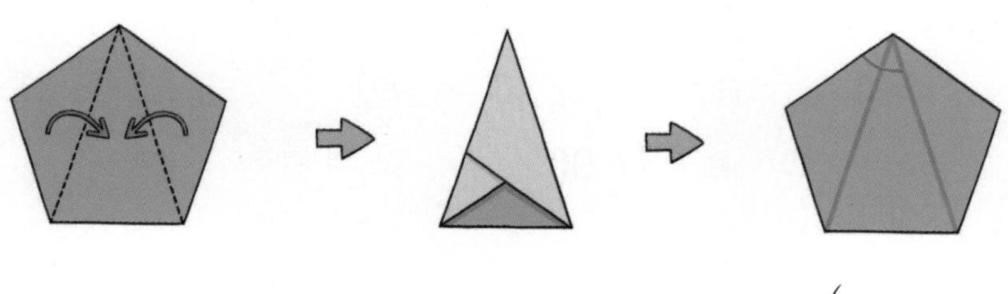

(　　　　　　　　)

화살표 약속에 따라 빈칸에 알맞은 각도를 써넣으세요.

화살표 약속	
→	$+30°$
←	$-30°$
↓	$+45°$
↑	$-45°$

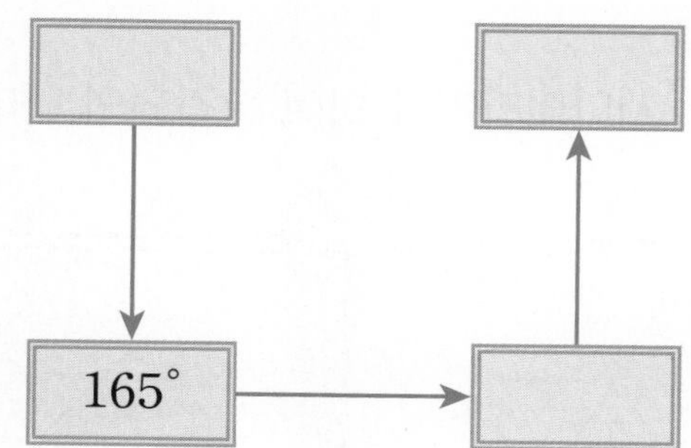

직사각형 모양의 종이를 그림과 같이 접었을 때 각 ㅁㄷㅂ의 각도를 구해 보세요.

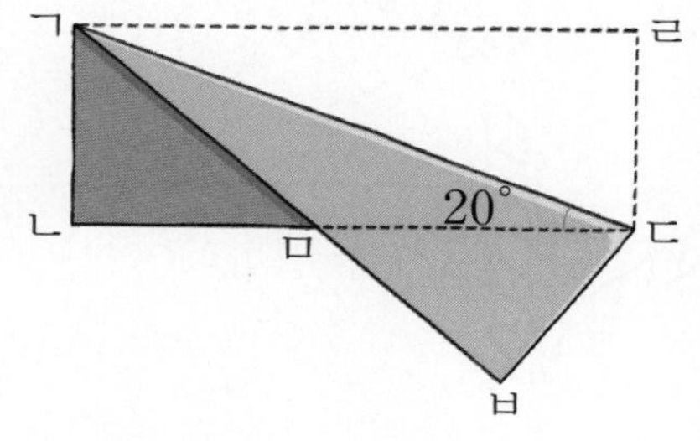

(　　　　　　　　)

1 삼각형과 사각형의 한 각의 크기

- 삼각형의 한 각의 크기

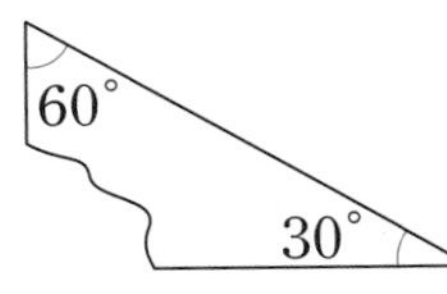

$60^\circ + \square + 30^\circ = \underline{180^\circ}$ → 삼각형의 세 각의 크기의 합

➜ $\square = 90^\circ$

- 사각형의 한 각의 크기

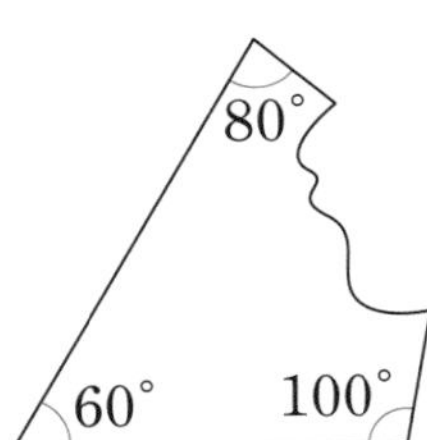

$80^\circ + 60^\circ + 100^\circ + \square = \underline{360^\circ}$ → 사각형의 네 각의 크기의 합

➜ $\square = 120^\circ$

삼각형의 세 각의 크기의 합은 180°야.
사각형의 네 각의 크기의 합은 360°야.

활동 문제 사다리타기를 하여 삼각형의 나머지 한 각의 크기를 알맞게 써 보세요.

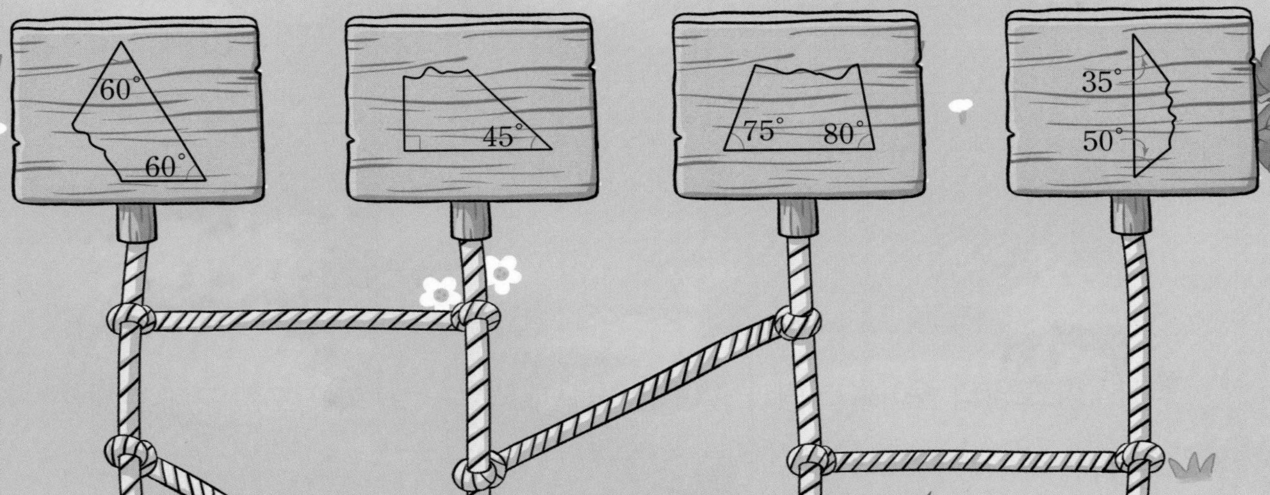

60°, 60° / 45° / 75°, 80° / 35°, 50°

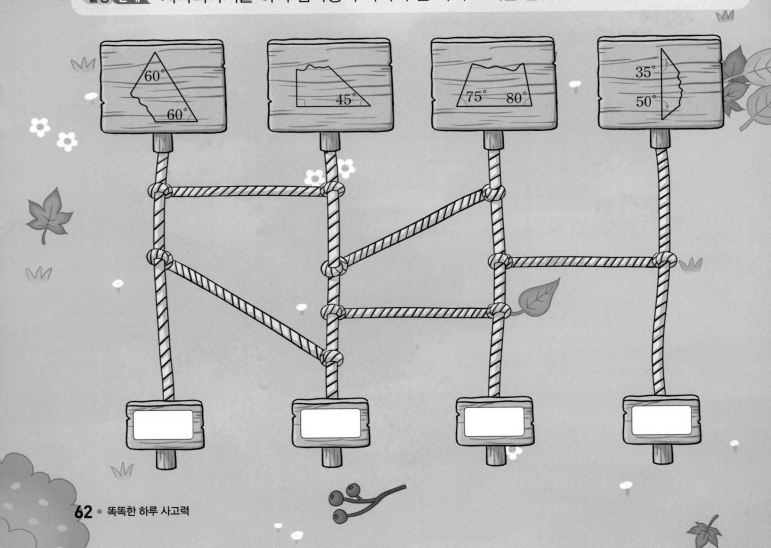

▶정답 및 해설 12쪽

2 도형의 모든 각의 크기의 합

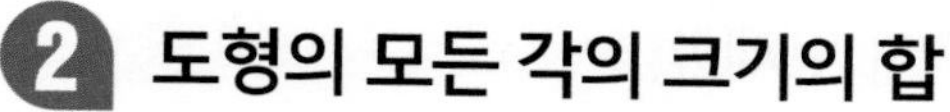

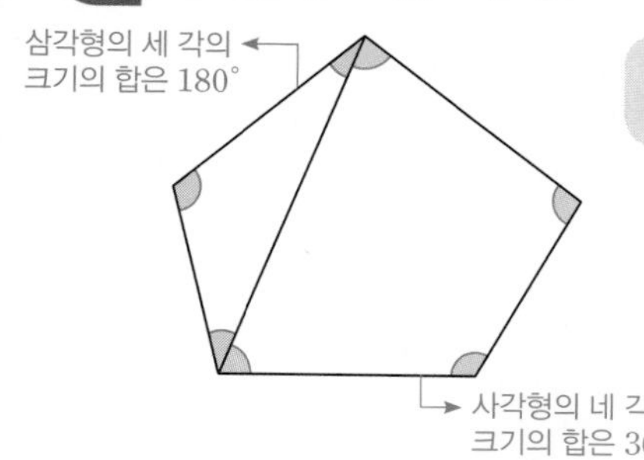
삼각형의 세 각의
크기의 합은 180°
사각형의 네 각의
크기의 합은 360°

$180^\circ + 360^\circ = 540^\circ$

도형을 삼각형과 사각형으로 나눕니다.

180° × (삼각형의 수)
360° × (사각형의 수) 합

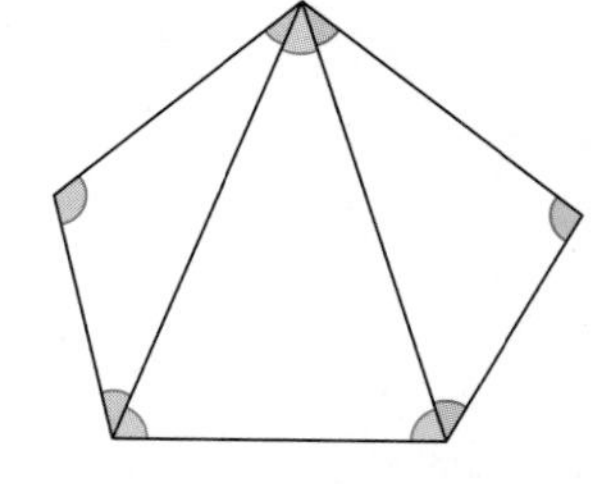

$180^\circ \times 3 = 540^\circ$ (3: 삼각형의 수)

활동 문제 아래에 걸려 있는 도형의 모든 각의 크기의 합을 구하려고 합니다. 도형을 주어진 삼각형 또는 사각형의 수에 맞게 나누어 보세요.

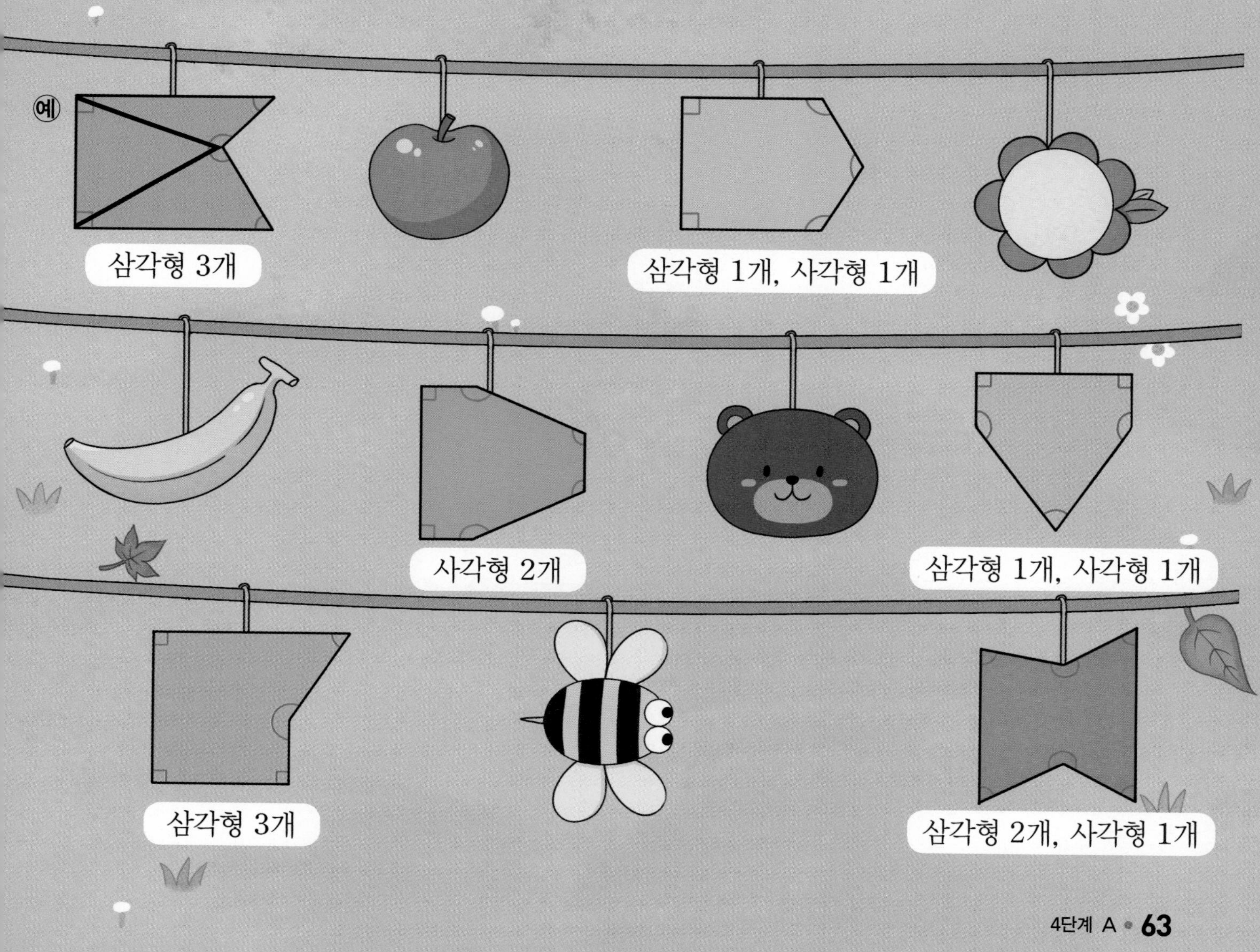

예 삼각형 3개

삼각형 1개, 사각형 1개

사각형 2개

삼각형 1개, 사각형 1개

삼각형 3개

삼각형 2개, 사각형 1개

1-1 삼각형과 사각형에서 □ 안에 알맞은 각도를 각각 구해 보세요.

(1)

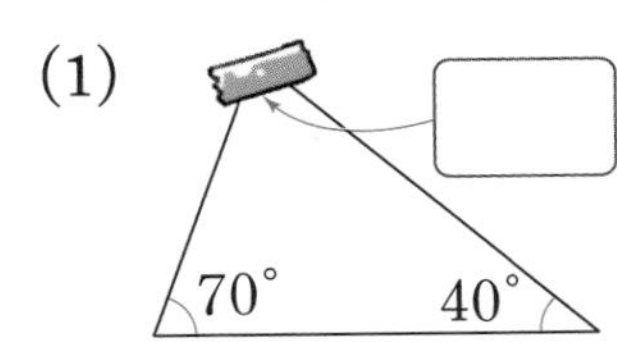

(2)

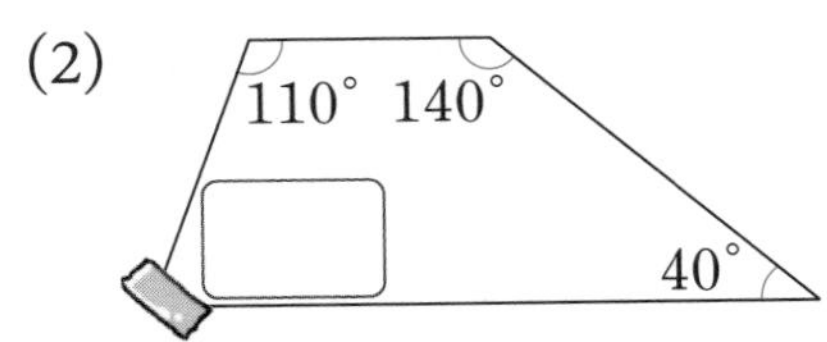

삼각형의 세 각의 크기의 합은 180°이고, 사각형의 네 각의 크기의 합은 360°입니다.

(1) □+70°+40°=180°

(2) 110°+□+40°+140°=360°

1-2 삼각형에서 □ 안에 알맞은 각도를 구해 보세요.

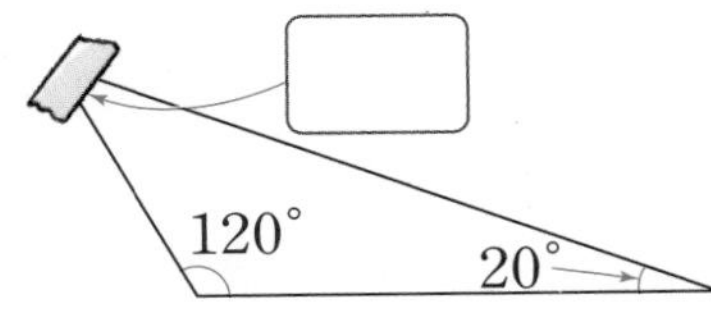

(1) □ 안에 알맞은 각도를 구하기 위한 식을 만들어 보세요.

(2) □ 안에 알맞은 각도를 써넣으세요.

1-3 사각형에서 □ 안에 알맞은 각도를 구해 보세요.

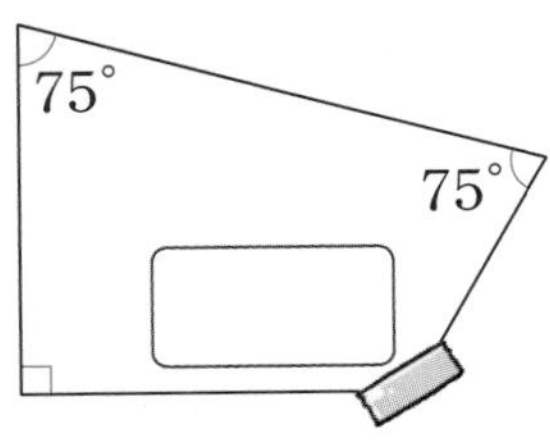

(1) □ 안에 알맞은 각도를 구하기 위한 식을 만들어 보세요.

(2) □ 안에 알맞은 각도를 써넣으세요.

▶정답 및 해설 12쪽

2-1 벌집은 같은 모양의 도형이 여러 개 모여 있는 모양입니다. 삼각형의 세 각의 크기의 합을 이용하여 벌집 안쪽에 있는 모든 각의 크기의 합을 구해 보세요.

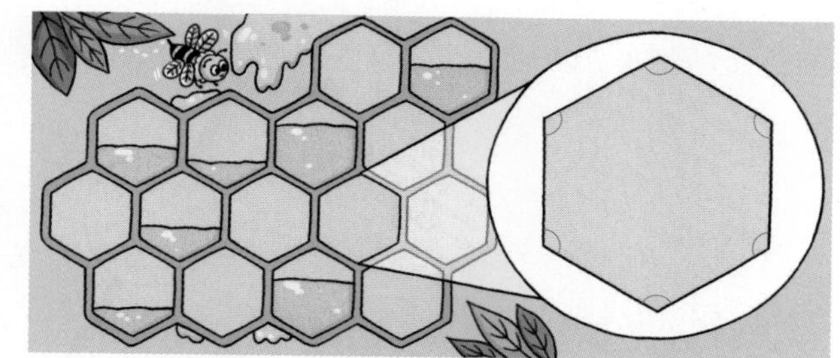

( )

- 구하려는 것: 벌집 안쪽에 있는 모든 각의 크기의 합
- 주어진 조건: 삼각형의 세 각의 크기의 합, 벌집을 이루고 있는 도형
- 해결 전략: 도형을 삼각형으로 나누어 봅니다. ➜ $180° \times$ (나눈 삼각형의 수)

✎ 구하려는 것(～～)과 주어진 조건(——)에 표시해 봅니다.

2-2 삼각형의 세 각의 크기의 합을 이용하여 표시된 모든 각의 크기의 합을 구해 보세요.

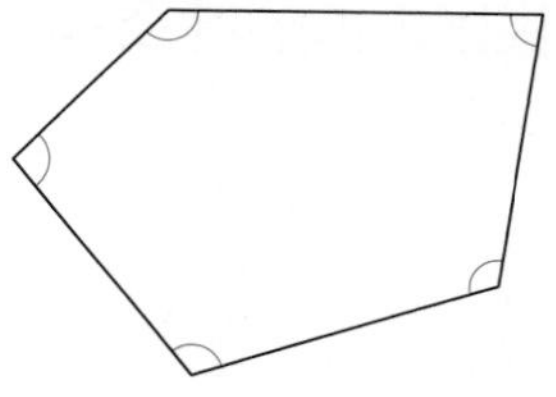

해결 전략

도형을 삼각형으로 나누어 봅니다.

( )

2-3 사각형의 네 각의 크기의 합을 이용하여 표시된 모든 각의 크기의 합을 구해 보세요.

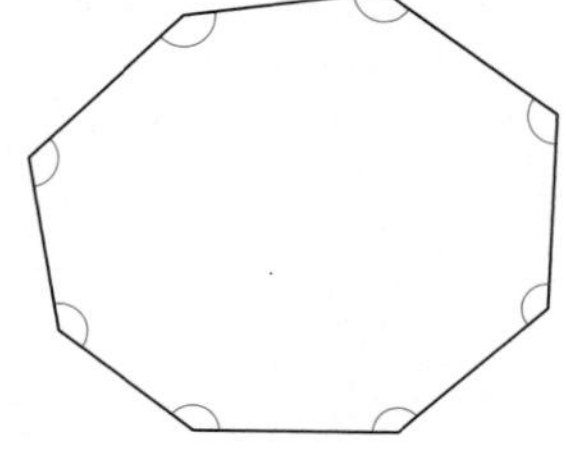

( )

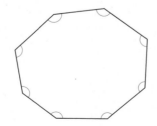

1 추론

삼각형의 한 변에 있는 세 각도의 합이 삼각형의 세 각의 크기의 합이 되도록 빈 곳에 알맞은 각도를 써넣으세요.

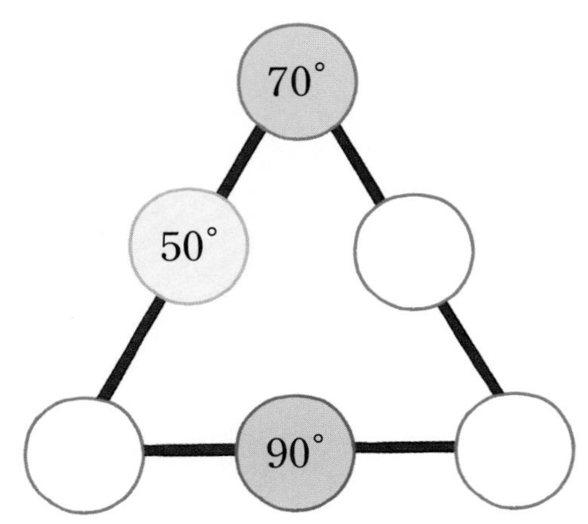

2 창의 · 융합

삼각형과 사각형을 세 조각으로 잘랐습니다. 한 조각이 왼쪽과 같을 때 나머지 두 조각을 찾아 ○표 하세요.

(1)

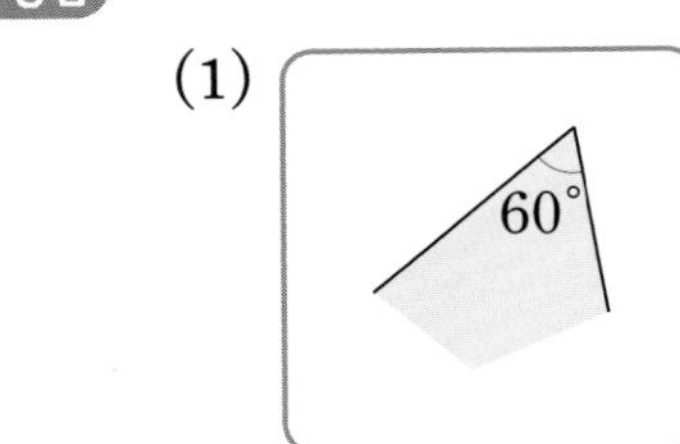

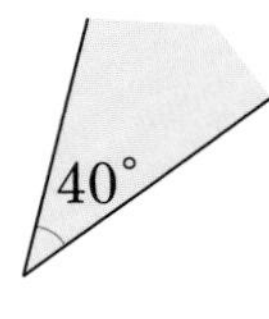

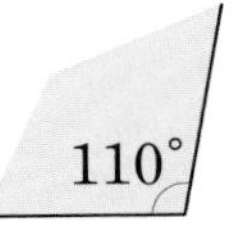

(2)

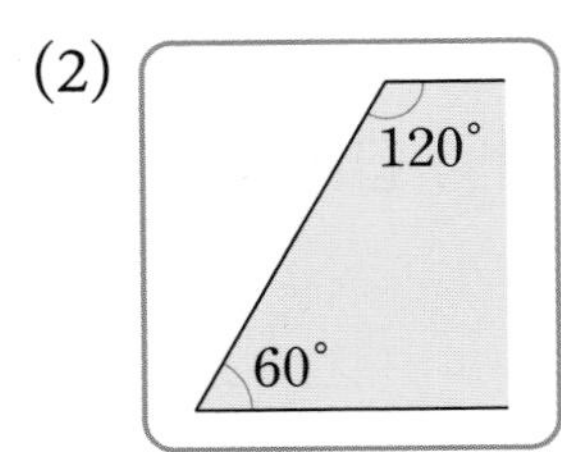

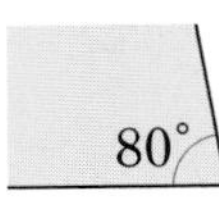

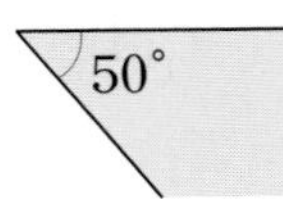

▶정답 및 해설 12쪽

도형판에 고무줄을 걸어서 다음과 같은 도형을 만들었습니다. 도형에 표시된 모든 각의 크기의 합은 몇 도인지 구해 보세요.

(1)
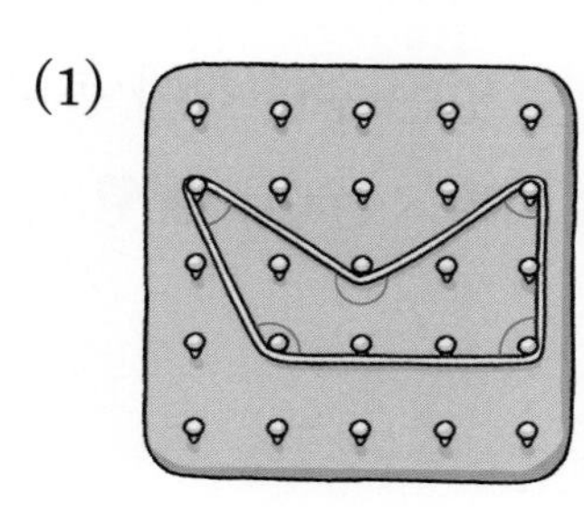

(　　　　　　　　　　)

(2)
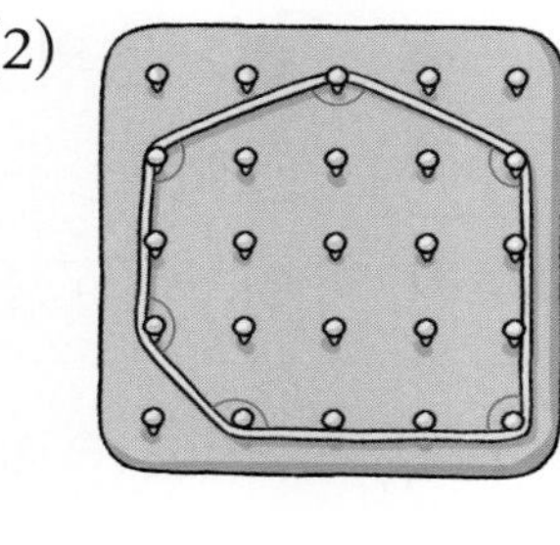

(　　　　　　　　　　)

왼쪽 도형을 사용하여 오른쪽과 같은 모양을 만들었습니다. 만들어진 모양에 표시된 모든 각의 크기의 합은 몇 도인지 구해 보세요.

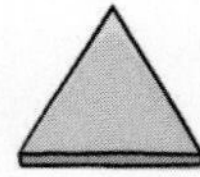

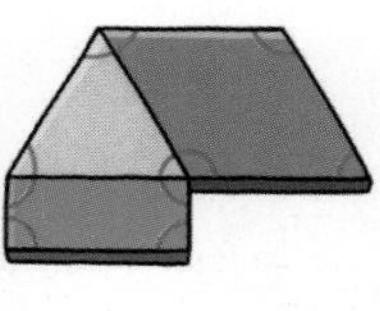

(　　　　　　　　　　)

다음과 같이 직사각형 모양의 색종이를 반으로 접고 선을 그은 후, 선을 따라 잘랐습니다. 자른 삼각형을 펼쳤을 때, 각 ㄱㄴㄷ의 크기는 몇 도인지 구해 보세요.

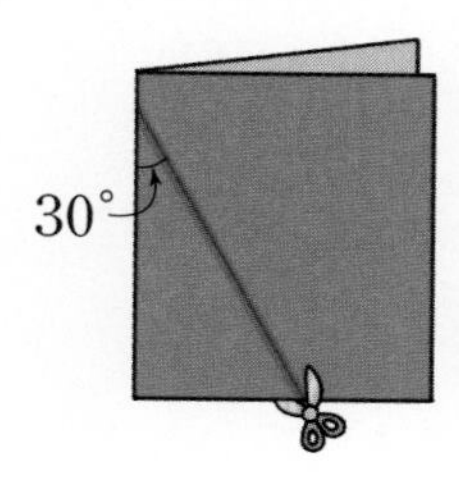

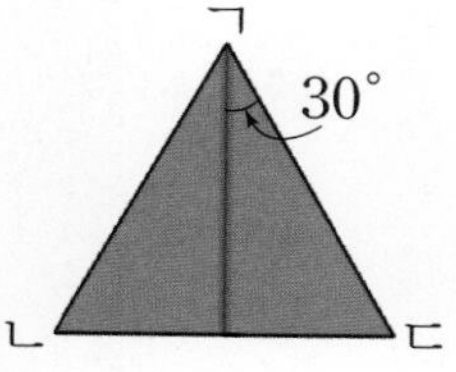

색종이가 겹쳐져 있던 부분의 각의 크기는 같아.

(　　　　　　　　　　)

곱셈식 완성하기

1 □ 안에 알맞은 수 구하기

●×㉠의 일의 자리 수가 ★이 될 수 있는 수를 찾아 봅니다.
㉠이 될 수 있는 수를 이용하여 ■▲●×㉠0=◆♥㉡★0인 ㉠, ㉡을 구합니다.

예

		5	1	8
	×		㉠	0
3	1	㉡	8	0

8×㉠의 일의 자리 수가 8이므로
8×1=8, 8×6=48에서
㉠이 될 수 있는 수는 1 또는 6입니다.
518×10=5180, 518×60=31080이므로
㉠=6, ㉡=0입니다.

활동 문제 곱셈의 계산 방법을 생각하면서 □ 안에 알맞은 수를 써넣으세요.

▶정답 및 해설 13쪽

2 □의 값 구하기

모르는 수를 □라 하여 곱셈식으로 만들고 □의 값 구하기

예 500 mL짜리 우유가 몇십개 있습니다. 우유의 양은 모두 20000 mL입니다.

식 $500 \times □0 = 20000$

풀이 $500 \times □0 = 20000$, $5 \times □ = 20$, $□ = 4$이므로 우유는 40개 있습니다.

활동 문제 원숭이가 길을 출발하여 □의 값만큼 앞으로 이동하거나 그 칸에 쓰여 있는 대로 움직여서 바나나가 있는 곳까지 도착하게 해 보세요.

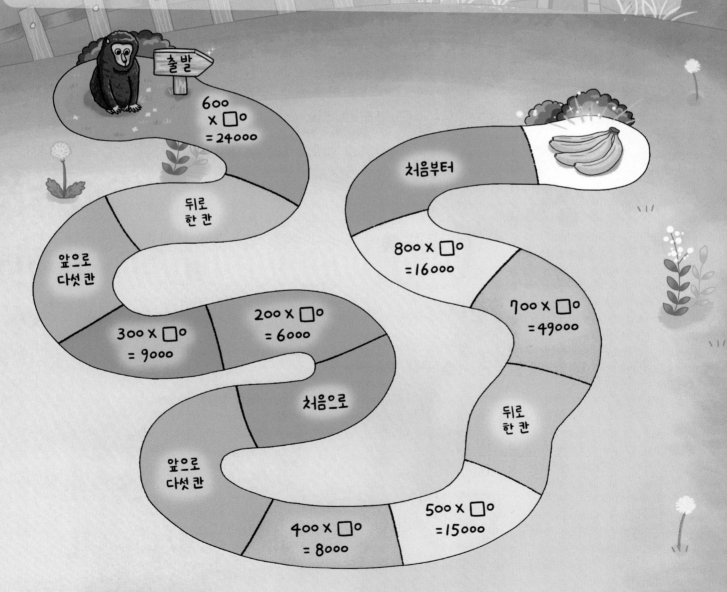

1-1 물감에 가려져 보이지 않는 수를 구해 보세요.

(1)

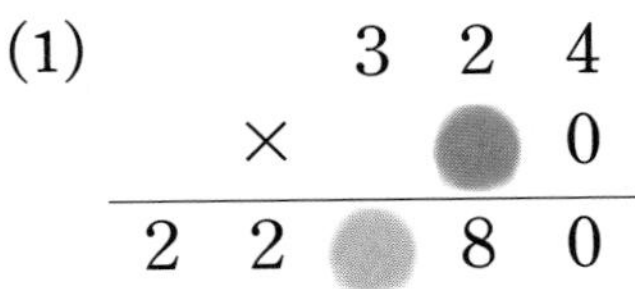

● = □, ● = □

(2)

		8	1	●
×			6	0
4	●	1	4	●

● = □, ● = □, ● = □

(1) 4 × ●의 일의 자리 수는 8이고 4 × 2 = 8, 4 × 7 = 28이므로 ●에 가려진 수는 2 또는 7이 될 수 있습니다.

(2) ● × 6의 일의 자리 수는 4이고 4 × 6 = 24, 9 × 6 = 54이므로 ●에 가려진 수는 4 또는 9가 될 수 있습니다.

1-2 물감에 가려져 보이지 않는 수를 구해 보세요.

	1	5	6
×		●	0
3	●	2	0

(1) 6과 곱했을 때 일의 자리 수가 2인 한 자리 수를 모두 구해 보세요.

( )

(2) ●와 ●에 가려진 수를 각각 구해 보세요.

● ( ), ● ( )

1-3 ㉠, ㉡, ㉢에 알맞은 수를 구해 보세요.

		4	7	㉠
	×		8	0
㉡	8	㉢	8	0

(1) ㉠ × 8의 일의 자리 수가 8인 한 자리 수 ㉠을 모두 구해 보세요.

( )

(2) ㉠, ㉡, ㉢을 각각 구해 보세요.

㉠ ( ), ㉡ ( ), ㉢ ( )

▶정답 및 해설 14쪽

2-1 태인이는 종이에 곱셈식을 적고 계산해 보았습니다. 곱셈식이 적힌 종이가 다음과 같이 찢어졌습니다. 찢어진 부분에 들어갈 수를 구해 보세요.

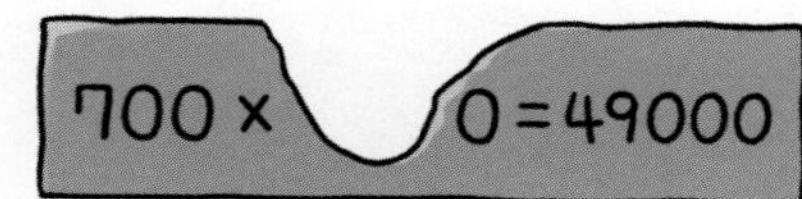

( )

- 구하려는 것: 찢어진 부분에 들어갈 수
- 주어진 조건: 700에 어떤 수를 곱한 값이 49000임.
- 해결 전략: $700 \times \square 0 = 49000$

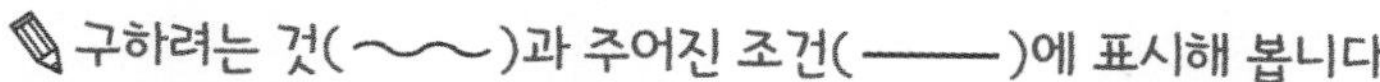

2-2 한울이는 종이에 곱셈식을 적고 계산해 보았습니다. 곱셈식이 적힌 종이가 다음과 같이 찢어졌습니다. 찢어진 부분에 들어갈 수를 구해 보세요.

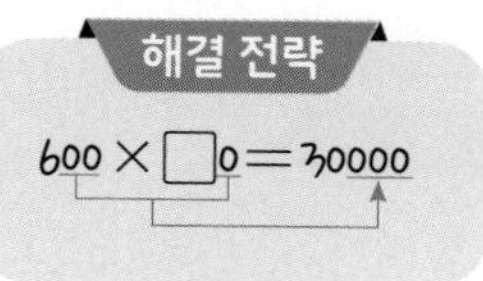

( )

2-3 ㉠과 ㉡의 차를 구해 보세요.

$900 \times$ ㉠$0 = 81000$

㉡$0 \times 300 = 21000$

( )

그림에서 두 원의 수의 곱을 두 원이 겹치는 부분에 써놓은 것입니다. ㉠, ㉡을 각각 구해 보세요.

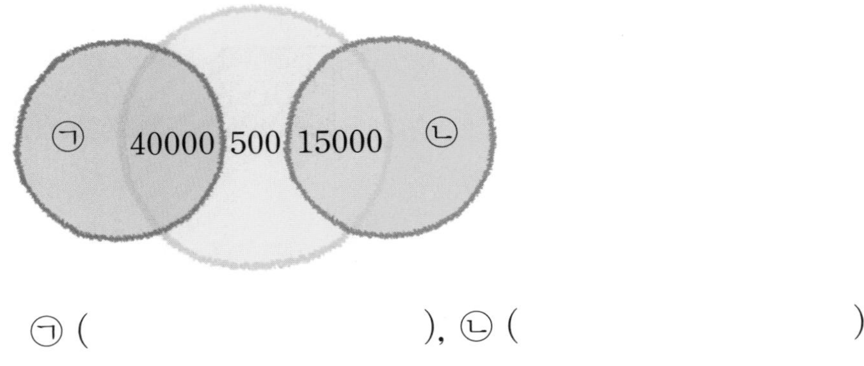

㉠ (　　　　　　　　), ㉡ (　　　　　　　　)

아래로 내려가다 가로선을 만나면 가로선을 따라가면서 만나는 수를 곱하는 방법으로 사다리타기를 하고 있습니다. □ 안에 알맞은 수를 써넣으세요.

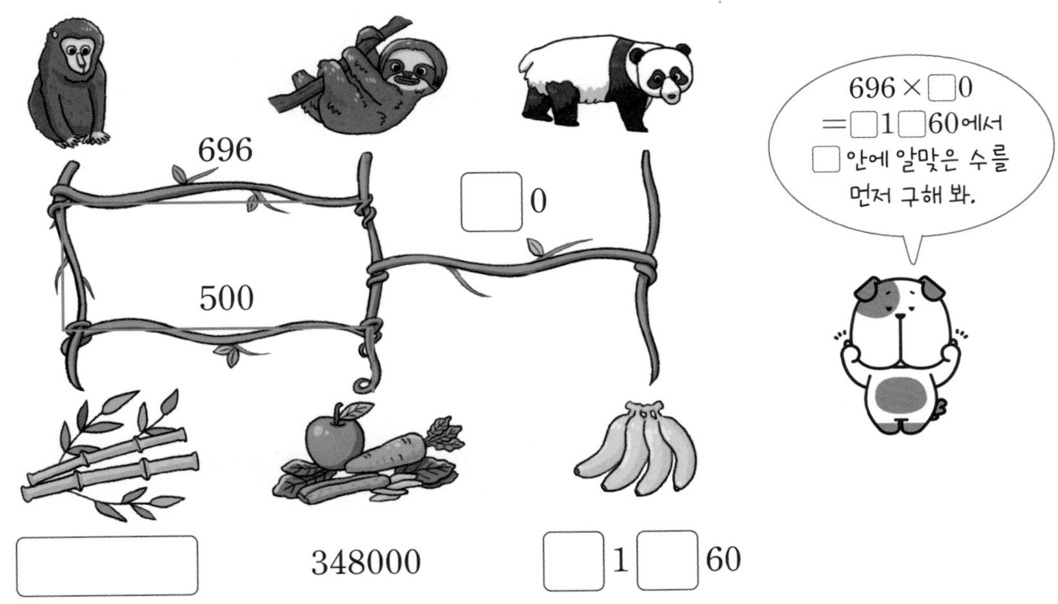

▶정답 및 해설 14쪽

□ 안에 들어갈 수가 큰 것부터 차례로 글자를 써서 사자성어를 만들어 보세요.

석 $800 \times \square 0 = 48000$	조 $700 \times \square 0 = 14000$
일 $144 \times \square 0 = 10080$	이 $500 \times \square 0 = 20000$

이 사자성어는 한 개의 돌을 던져 두 마리의 새를 맞추어 떨어뜨린다는 뜻으로, 한 가지 일을 해서 두 가지 이익을 얻는 것을 이르는 말이야.

4 코딩

어떤 곱셈 규칙이 있는 프로그램에 수를 입력하였을 때 출력되어 나오는 수를 나타낸 것입니다. □ 안에 알맞은 수를 써넣으세요.

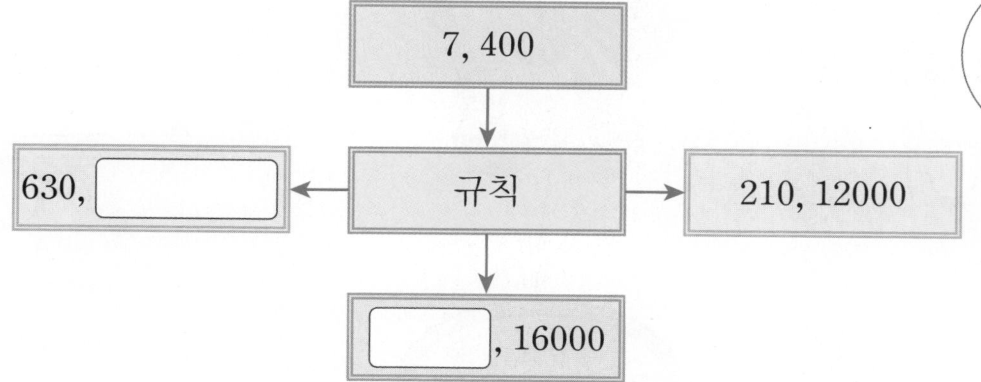

→ 방향으로는 $7 \times 30 = 210$, $400 \times 30 = 12000$ 이므로 30을 곱하는 규칙이야.

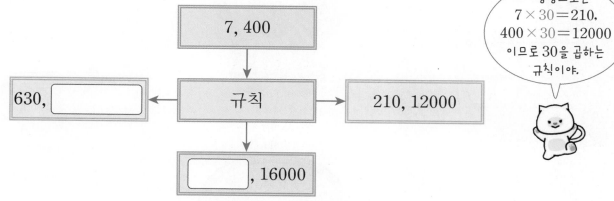

조건에 맞는 곱셈식 만들기

1 가장 큰 곱 만들기 (단, 0은 사용하지 않습니다.)

①>②>③>④>⑤인 수로
가장 큰 곱 만들기

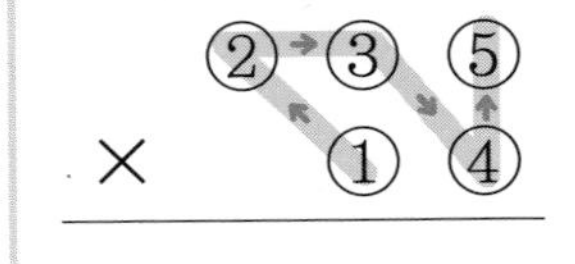

예 8, 2, 3, 6, 5로 가장 큰 곱 만들기

8>6>5>3>2

$$\begin{array}{r} 652 \\ \times\ \ 83 \\ \hline 54116 \end{array}$$

예 1, 7, 4, 2, 9로 가장 큰 곱 만들기

9>7>4>2>1

$$\begin{array}{r} 741 \\ \times\ \ 92 \\ \hline 68172 \end{array}$$

활동 문제 풍선에 적힌 수를 이용하여 가장 큰 곱이 되는 곱셈식을 만들려고 합니다. 빈 곳에 알맞은 수를 써넣으세요.

▶정답 및 해설 15쪽

2 가장 작은 곱 만들기 (단, 0은 사용하지 않습니다.)

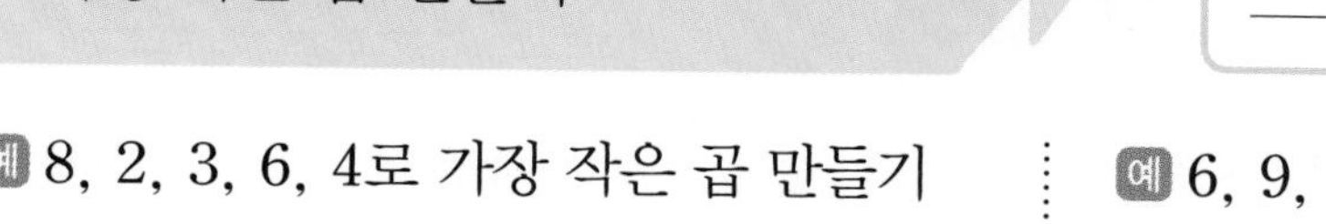

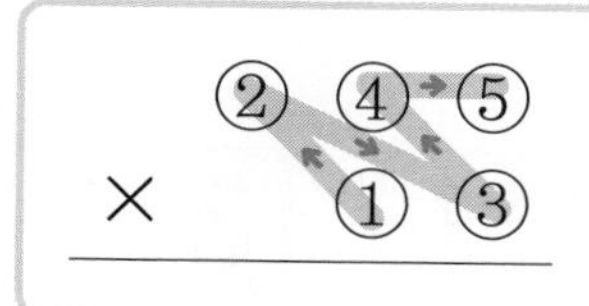

예 8, 2, 3, 6, 4로 가장 작은 곱 만들기

2<3<4<6<8

$$\begin{array}{r} 368 \\ \times \quad 24 \\ \hline 8832 \end{array}$$

예 6, 9, 5, 1, 7로 가장 작은 곱 만들기

1<5<6<7<9

$$\begin{array}{r} 579 \\ \times \quad 16 \\ \hline 9264 \end{array}$$

활동 문제 새에 적힌 수를 이용하여 가장 작은 곱이 되는 곱셈식을 만들려고 합니다. 빈 곳에 알맞은 수를 써넣으세요.

5일 서술형 길잡이

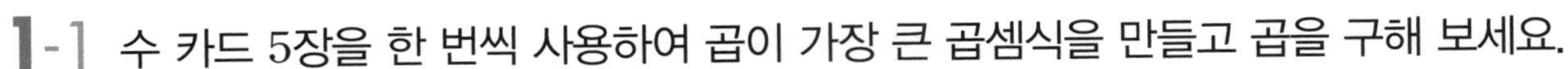

1-1 수 카드 5장을 한 번씩 사용하여 곱이 가장 큰 곱셈식을 만들고 곱을 구해 보세요.

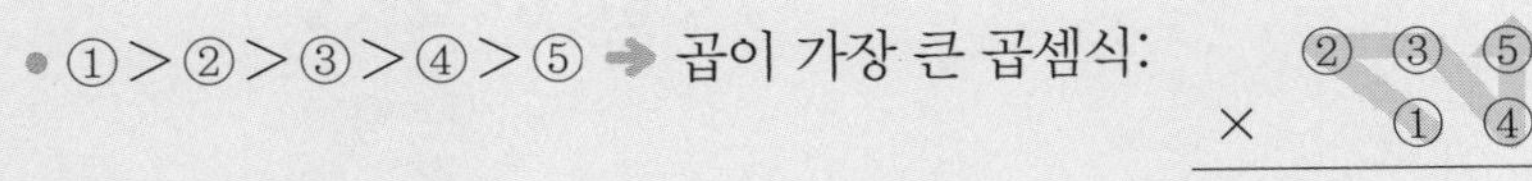

1-2 수 카드 5장을 한 번씩 사용하여 곱이 가장 큰 곱셈식을 만들고 곱을 구해 보세요.

(1) 수 카드의 수를 큰 수부터 차례로 써 보세요.

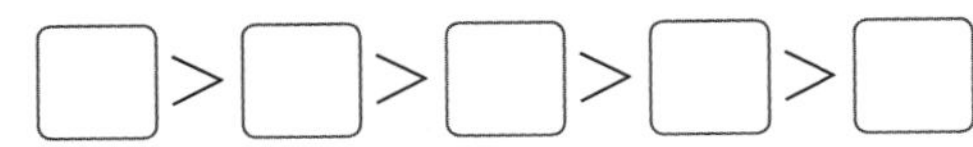

(2) 곱이 가장 큰 곱셈식을 만들고 곱을 구해 보세요.

1-3 수 카드 5장을 한 번씩 사용하여 곱이 가장 큰 곱셈식을 만들고 곱을 구해 보세요.

▶정답 및 해설 15쪽

2-1 수 카드 6장 중 5장을 골라 한 번씩만 사용하여 곱이 가장 작은 곱셈식을 만들고 곱을 구해 보세요.

2 5 7 3 9 4 → □□□×□□

( )

- 구하려는 것: 곱이 가장 작은 곱셈식과 계산 결과
- 주어진 조건: ❶ 수 카드 6장 2, 5, 7, 3, 9, 4 ❷ 5장을 골라 한 번씩만 사용
- 해결 전략: 2<3<4<5<7<9 →

$$\begin{array}{r} 3\ 5\ 7 \\ \times\ \ 2\ 4 \\ \hline \end{array}$$

✎ 구하려는 것(～～)과 주어진 조건(——)에 표시해 봅니다.

2-2 수 카드 6장 중 5장을 골라 한 번씩만 사용하여 곱이 가장 작은 곱셈식을 만들고 곱을 구해 보세요.

→ □□□×□□

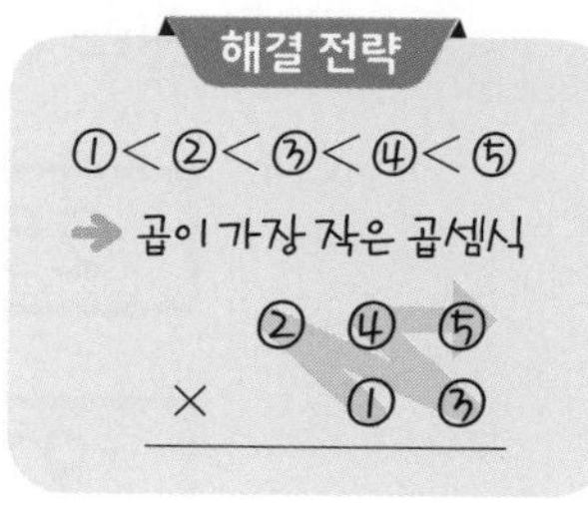

( )

2-3 수 카드 6장 중 5장을 골라 한 번씩만 사용하여 곱이 가장 큰 곱셈식과 가장 작은 곱셈식을 각각 만들고 곱을 구해 보세요.

9 3 8 1 4 5

(1) 곱이 가장 큰 곱셈식: □□□×□□=□

(2) 곱이 가장 작은 곱셈식: □□□×□□=□

5일 사고력 · 코딩

1 창의 · 융합

5개의 주사위의 윗면의 눈의 수를 한 번씩만 사용하여 가장 작은 세 자리 수와 가장 큰 두 자리 수를 각각 만들었습니다. 만든 두 수의 곱을 구해 보세요.

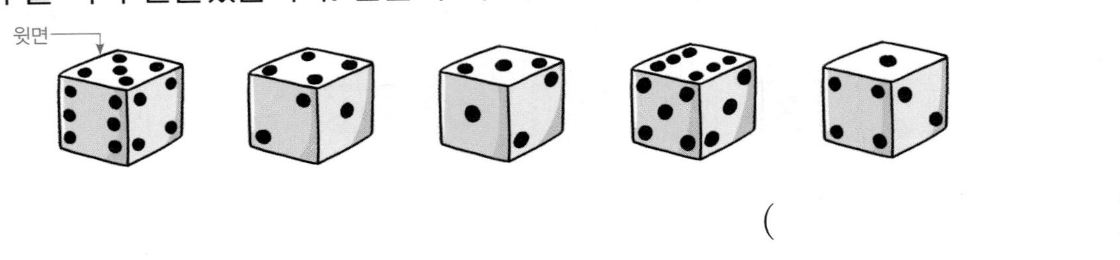

(　　　　　　　　　　)

2 추론

2장의 수 카드를 골라 (세 자리 수)×(두 자리 수)의 곱셈식을 완성하려고 합니다. 곱이 가장 작은 곱셈식을 만들고 곱을 구해 보세요.

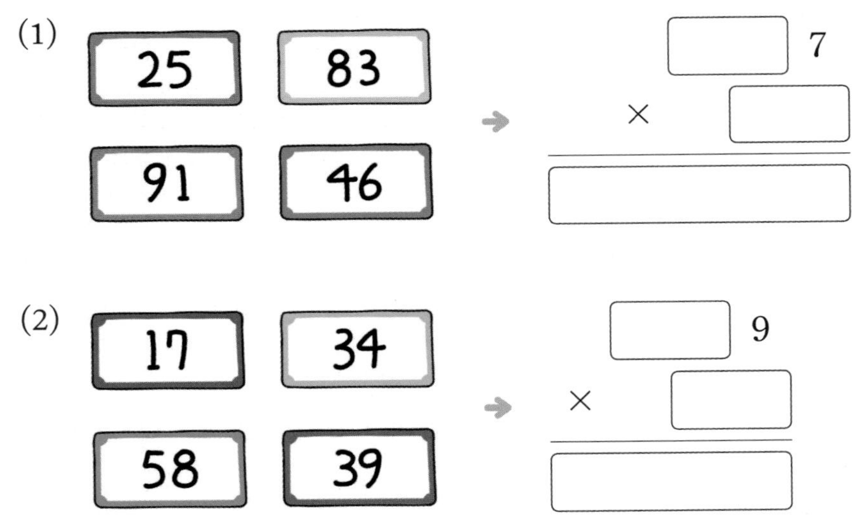

▶정답 및 해설 15쪽

3 문제 해결

5장의 수 카드 4, 1, 5, 7, 2를 모두 한 번씩만 사용하여 만들 수 있는 (세 자리 수)×(두 자리 수)의 곱셈식 중에서 곱이 가장 큰 곱셈식을 만들고 계산 결과를 암호문 에 맞게 알파벳으로 나타내어 보세요.

암호문

A1 E2 N3 H4 S5 T6 C7 U8 R9

곱이 가장 큰 곱셈식: □□□×□□=□

알파벳으로 나타내기: □

4 코딩

순서도에서 처리되어 출력되는 값을 구해 보세요.

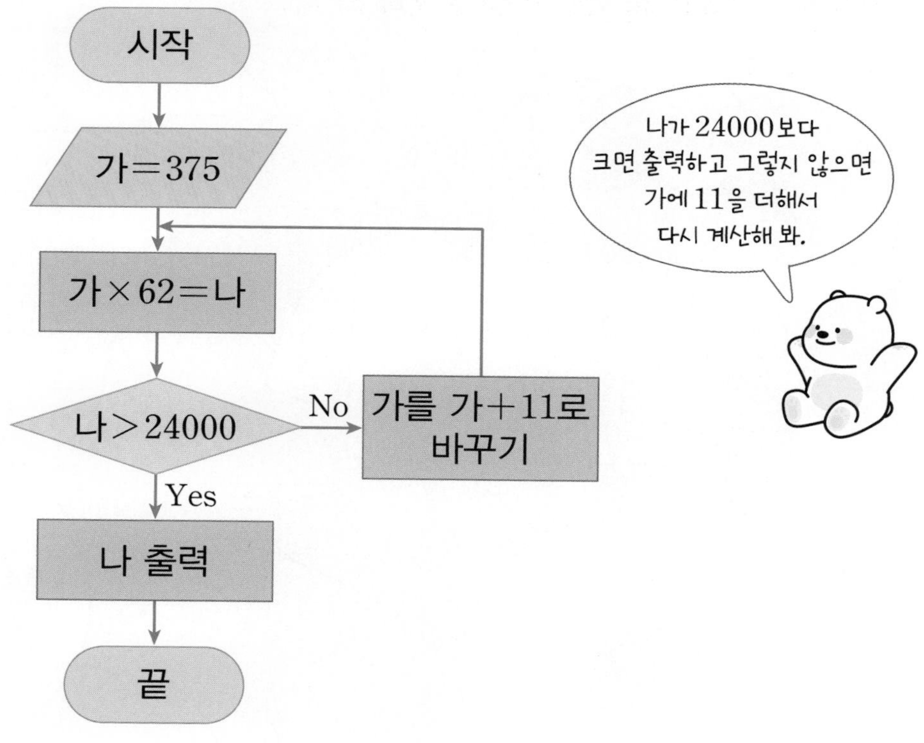

(　　　　　　　　)

2주 특강 창의 · 융합 · 코딩

1 소풍을 나온 아이들이 보물찾기를 하고 있어요. 실제 각도기를 이용해 보물들의 각도를 재어 보고 아이들이 갖고 있는 쪽지의 조건에 맞는 보물을 찾아 연결해 보세요. 창의 · 융합

▶정답 및 해설 16쪽

2 멋진 비행기 조종사들이 비행기로 글씨를 쓰려고 해요. 계산식에 알맞은 글씨를 찾아 선으로 이어 보세요. 문제 해결

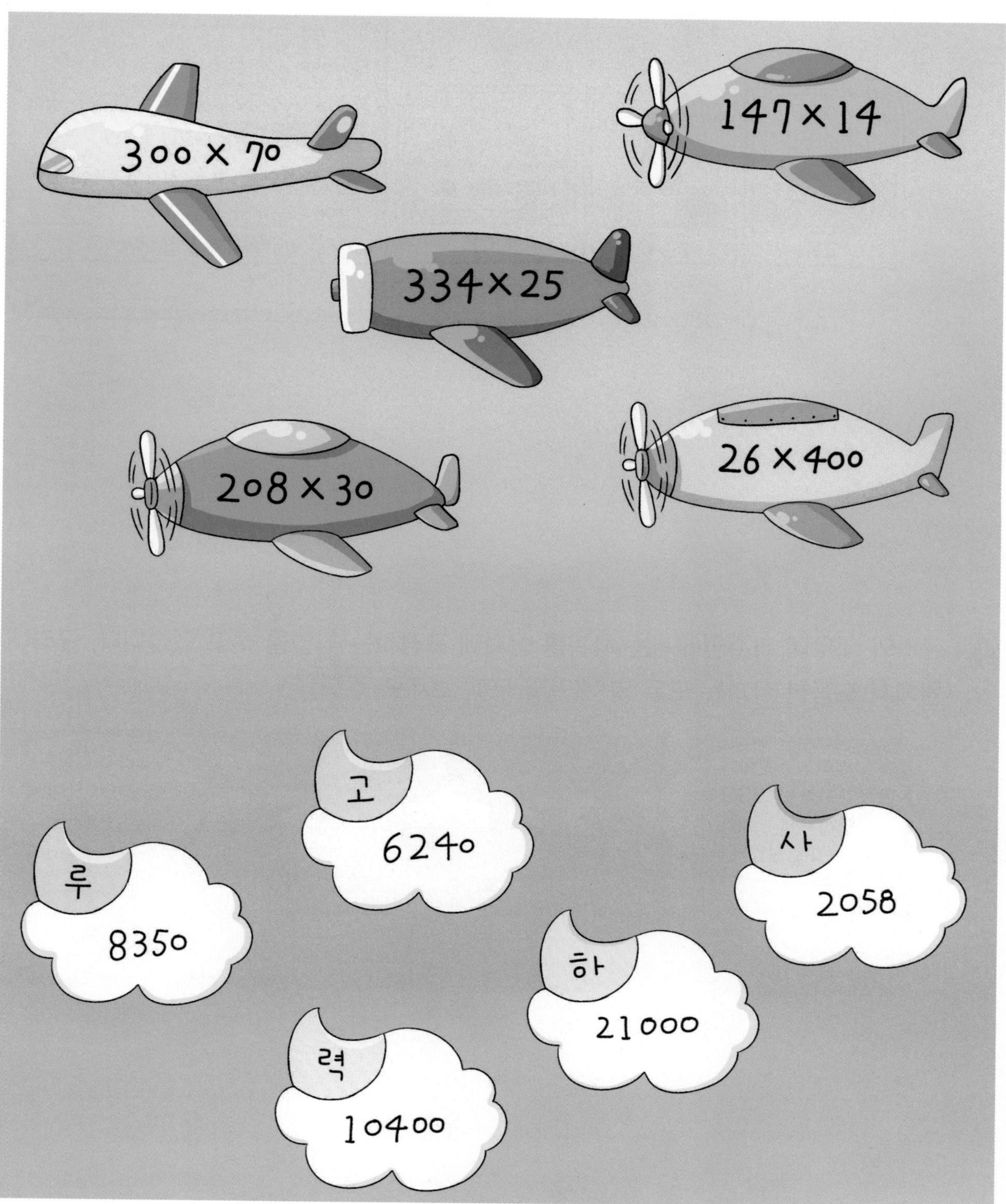

2주 특강

3 영우는 시골에 계신 삼촌께서 보내신 편지를 읽고, 삼촌 댁을 찾아가려고 합니다. 삼촌 댁은 어디인지 알맞은 기호를 써 보세요. 창의 · 융합

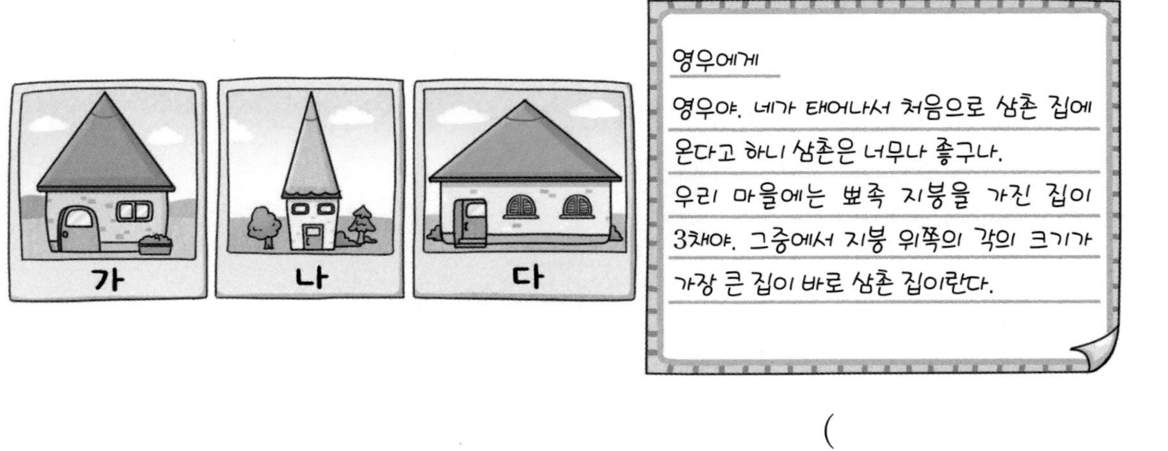

( )

4 규리와 태우네 과수원에서는 사과를 상자에 포장하는 작업을 하고 있습니다. 규리네 과수원에서 포장한 사과는 모두 몇 개인지 구해 보세요. 문제 해결

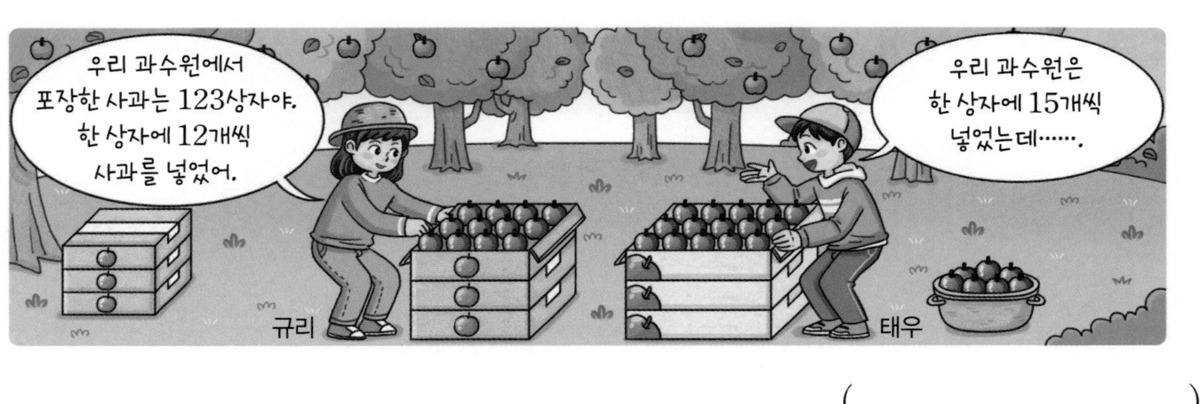

( )

▶정답 및 해설 16쪽

[5~6] 거북 프로그램을 이용하여 여러 가지 도형을 그릴 수 있습니다. 설명 은 거북 프로그램 명령어를 설명한 것이고, 보기 는 이 명령어를 사용하여 60°인 각을 그린 것입니다. 보기 와 같은 방법으로 거북 프로그램 명령어를 사용하여 각을 그려 보세요. 코딩

설명

- 가자 ★: 거북의 머리 방향으로 ★ cm 만큼 움직입니다.
- 돌자 ♥: 거북의 진행 방향에서 왼쪽으로 ♥°만큼 돕니다. (단, ♥에는 0부터 180까지의 수만 입력할 수 있습니다.)

보기

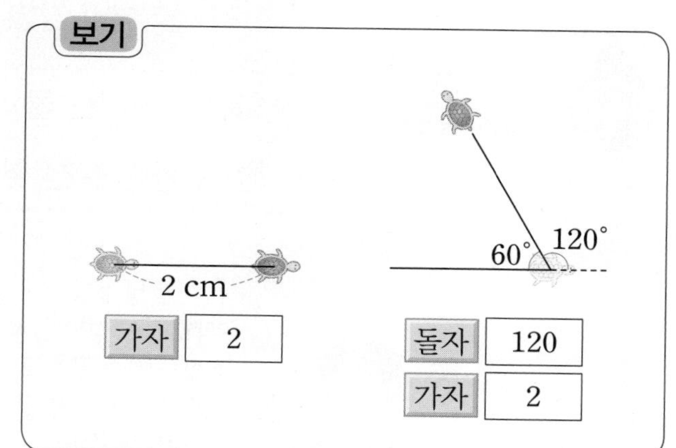

5 100°인 각을 그리려고 합니다. □ 안에 알맞은 수를 써넣고 각을 그려 보세요.

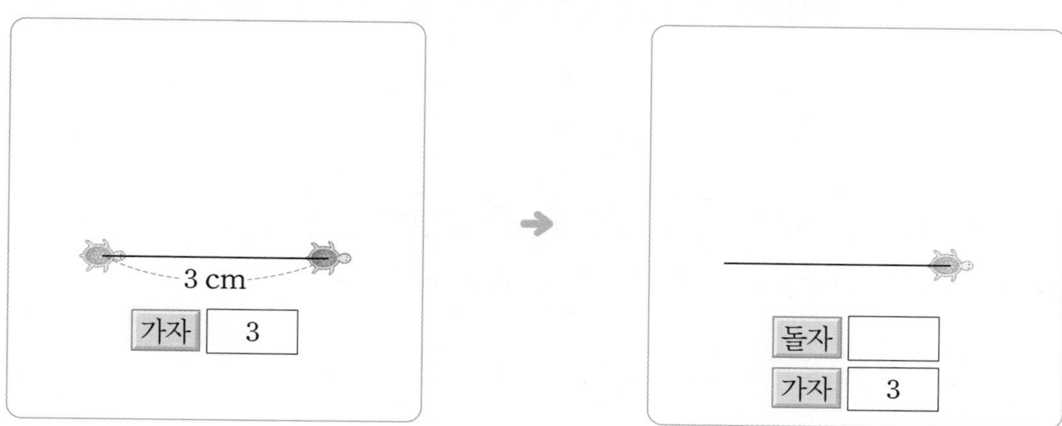

6 40°인 각을 그리려고 합니다. □ 안에 알맞은 수를 써넣고 각을 그려 보세요.

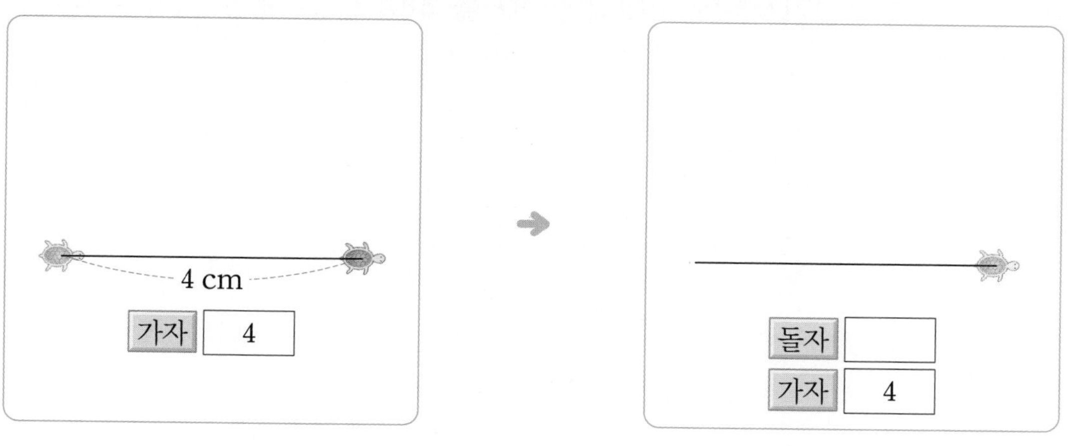

[7~8] 매년 3월 22일은 UN이 정한 세계 물의 날입니다. 수빈이네 집에서는 한 달 동안 다음과 같이 실천했습니다. 물음에 답하세요. 문제 해결

물 절약 방법	빨랫감 모아서 세탁하기	설거지통에 모아서 설거지하기
1회에 절약되는 물의 양(L)	176	70
한 달 동안 실천 횟수(회)	14	102

하준

한 달 동안 절약한 물이 엄청 많네. 수빈아, 다음 달은 또 어떤 물 절약 방법을 실천해 볼까?

다음 달에는 양치질할 때 물을 컵에 받아서 양치질 해 보자.

수빈

7 수빈이네 집에서 빨랫감을 모아서 세탁하여 한 달 동안 절약한 물은 모두 몇 L인지 구해 보세요.

(　　　　　　　　　)

8 수빈이네 집에서 설거지통에 모아서 설거지를 하여 한 달 동안 절약한 물은 모두 몇 L인지 구해 보세요.

(　　　　　　　　　)

9 연경이네 학교의 수업 시작 시각을 나타낸 시계입니다. 오늘 연경이가 제일 좋아하는 체육 수업은 오후에 있습니다. 연경이가 체육 수업을 시작할 때 시계를 보니 긴바늘과 짧은바늘이 이루는 작은 쪽의 각도가 직각이었습니다. 연경이네 반 체육 수업이 시작된 시각은 몇 시인지 구해 보세요. 추론

❶ 시계의 긴바늘과 짧은바늘이 이루는 작은 쪽의 각도가 직각인 시계를 모두 찾아 시각을 써 보세요.

( )

❷ 체육 수업이 시작된 시각은 몇 시인지 써 보세요.

( )

누구나 100점 TEST

맞은 개수 / 6개

1 시각에 맞게 긴바늘을 그리고 시곗바늘이 이루는 작은 쪽의 각이 예각인지 둔각인지 써 보세요.

10시 30분

(　　　　　　　　　　)

2 그림에서 찾을 수 있는 크고 작은 예각은 모두 몇 개인지 구해 보세요.

(1)

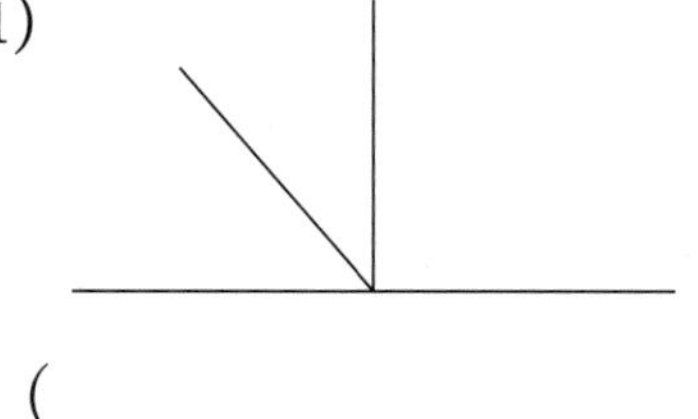

(　　　　　　　　　　)

(2)

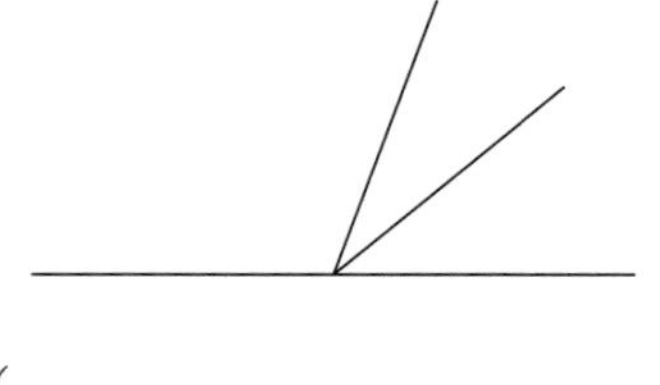

(　　　　　　　　　　)

3 삼각형, 사각형에서 □ 안에 알맞은 각도를 써넣으세요.

(1)

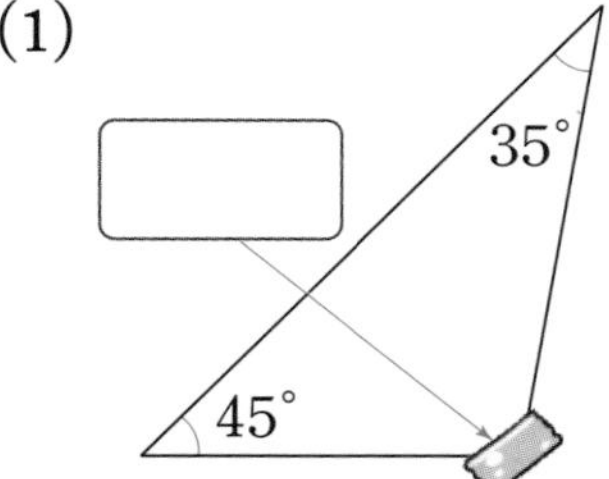

(2)

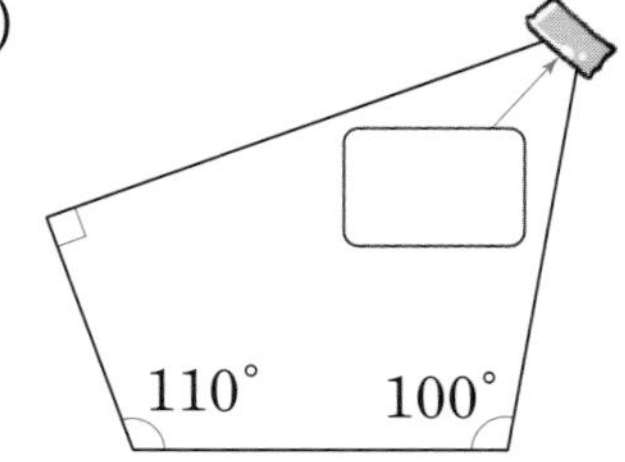

4 물감에 가려져 보이지 않는 수를 구해 보세요.

(1)

$$\begin{array}{r} 4\ 1\ 8 \\ \times \quad ●\ 0 \\ \hline 3\ 3\ ●\ 4\ 0 \end{array}$$

●=□, ●=□

(2)

$$\begin{array}{r} 5\ 3\ ● \\ \times \quad 9\ 0 \\ \hline 4\ ●\ 8\ 8\ 0 \end{array}$$

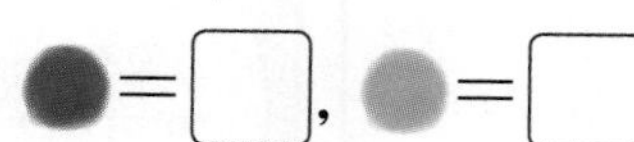

5 수 카드 5장을 한 번씩 사용하여 곱이 가장 큰 곱셈식을 만들고 곱을 구해 보세요.

6 수 카드 5장을 한 번씩 사용하여 곱이 가장 작은 곱셈식을 만들고 곱을 구해 보세요.

3주 이번 주에는 무엇을 공부할까? ①

OO치킨
저길 봐.
치킨집이 새로
생겼나 봐.

우와~
맛있겠다.
행사 전단을
보니까
치킨
행사
치킨
행사

OO치킨
치킨 180마리를
하루에 30마리씩
공짜로 나눠 주는
행사를 한대.

그럼 치킨을
며칠간 공짜로
나눠 준다는
거지?
……?!

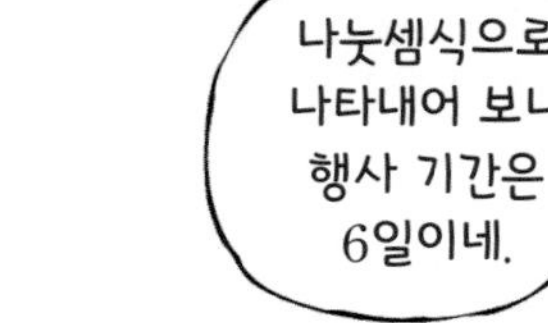

나눗셈식으로
나타내어 보니
행사 기간은
6일이네.

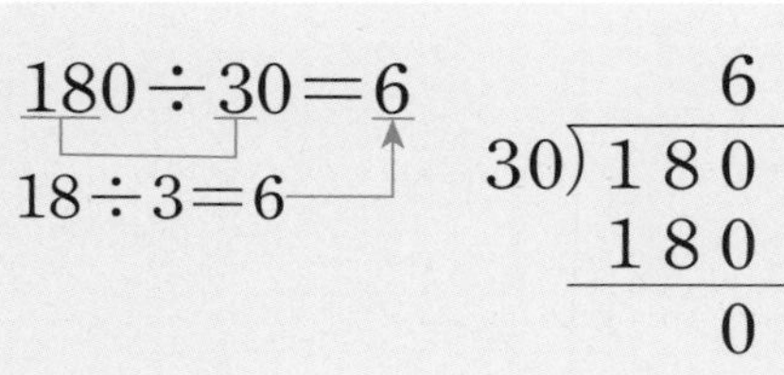

$$30\overline{)180}$$
6
180
0

치킨
앗?!! 오늘이
행사 마지막 날인
6일째야.
치킨
행사
우리 빨리
줄을 서자.
치킨
행사

마지막 30번째
공짜 치킨입니다.
말도 안 돼!

아쉬워하지
마세요.
문제를 맞히시면
치킨을 공짜로
드릴게요.
정말요?

쉬운 문제로
내주세요.
아,
알았어요.

삼각형을 여러 방향으로
뒤집었을 때의 모양은
어떤 모양일까요?

문제가 너무
어려워. ㅠㅠ
난 치킨을 못 먹을
운명인가 봐.
뭐가 어려워!
내가 도와줄게.
같이 해보자.

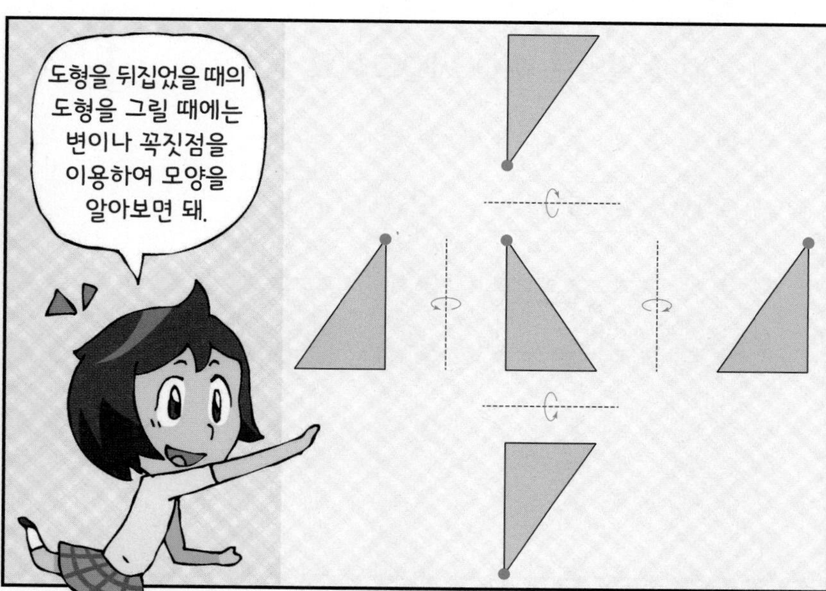
도형을 뒤집었을 때의
도형을 그릴 때에는
변이나 꼭짓점을
이용하여 모양을
알아보면 돼.

정답
입니다!
우와~
만세!

공짜로 치킨을
먹었으니
저희도
도와드릴게요.

맛있는 치킨
드세요~
하하……
모자가 잘
어울리네.

3주 이번 주에는 무엇을 공부할까? ❷

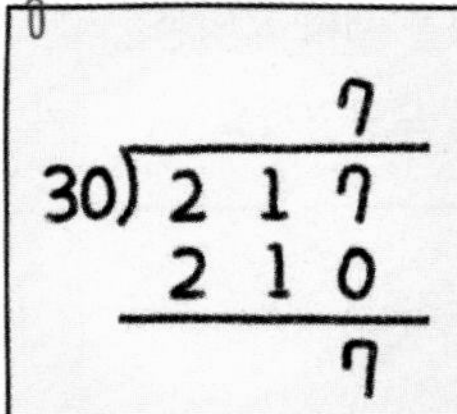

검산 30×7=210, 210+7=217

└ 계산의 결과가 맞는지를 다시 조사하는 일

5
18)9 2
9 0
2

검산 18×5=90, 90+2=92

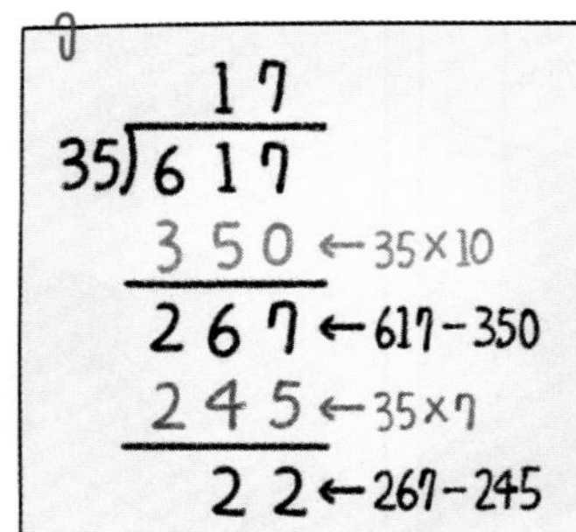

검산 35×17=595, 595+22=617

확인 문제

1-1 □ 안에 알맞은 수를 써넣으세요.

(1) 50)4 3 3 — 몫 □, □, 나머지 □

(2) 23)7 1 — 몫 □, □, 나머지 □

한번 더

1-2 □ 안에 알맞은 수를 써넣으세요.

(1) 78)5 0 2 — 몫 □, □, 나머지 □

(2) 19)8 8 1 — 몫 □, □, □, □, 나머지 □

2-1 계산을 하여 몫과 나머지를 구하고 검산해 보세요.

40)3 0 9

몫 ______ 나머지 ______

검산 ______________________

2-2 계산을 하여 몫과 나머지를 구하고 검산해 보세요.

65)8 6 3

몫 ______ 나머지 ______

검산 ______________________

▶정답 및 해설 17쪽

• 도형 뒤집기

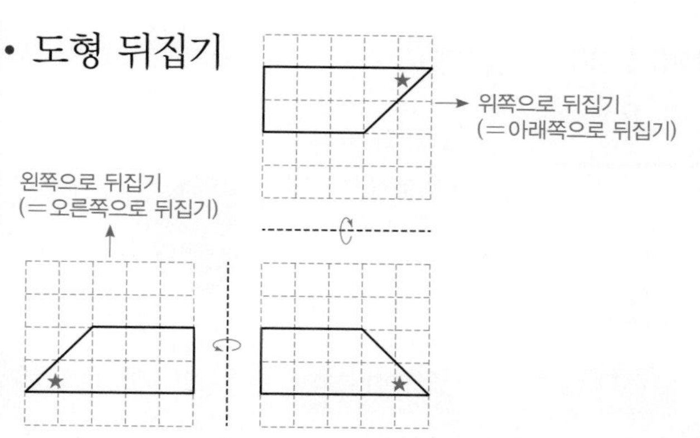

• 도형 돌리기

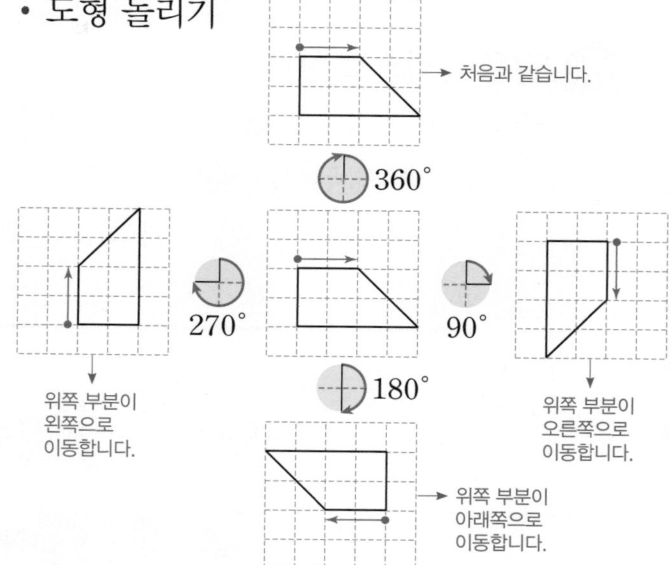

확인 문제

3-1 주어진 도형을 오른쪽으로 뒤집었을 때의 도형을 그려 보세요.

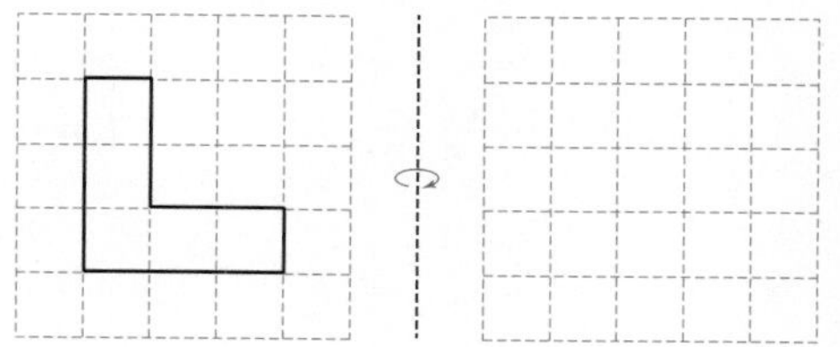

한번 더

3-2 주어진 도형을 위쪽으로 뒤집었을 때의 도형을 그려 보세요.

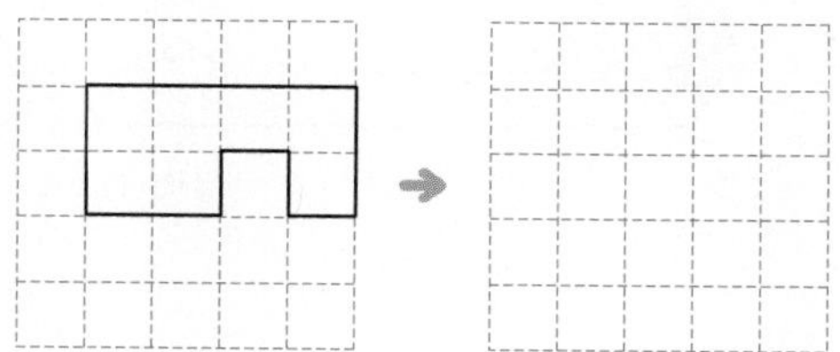

4-1 주어진 도형을 시계 방향으로 90°만큼 돌렸을 때의 도형을 그려 보세요.

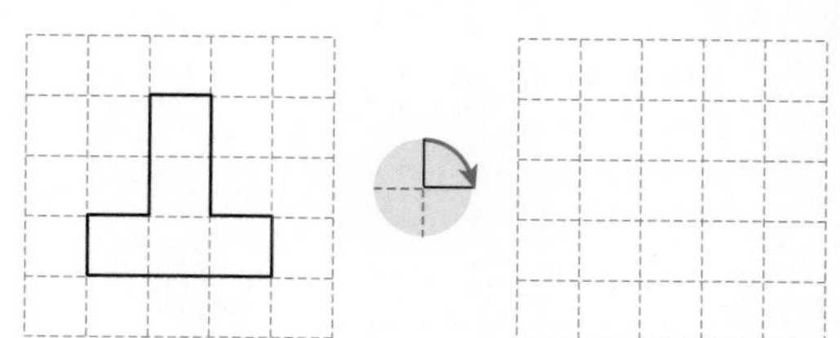

4-2 주어진 도형을 시계 반대 방향으로 180° 만큼 돌렸을 때의 도형을 그려 보세요.

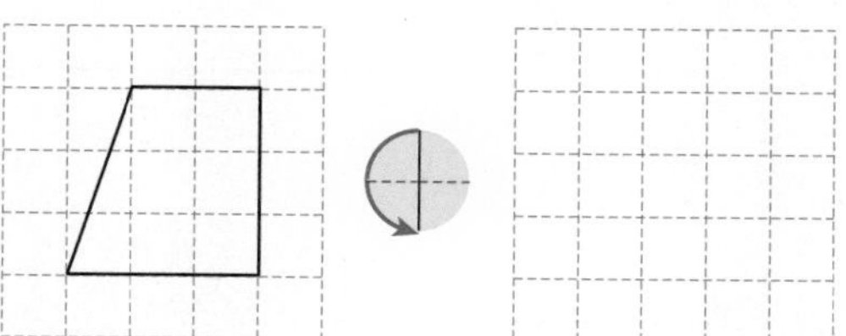

❶ 같은 간격으로 심기

예 180 m 거리에 20 m 간격으로 처음부터 끝까지 나무 심기

(단, 나무의 두께는 생각하지 않습니다.)

(나무 사이의 간격 수)=(거리)÷(간격)=180÷20=9(군데)

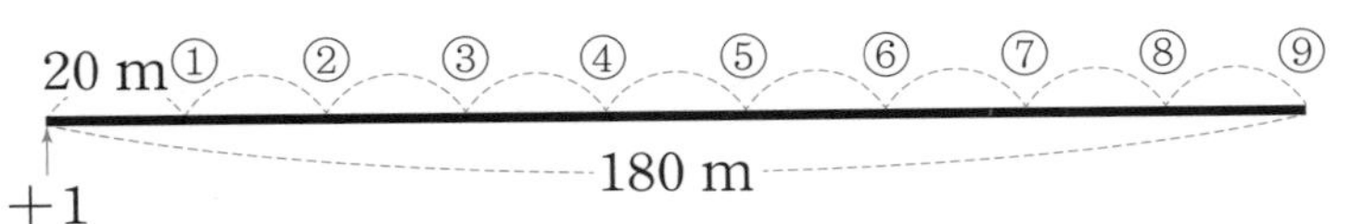

시작 지점에도 나무를 심어야 해.

➔ (필요한 나무 수)=9+①=10(그루)

└→ 처음에 심을 나무

활동 문제 주어진 거리에 다음과 같은 간격으로 처음부터 끝까지 나무를 심으려고 합니다. 나무 사이의 간격 수와 필요한 나무 수를 각각 구하여 □ 안에 알맞은 수를 써넣으세요. (단, 나무의 두께는 생각하지 않습니다.)

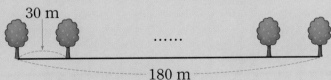

12 m …… 108 m

(나무 사이의 간격 수)=□(군데)

(필요한 나무 수)=□(그루)

30 m …… 180 m

(나무 사이의 간격 수)=□(군데)

(필요한 나무 수)=□(그루)

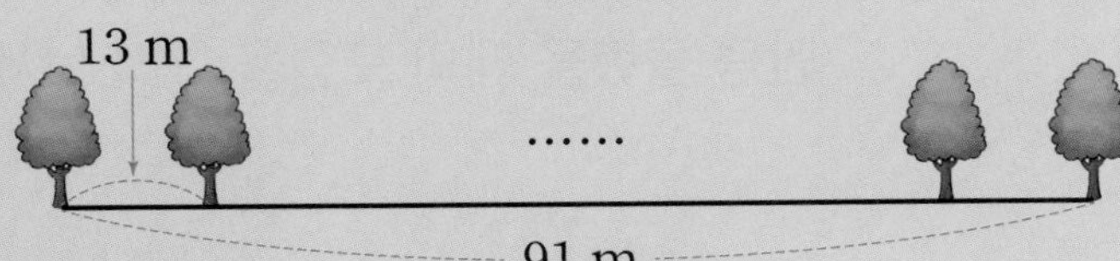

(나무 사이의 간격 수)=□(군데)

(필요한 나무 수)=□(그루)

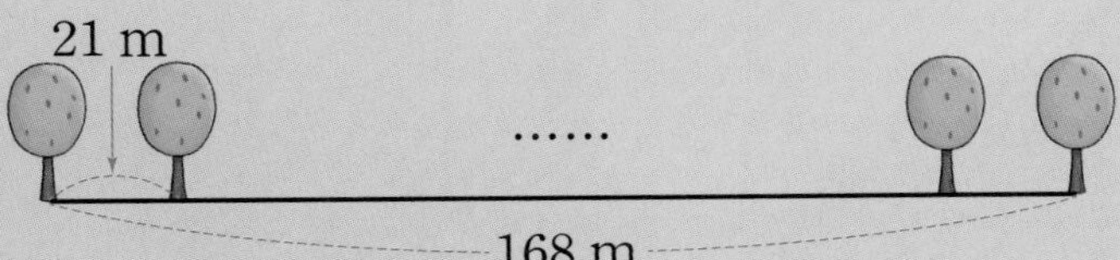

(나무 사이의 간격 수)=□(군데)

(필요한 나무 수)=□(그루)

▶정답 및 해설 17쪽

2 약속대로 계산하기

예 약속

〈가, 나〉는 가를 나로 나눈 몫입니다.

$\langle 99, 15\rangle + \langle 278, 30\rangle = 6 + 9 = 15$

$99 \div 15$: 몫 6, $15 \times 6 = 90$, $99 - 90 = 9$

$278 \div 30$: 몫 9, $30 \times 9 = 270$, $278 - 270 = 8$

활동 문제 가★나는 가를 나로 나눈 몫과 나머지의 합이라고 약속할 때 학생과 부모님을 알맞은 선으로 이어 보세요.

11

43

68★14

115★18

16

13

241★47

313★46

1일 서술형 길잡이

1-1 길이가 136 m인 도로의 한쪽에 17 m 간격으로 처음부터 끝까지 나무를 심으려고 합니다. 필요한 나무는 모두 몇 그루인지 구해 보세요.(단, 나무의 두께는 생각하지 않습니다.)

( )

(나무 사이의 간격 수)=(도로의 길이)÷(나무 사이의 간격)=■(군데) ➔ 필요한 나무 수: (■+1)그루

1-2 길이가 210 m인 도로의 한쪽에 30 m 간격으로 처음부터 끝까지 나무를 심으려고 합니다. 필요한 나무는 모두 몇 그루인지 구해 보세요.(단, 나무의 두께는 생각하지 않습니다.)

(1) 도로의 한쪽에 심을 나무 사이의 간격은 몇 군데일까요?

( )

(2) 도로의 한쪽에 심는 데 필요한 나무는 몇 그루일까요?

( )

1-3 길이가 405 m인 도로의 한쪽에 45 m 간격으로 처음부터 끝까지 가로등을 세우려고 합니다. 필요한 가로등은 모두 몇 개인지 구해 보세요.(단, 가로등의 두께는 생각하지 않습니다.)

(1) 도로의 한쪽에 세울 가로등 사이의 간격은 몇 군데일까요?

( )

(2) 도로의 한쪽에 세우는 데 필요한 가로등은 몇 개일까요?

( )

▶정답 및 해설 18쪽

2-1 〈가, 나〉는 가를 나로 나눈 몫이라고 약속할 때, 다음을 계산해 보세요.

〈98, 24〉×〈87, 15〉

(　　　　　　　　)

- 구하려는 것: 〈98, 24〉×〈87, 15〉의 계산 결과
- 주어진 조건: 〈가, 나〉는 가를 나로 나눈 몫
- 해결 전략: 98÷24, 87÷15의 몫을 구합니다.

✎ 구하려는 것(〰〰)과 주어진 조건(———)에 표시해 봅니다.

2-2 〈가, 나〉는 가를 나로 나눈 몫이라고 약속할 때, 다음을 계산해 보세요.

〈62, 14〉÷〈130, 59〉

해결 전략

62÷14, 130÷59의 몫을 구합니다.

(　　　　　　　　)

2-3 〈가, 나〉는 가를 나로 나눈 몫, [가, 나]는 가를 나로 나누었을 때의 나머지라고 약속할 때, 다음을 계산해 보세요.

[48, 13]+〈128, 17〉

(　　　　　　　　)

1일 사고력 · 코딩

1 추론

징검다리를 왼쪽부터 한 칸씩 차례로 건넜더니 마지막에 65가 나왔습니다. 처음 수를 구해 보세요.

( )

2 문제 해결

▲ 기호와 ◆ 기호를 다음과 같이 약속할 때, 69▲18와 150◆44의 차를 구해 보세요.

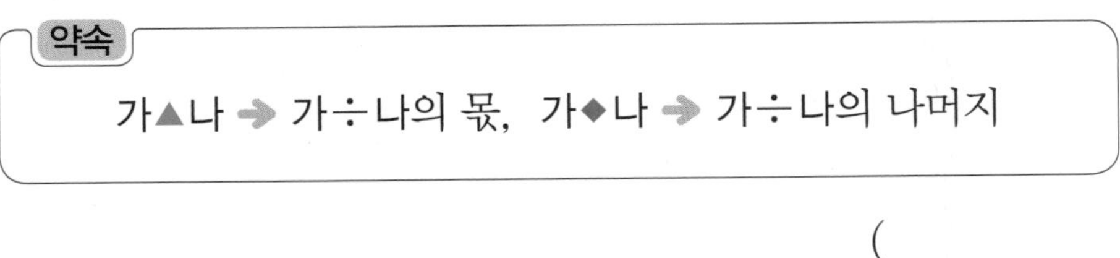

약속

가▲나 ➔ 가÷나의 몫, 가◆나 ➔ 가÷나의 나머지

( )

3 문제 해결

6월 6일 현충일은 나라를 위하여 싸우다 숨진 장병과 *순국선열들의 충성을 기리기 위하여 정한 날입니다. 현충일을 맞아 길이가 114 m인 도로의 양쪽에 처음부터 끝까지 19 m 간격으로 태극기를 설치하려고 합니다. 필요한 태극기는 모두 몇 개인지 구해 보세요.

* 순국선열: 나라를 위하여 목숨 바쳐 싸운 사람

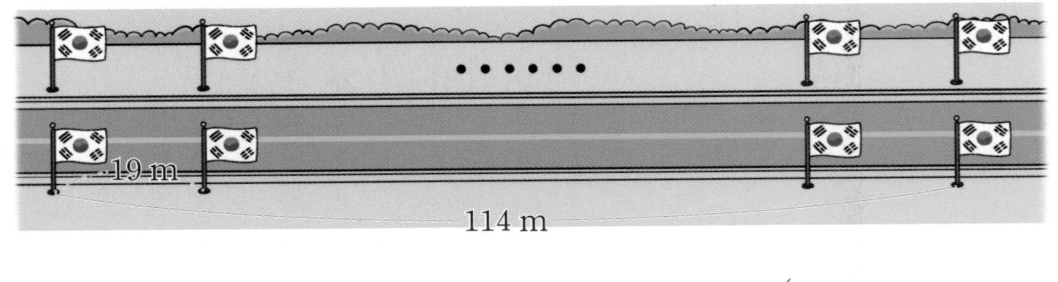

( )

▶정답 및 해설 18쪽

큰 원과 작은 원이 겹친 부분에 작은 원 안의 수를 큰 원 안의 수로 나누었을 때의 나머지를 쓰려고 합니다. ㉠, ㉡, ㉢에 알맞은 수를 구해 보세요.

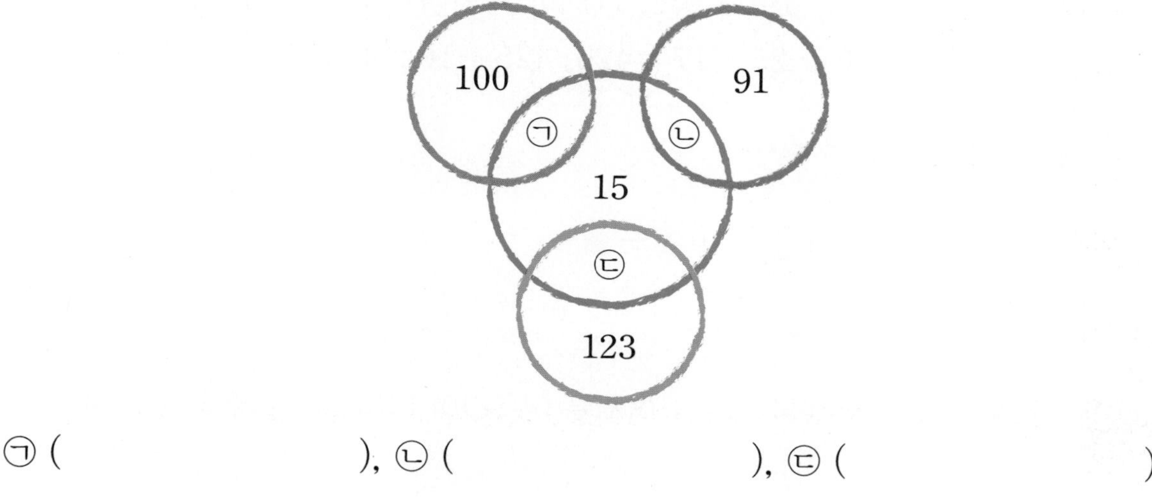

㉠ ( ), ㉡ ( ), ㉢ ( )

보기 와 같이 상자에 빨간색 공과 파란색 공을 넣으면 상자의 규칙에 따라 새로운 공이 나옵니다. 공에 알맞은 수를 각각 써넣으세요.

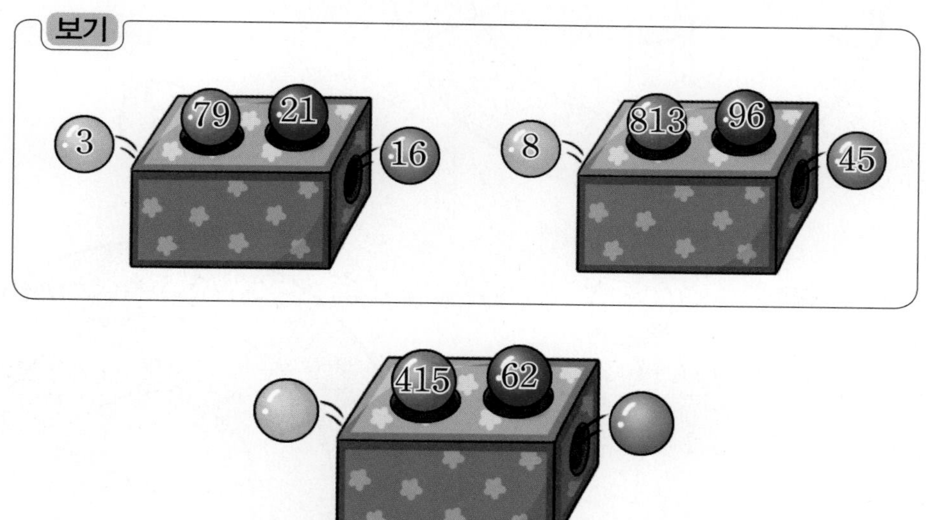

2일 개념·원리 길잡이 검산을 활용한 계산

1 나누어지는 수 구하기

어떤 수를 25로 나누었더니 몫이 17이고 나머지가 16이었습니다.

□÷25=17…16 ➔ 25×17=425, 425+16=441

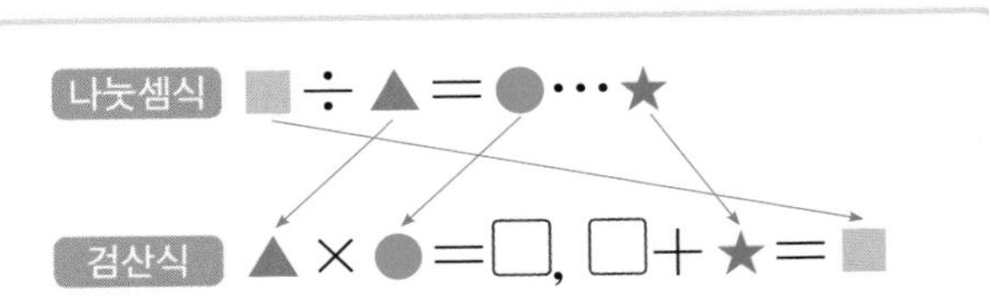

검산은 나눗셈 결과가 맞는지 확인하는 계산이야.

활동 문제 원에 적힌 나누는 수, 몫, 나머지를 이용하여 나누어지는 수를 구하여 □ 안에 써넣으세요.

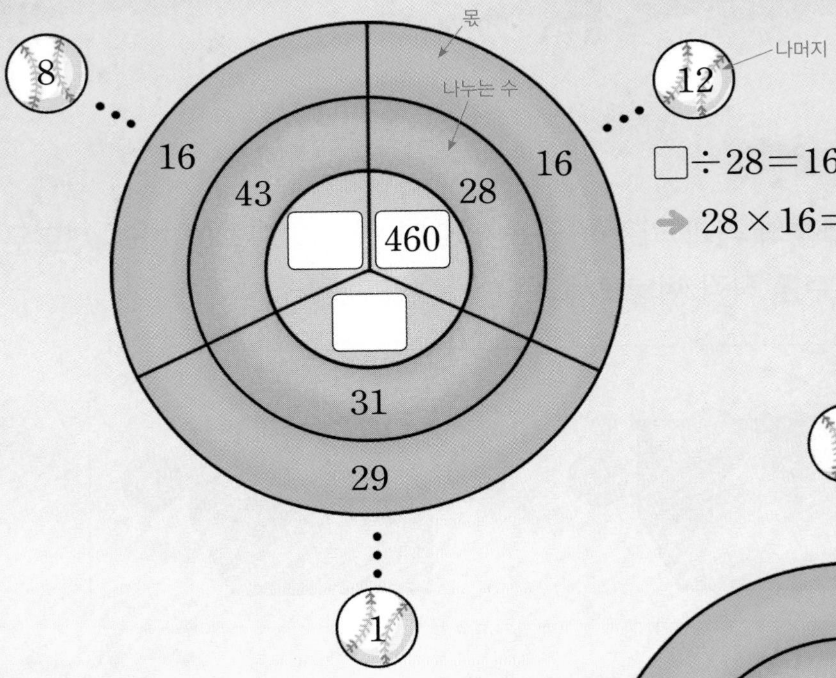

몫
나머지
나누는 수

8, 16, 43, □
12, 16, 28, 460
1, 29, 31, □

□÷28=16…12
➔ 28×16=448, 448+12=460

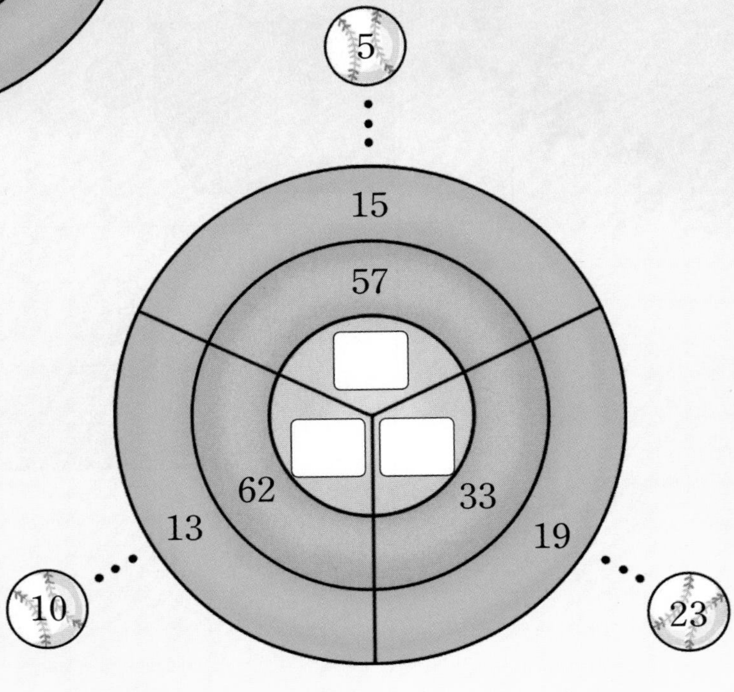

5, 15, 57, □
10, 13, 62, □
23, 19, 33, □

▶ 정답 및 해설 18쪽

2 나누는 수와 몫을 알 때 나누어지는 수가 될 수 있는 수

예 □÷53의 몫이 16일 때 □ 안에 들어갈 수 있는 수

- 나누어떨어질 때: □=53×16=848
  (나누어떨어질 때 → 나머지가 0)
- 나머지가 가장 클 때: □÷53=16…52 → □=848+52=900
  (나머지가 가장 클 때 → 나머지가 나누는 수보다 1 작은 수, 848 → 53×16=848)

따라서 □ 안에 들어갈 수 있는 수는 848, 849 …… 899, 900입니다.

활동 문제 나눗셈식이 쓰여 있는 낙하산이 내려오고 있습니다. 나머지가 가장 클 때 □ 안에 알맞은 수를 찾아 연결해 보세요.

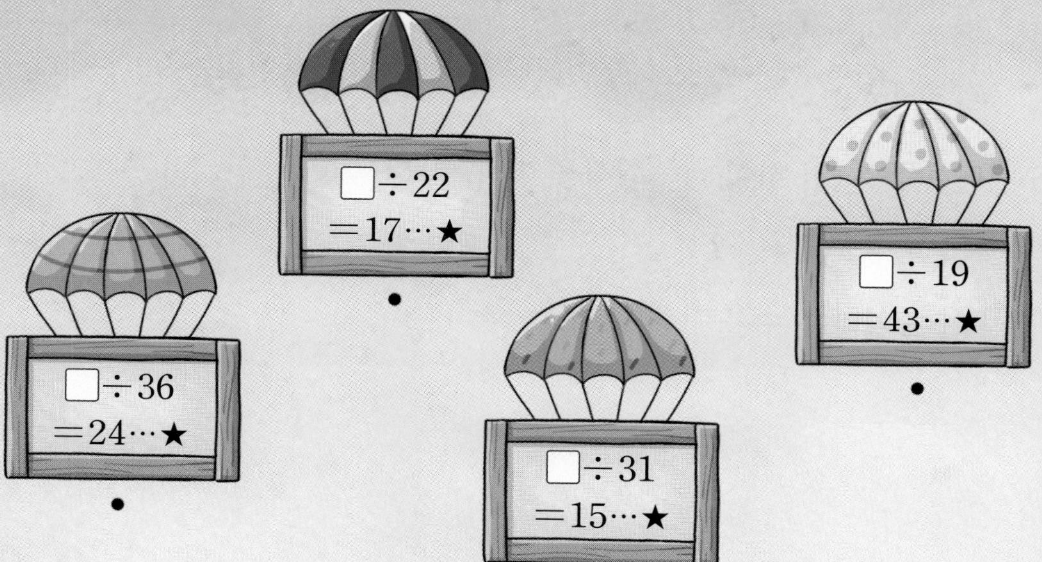

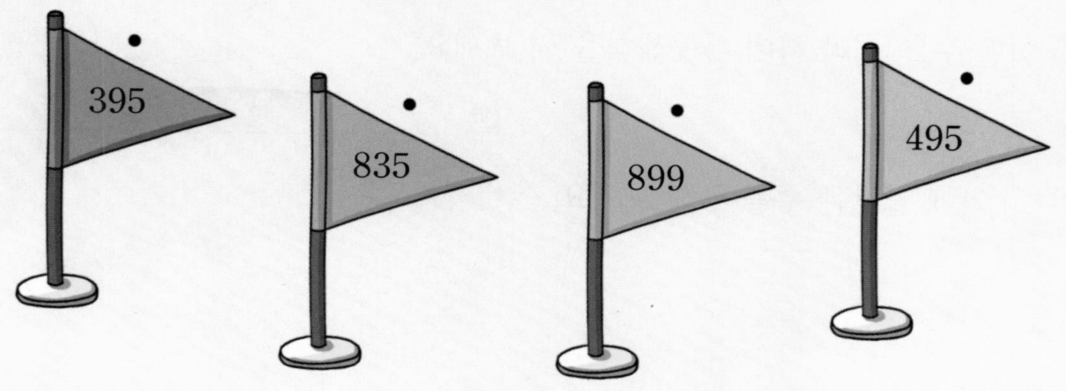

2일 서술형 길잡이

1-1 다음 설명을 읽고 어떤 수를 구해 보세요.

어떤 수를 29로 나누었더니 몫이 13이고 나머지가 17이었습니다.

( )

어떤 수를 □라 하여 나눗셈식을 쓰면 □÷29=13…17입니다.
검산식을 쓰면 29×13=■, ■+17=□입니다.

1-2 다음 설명을 읽고 어떤 수를 구해 보세요.

어떤 수를 27로 나누었더니 몫이 18이고 나머지가 9였습니다.

(1) 어떤 수를 □라 하여 나눗셈식을 써 보세요.

식 ____________________

(2) □ 안에 알맞은 수를 구해 보세요.

( )

1-3 다음 설명을 읽고 어떤 수를 구해 보세요.

어떤 수를 16으로 나누었더니 몫이 42이고 나머지가 11이었습니다.

(1) 어떤 수를 □라 하여 나눗셈식을 써 보세요.

식 ____________________

(2) □ 안에 알맞은 수를 구해 보세요.

( )

▶정답 및 해설 19쪽

2-1 나눗셈 상자에 어떤 수를 넣었더니 몫이 41이 나왔습니다. 어떤 수가 될 수 있는 수 중에서 가장 큰 수를 구해 보세요.

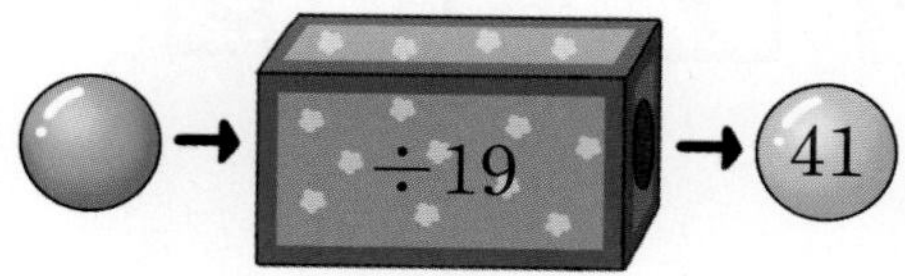

(　　　　　　　　)

- 구하려는 것: 어떤 수가 될 수 있는 수 중에서 가장 큰 수
- 주어진 조건: (어떤 수)÷19의 몫은 41
- 해결 전략: 19로 나누었을 때 나머지가 될 수 있는 수 중에서 가장 큰 수는 18입니다.
  ➔ (어떤 수)÷19=41…18

✎ 구하려는 것(〰)과 주어진 조건(——)에 표시해 봅니다.

2-2 나눗셈 상자에 어떤 수를 넣었더니 몫이 36이 나왔습니다. 어떤 수가 될 수 있는 수 중에서 가장 큰 수를 구해 보세요.

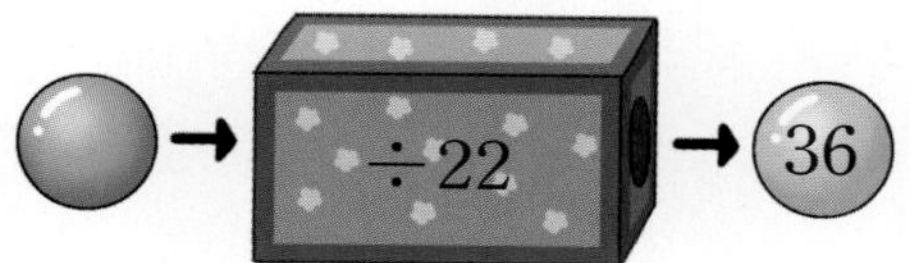

해결 전략
22로 나누었을 때 나머지가 될 수 있는 수 중에서 가장 큰 수는 21입니다.

(　　　　　　　　)

2-3 나눗셈 상자에 어떤 수를 넣었더니 몫이 15가 나왔습니다. 어떤 수가 될 수 있는 수 중에서 가장 작은 수와 가장 큰 수를 각각 구해 보세요.

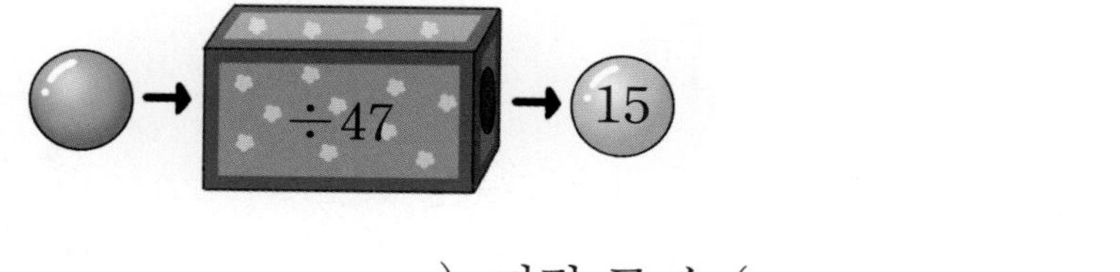

가장 작은 수 (　　　　　　　　), 가장 큰 수 (　　　　　　　　)

2일 사고력 • 코딩

1 문제 해결

4장의 수 카드 중에서 2장을 골라 오른쪽 나눗셈식을 만들어 계산했습니다. 사용한 수 카드에 모두 ○표 하세요.

2 문제 해결

엄마와 윤수의 대화를 읽고 귤은 모두 몇 개인지 구해 보세요.

귤을 한 봉지에 25개씩 담아줘.
다 담고 2개가 남았어요.
엄마
윤수

( )

3 문제 해결

나눗셈을 계산하는 과정입니다. 물감으로 가려져 보이지 않는 수를 구하려고 합니다. 알맞은 수를 구해 보세요.

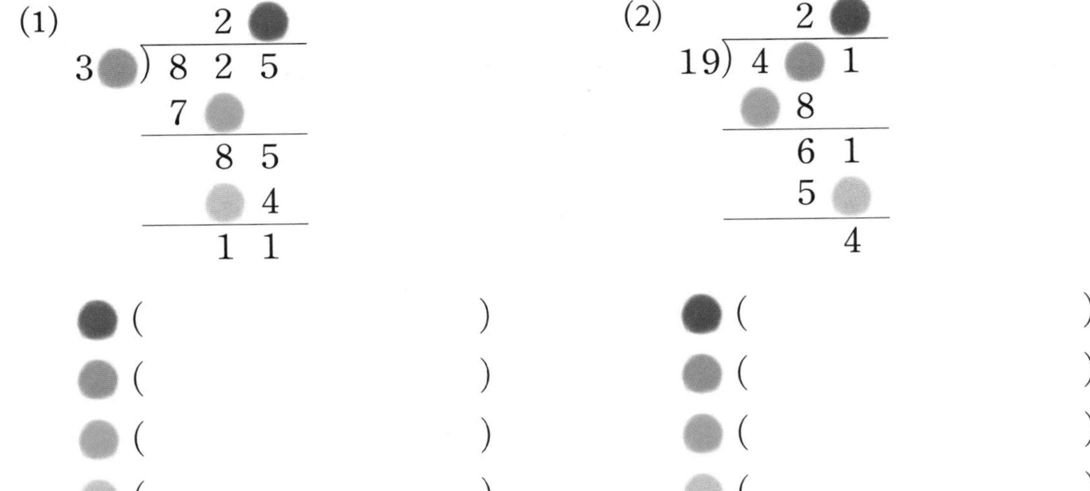

(1) ● ( ) ● ( ) ● ( ) ● ( )

(2) ● ( ) ● ( ) ● ( ) ● ( )

▶정답 및 해설 19쪽

다음 (세 자리 수)÷(두 자리 수)의 나눗셈식이 적힌 종이에 얼룩이 묻어서 숫자 하나가 지워졌습니다. 나누어지는 수가 가장 큰 때 지워진 숫자를 구해 보세요.

2　5÷40=6···

(　　　　　　　　)

《●, ▲》는 ●로 나누었을 때 몫이 ▲이고 나머지가 가장 클 때의 나누어지는 수를 나타냅니다. 다음을 계산해 보세요.

《13, 9》=129
□÷13=9···12 ➔ 13×9=117, 117+12=129

《27, 3》+《18, 15》=□

A가 될 수 있는 세 자리 수 중에서 가장 큰 수를 구해 보세요.
(단, ♥는 같은 수입니다.)

검산식을 쓰고
♥에 여러 가지 수를
넣어 계산해 봐.

(　　　　　　　　)

생활 속 밀기와 뒤집기

1 퍼즐 맞추기

 조각이  자리로 가려면

오른쪽으로 1칸 밀기
→ 위쪽으로 2칸 밀기

하여야 합니다.

도형을 밀면
모양은 그대로지만
위치는 바뀝니다.

활동 문제 그림 블록을 미로 안에서 밀기로만 움직였을 때의 그림을 □ 안에 알맞게 그려 보세요. (단, 모퉁이에서도 밀기만 할 수 있습니다.)

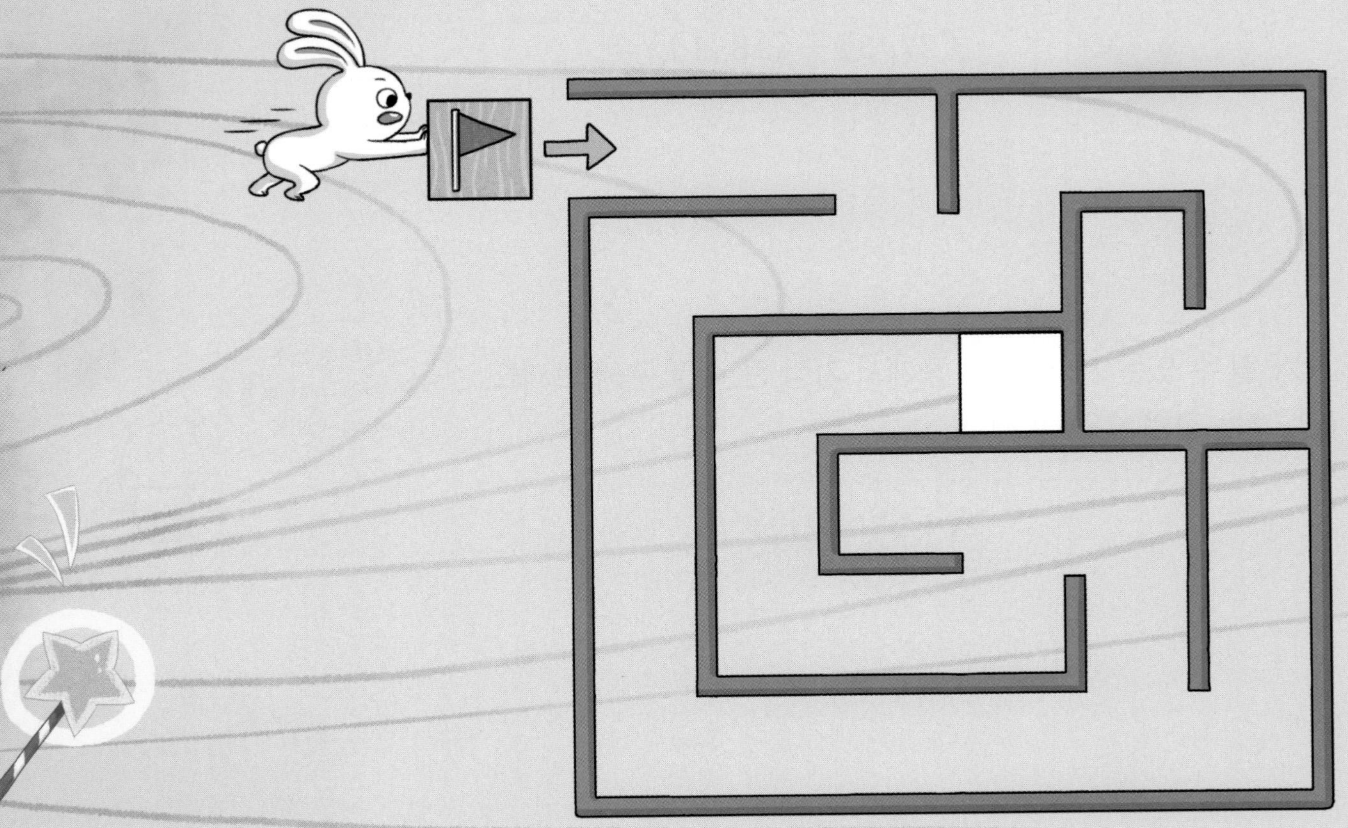

▶정답 및 해설 20쪽

2 거울과 도장

• 거울에 비친 시계

거울에 비친 시계의 모양은 시계를 왼쪽이나 오른쪽으로 뒤집은 것과 같습니다.

• 도장

도장을 찍으면 왼쪽과 오른쪽이 서로 바뀌므로 도장에 글자를 새길 때 왼쪽이나 오른쪽으로 뒤집은 모양을 새깁니다.

활동 문제 거울에 비친 모습이 맞는 거울을 찾아 ○표 하세요.

1-1 거울에 비친 시계의 모습입니다. 시계가 가리키는 시각은 몇 시인지 써 보세요.

( )

거울에 비친 모습은 왼쪽이나 오른쪽으로 뒤집은 모습입니다.

1-2 거울에 비친 시계의 모습입니다. 시계가 가리키는 시각은 몇 시인지 써 보세요.

(1) 원래 시계의 모습대로 시곗바늘을 그려 넣으세요.

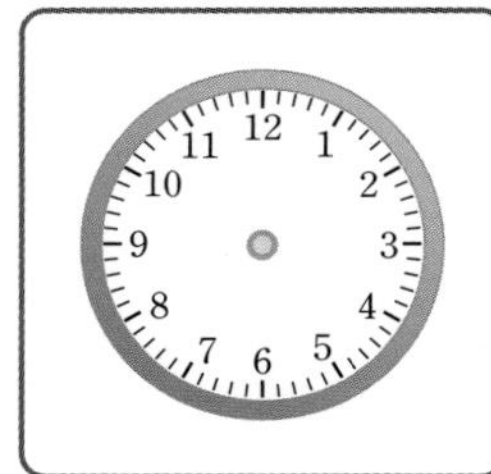

(2) 시계가 가리키는 시각은 몇 시인지 써 보세요.

( )

1-3 거울에 비친 시계의 모습입니다. 시계가 가리키는 시각은 몇 시 몇 분인지 써 보세요.

(1) 원래 시계의 모습대로 시곗바늘을 그려 넣으세요.

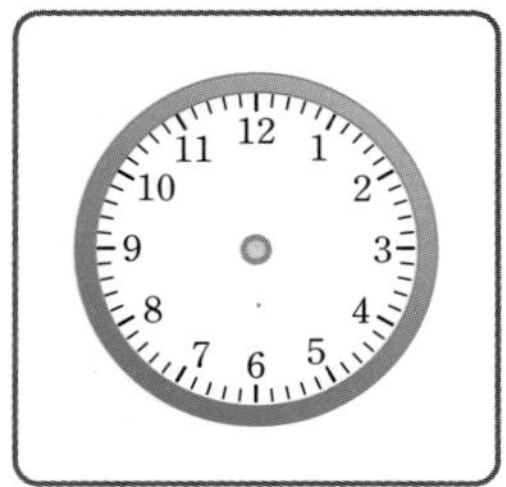

(2) 시계가 가리키는 시각은 몇 시 몇 분인지 써 보세요.

( )

▶정답 및 해설 20쪽

2-1 블록판에 놓인 블록을 밀어서 옮기려고 합니다. 블록을 오른쪽으로 5칸 밀고, 위쪽으로 3칸 밀었습니다. 옮긴 자리에 블록을 그려 보세요.

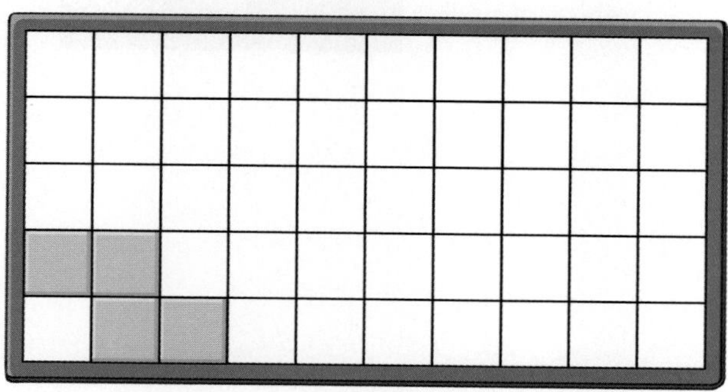

- 구하려는 것: 옮긴 자리에 블록 그리기
- 주어진 조건: 블록판에 놓인 블록, 블록을 오른쪽으로 5칸 밀고, 위쪽으로 3칸 밀기
- 해결 전략: 블록의 한 쪽을 기준으로 하여 위치를 옮겨 봅니다.

✎ 구하려는 것(〰〰)과 주어진 조건(——)에 표시해 봅니다.

2-2 블록판에 놓인 블록을 밀어서 옮기려고 합니다. 블록을 왼쪽으로 3칸 밀고, 위쪽으로 1칸 밀었습니다. 옮긴 자리에 블록을 그려 보세요.

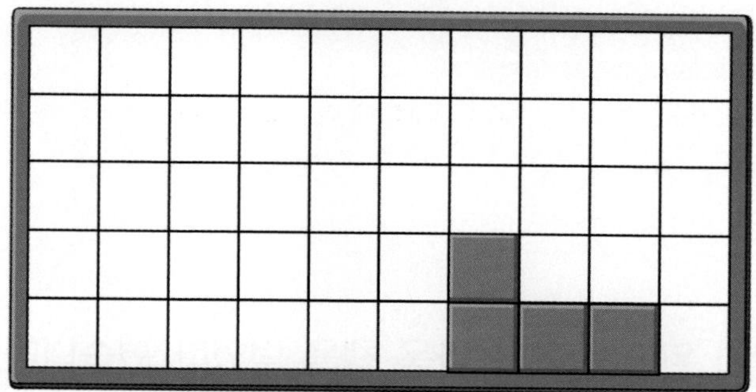

해결 전략

블록의 한 쪽을 기준으로 하여 위치를 옮겨 봅니다.

2-3 블록판에 놓인 블록을 밀어서 옮기려고 합니다. 블록을 아래쪽으로 2칸 밀고, 오른쪽으로 4칸 밀었습니다. 옮긴 자리에 블록을 그려 보세요.

도장에 새겨진 글자 모양을 보고 종이에 도장을 찍었을 때 나오는 글자를 써 보세요.

( )

다음 그림과 같이 글자 블록 2개를 미로 안으로 넣어 색칠한 칸에 도착하게 하려고 합니다. 미로 안에서는 밀기만 할 수 있을 때, 색칠한 칸에 들어갈 글자를 오른쪽에 써 보세요. (단, 미로의 모퉁이에서도 밀기만 할 수 있습니다.)

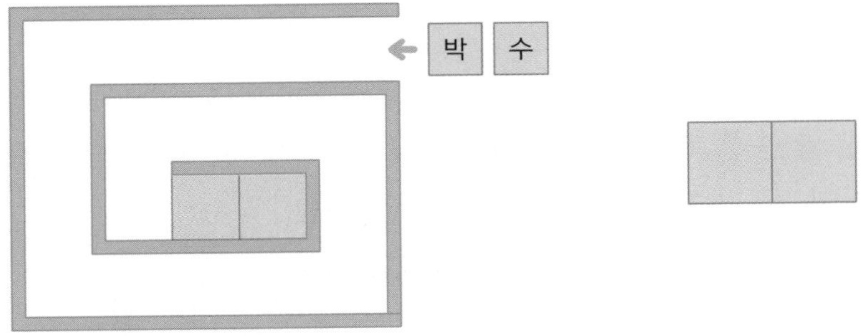

다음과 같은 도장을 책의 왼쪽에 찍은 다음 책을 덮었다 폈습니다. 책의 양쪽에 알맞은 모양을 각각 그려 보세요.

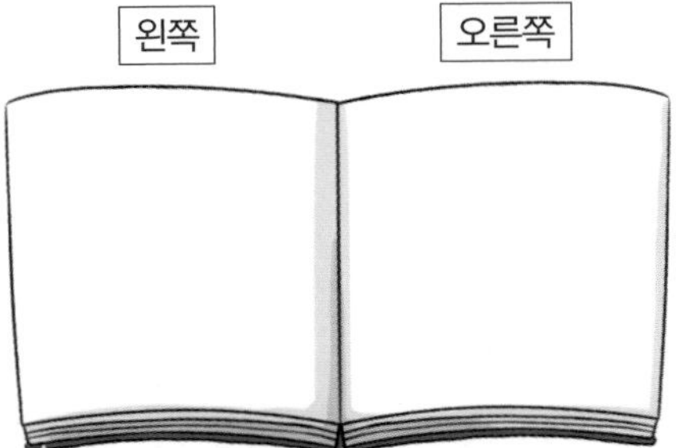

▶정답 및 해설 21쪽

4 문제 해결

거울에 비친 시계를 보고 재희가 한 말의 □ 안에 알맞은 수를 차례로 써 보세요.

(　　　　　　　　), (　　　　　　　　)

5 창의·융합

자욱이는 다음과 같이 쓰여진 종이 위에 거울을 대어 보았습니다. 거울에 비친 모습을 바르게 그려 넣고 계산해 보세요.

(1)

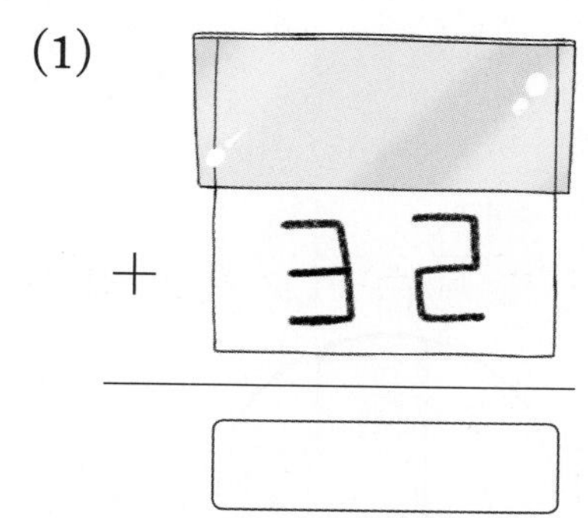

(2)

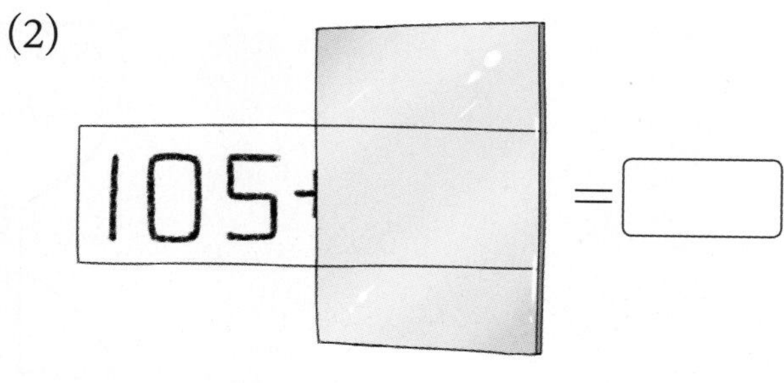

개념·원리 길잡이 어떻게 움직인 것인지 알아보기

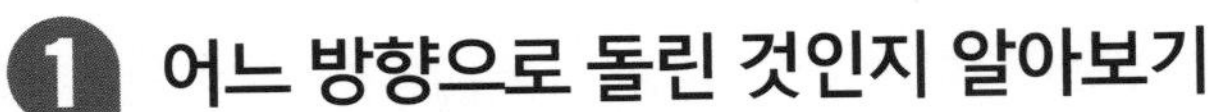

1 어느 방향으로 돌린 것인지 알아보기

• 수 카드 돌리기

기준이 되는 부분을 정하여 어느 쪽으로 이동했는지 알아봅니다.

활동 문제 길이 연결되도록 하려면 어떻게 돌려야 하는지 알맞은 것에 ○표 하세요.

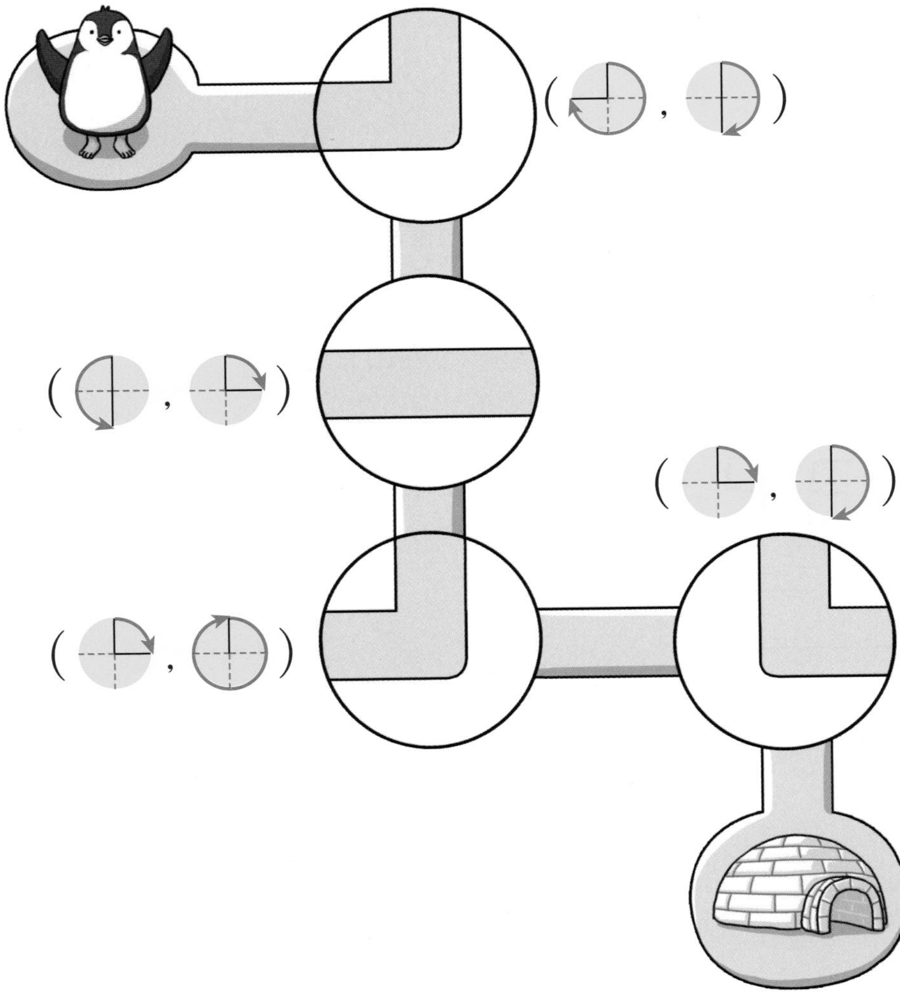

(,)

(,)

(,)

(,)

▶정답 및 해설 21쪽

2 규칙에 따라 움직이기

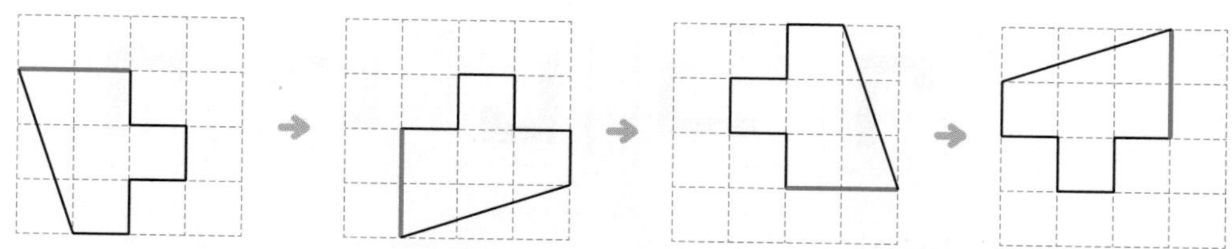

기준이 되는 부분을 정하여 어느 방향으로 얼마만큼 움직였는지 알아봅니다.
방향: 시계 반대 방향, 얼마만큼: 90°만큼 ➔ 시계 반대 방향으로 90°만큼 돌립니다.

활동 문제 규칙에 따라 카드를 움직인 것입니다. 남은 두 카드 중에서 마지막에 올 카드에 선을 연결해 보세요.

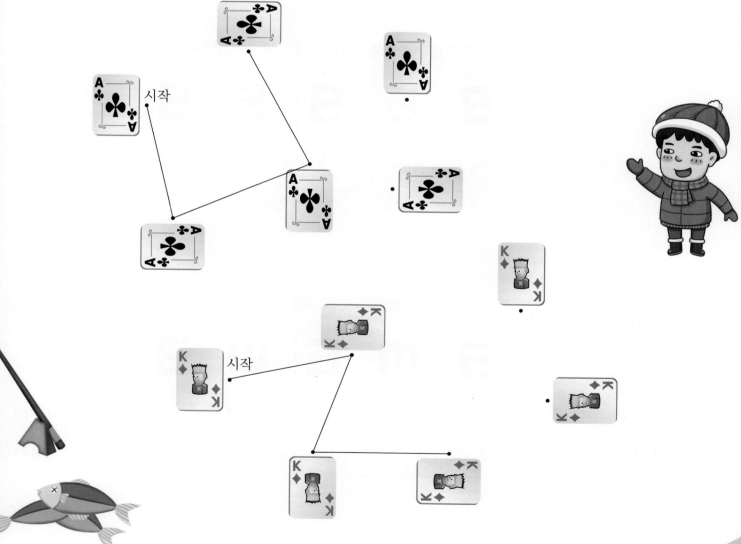

시작

시작

1-1 일정한 규칙에 따라 수 카드를 늘어놓은 것입니다. 규칙을 설명해 보세요.

수 카드의 위쪽 부분이 오른쪽 → [ ]쪽 → [ ]쪽 → [ ]쪽으로 이동했으므로 수 카드를 [ ] 방향으로 [ ]°만큼 돌리기 하는 규칙입니다.

위쪽 부분을 기준으로 정하여 어느 방향으로 얼마만큼 돌린 것인지 알아봅니다.

1-2 일정한 규칙에 따라 수 카드를 늘어놓은 것입니다. 규칙을 설명해 보세요.

9 6 9 6 9

수 카드의 위쪽 부분이 아래쪽 → [ ]쪽 → [ ]쪽 → [ ]쪽으로 이동했으므로 수 카드를 [ ] 방향으로 [ ]°만큼 돌리기 하는 규칙입니다.

1-3 일정한 규칙에 따라 수 카드를 늘어놓은 것입니다. 규칙을 설명해 보세요.

수 카드의 위쪽 부분이 왼쪽 → [ ]쪽 → [ ]쪽 → [ ]쪽으로 이동했으므로 수 카드를 [ ] 방향으로 [ ]°만큼 돌리기 하는 규칙입니다.

▶정답 및 해설 22쪽

2-1 왼쪽 그림을 다음과 같이 각각 돌렸을 때의 모양을 그리고 다른 한 모양에 ○표 하세요.

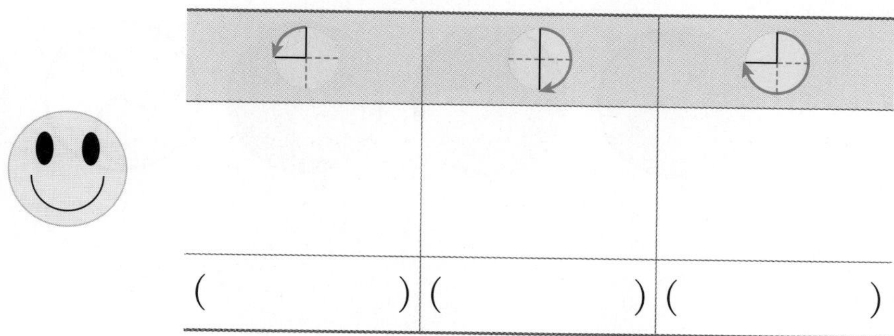

( )	( )	( )

- 구하려는 것: 돌렸을 때의 모양, 다른 한 모양
- 주어진 조건:
- 해결 전략: 그림의 위쪽 부분이 왼쪽, 아래쪽, 왼쪽으로 각각 이동합니다.

✎ 구하려는 것(〰)과 주어진 조건(——)에 표시해 봅니다.

2-2 왼쪽 글자를 다음과 같이 각각 돌렸을 때의 모양을 그리고 다른 한 모양에 ○표 하세요.

A

( )	( )	( )

해결 전략

글자의 위쪽 부분이 오른쪽, 아래쪽, 아래쪽으로 각각 이동합니다.

2-3 왼쪽 글자를 다음과 같이 각각 돌렸을 때의 모양을 그리고 다른 한 모양에 ○표 하세요.

곰

( )	( )	( )

사고력 · 코딩

1 추론

우리나라 전통 무늬 중 하나인 태극 문양을 규칙적으로 돌리고 있습니다. 빈 곳에 알맞게 색칠해 보세요.

2 창의 · 융합

검은색 바둑돌 6개로 삼각형 모양을 만들었습니다. 시계 반대 방향으로 180°만큼 돌렸을 때의 모양을 만들려면 바둑돌을 적어도 몇 번 움직여야 할까요?

( )

3 문제 해결

도형을 시계 반대 방향으로 90°만큼 6번 돌렸을 때의 도형을 그려 보세요.

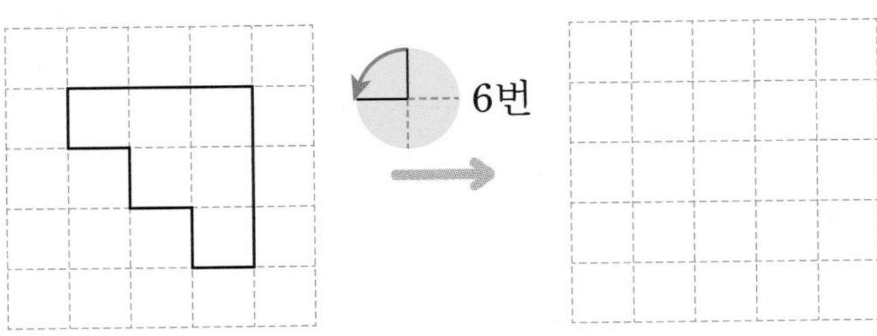

▶정답 및 해설 22쪽

4
창의·융합

보기 의 글자를 돌리기 하여 일기를 완성하려고 합니다. 알맞은 돌리기 방법에 ○표 하고 일기를 완성해 보세요.

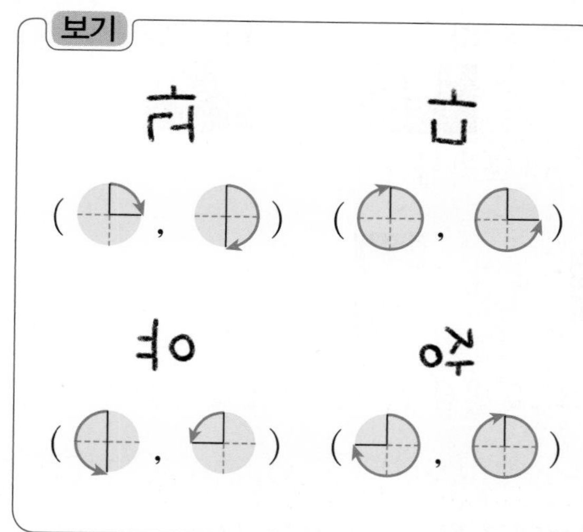

5
창의·융합

일정한 규칙에 따라 도형을 움직인 것입니다. 빈 곳에 알맞게 그려 보세요.

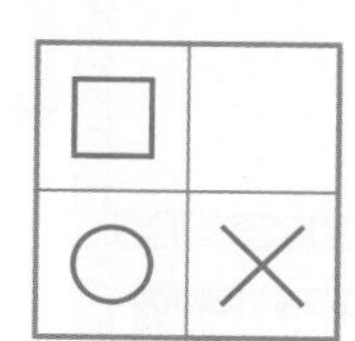
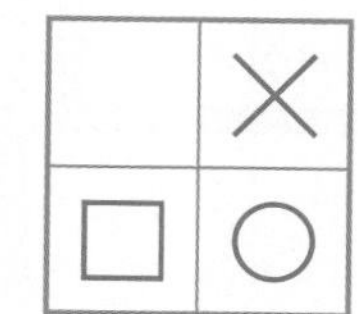
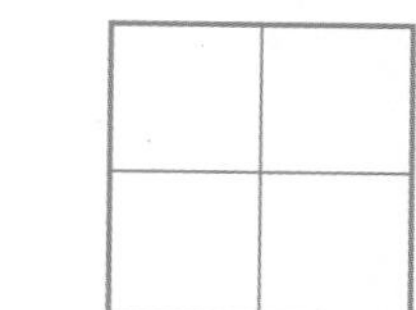
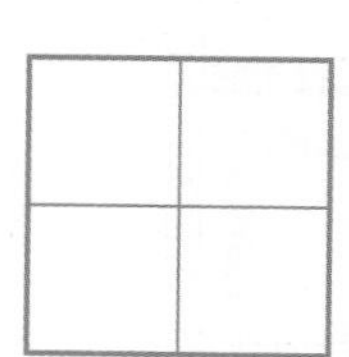

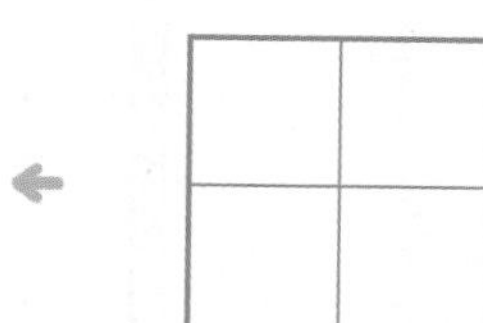

빈 곳에 알맞은 그림

1 퍼즐 완성하기

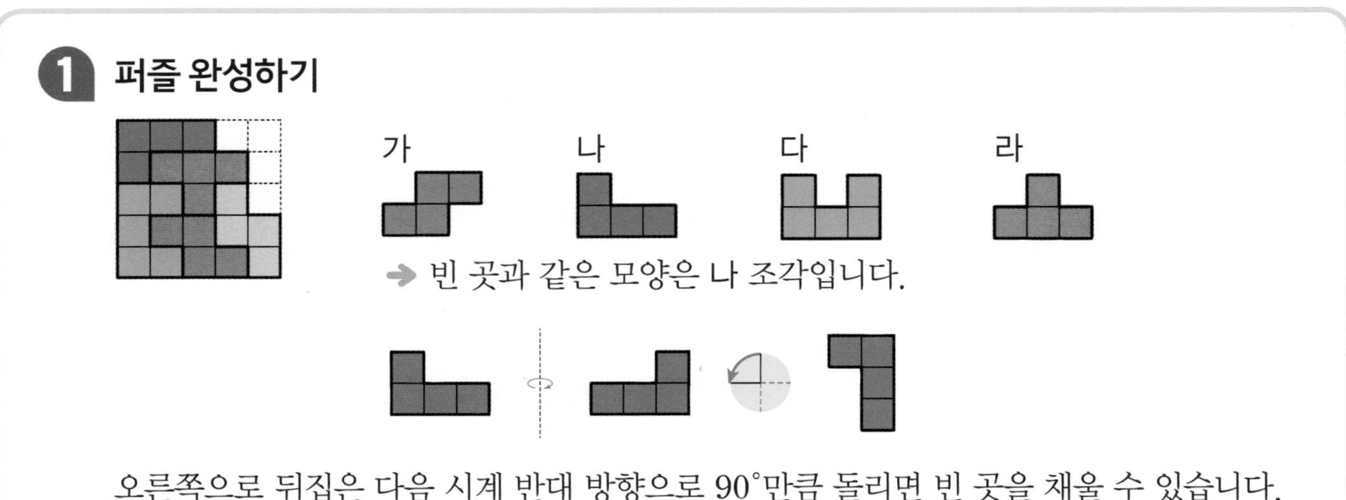

오른쪽으로 뒤집은 다음 시계 반대 방향으로 90°만큼 돌리면 빈 곳을 채울 수 있습니다.

활동 문제 사다리를 타고 내려오면서 주어진 방법대로 움직인 도형을 그려 보세요.

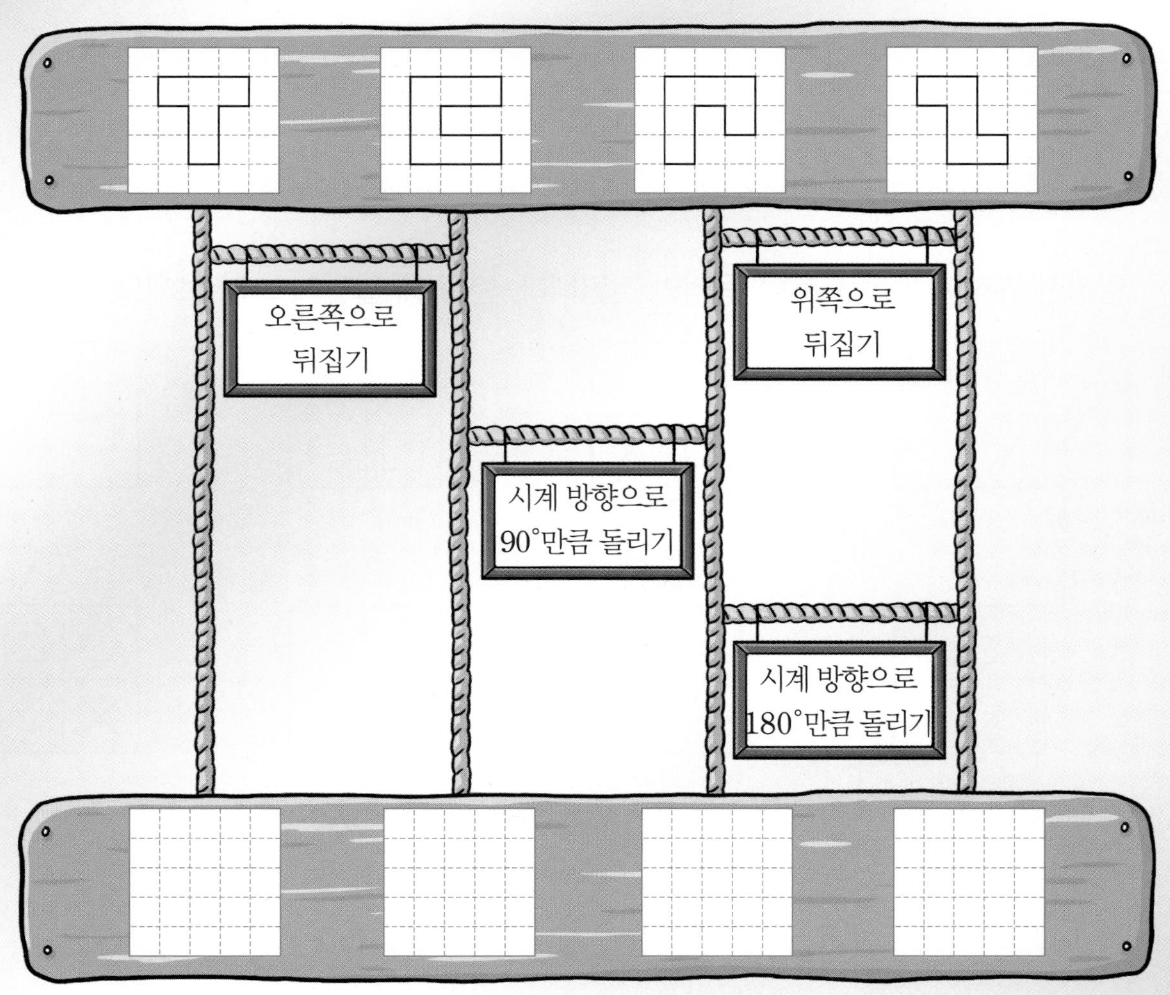

▶정답 및 해설 23쪽

2 규칙적인 무늬 만들기

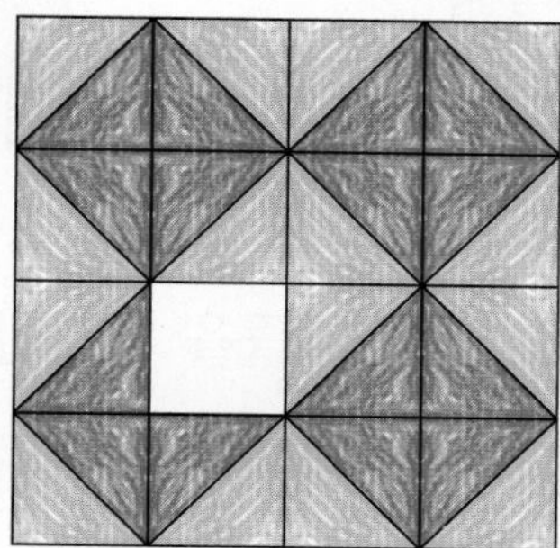

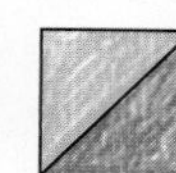 모양을 시계 방향으로 90°만큼 돌리는 것을 반복하여 모양을 만들고, 그 모양을 밀어서 만든 무늬입니다.
따라서 빈 곳에 들어갈 모양은

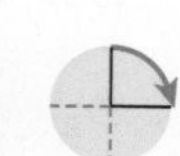 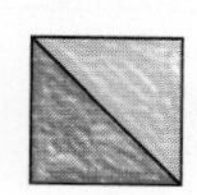 입니다.

활동 문제 규칙적인 무늬로 만들어진 작품을 완성해 보세요.

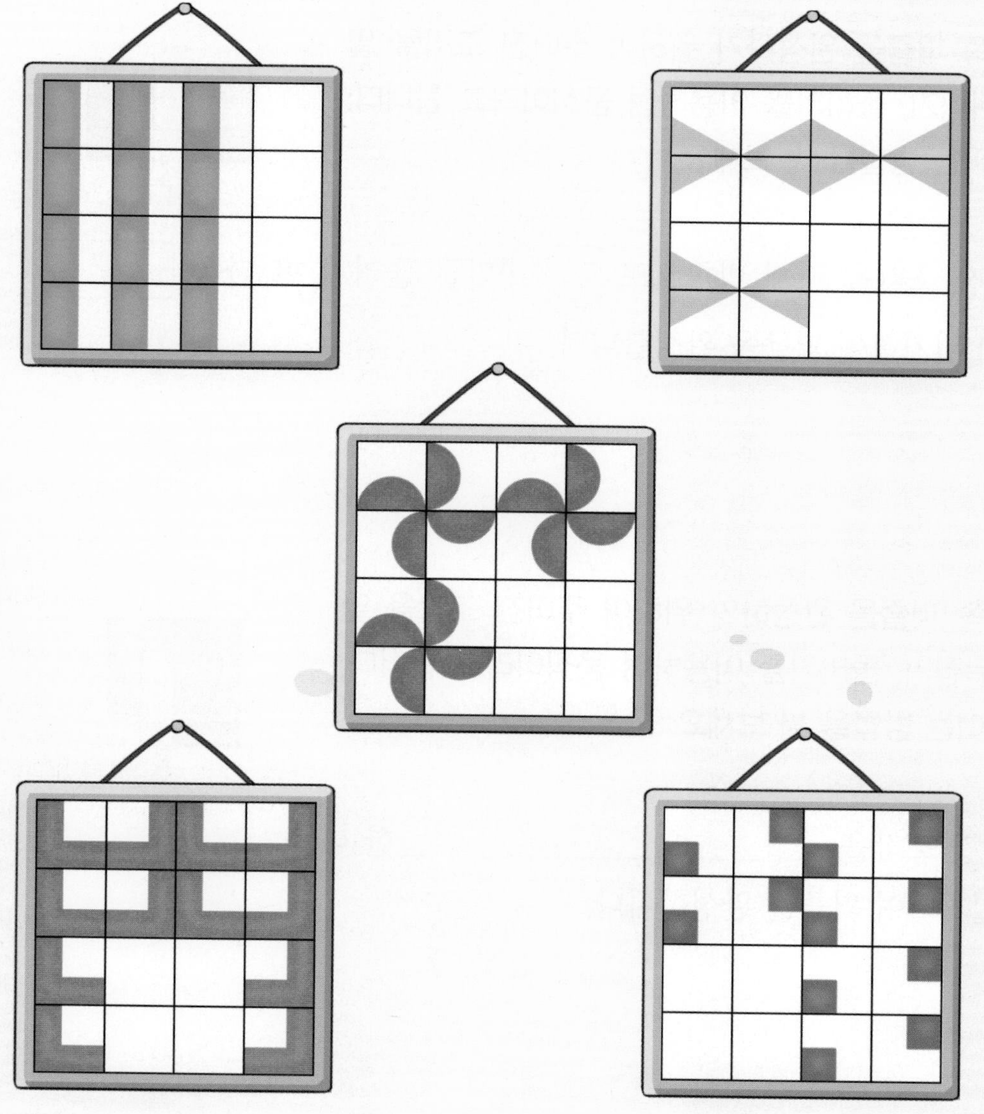

1-1 오른쪽 퍼즐을 완성하기 위하여 주어진 조각을 밀기, 뒤집기, 돌리기를 이용하여 움직이려고 합니다. 움직이는 방법을 써 보세요.

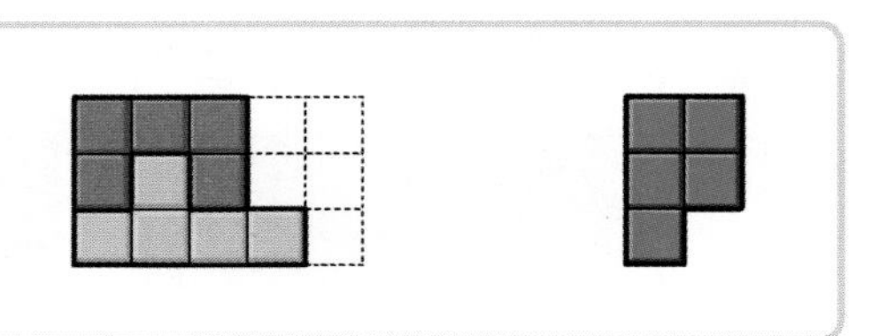

주어진 조각을 ______________________ 한 다음 밀기하여 퍼즐을 완성합니다.

모양은 그대로고 위치만 바뀌는 경우 ➔ 밀기
왼쪽과 오른쪽, 위쪽과 아래쪽이 바뀌는 경우 ➔ 뒤집기
위쪽 → 오른쪽 → 아래쪽 → 왼쪽으로 이동하는 경우 ➔ 돌리기

1-2 오른쪽 퍼즐을 완성하기 위하여 주어진 조각을 밀기, 뒤집기, 돌리기를 이용하여 움직이려고 합니다. 움직이는 방법을 써 보세요.

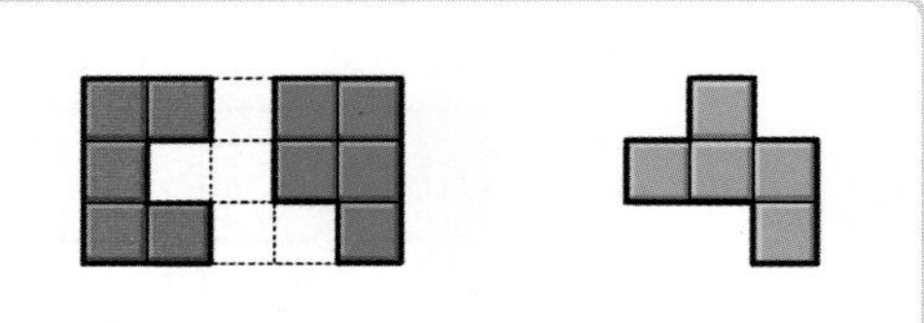

주어진 조각을 시계 방향으로 [   ]°만큼 돌리기 한 다음 [   ]으로 뒤집기 한 뒤 밀기하여 퍼즐을 완성합니다.

1-3 오른쪽 퍼즐을 완성하기 위하여 주어진 조각을 밀기, 뒤집기, 돌리기를 이용하여 움직이려고 합니다. 움직이는 방법을 써 보세요.

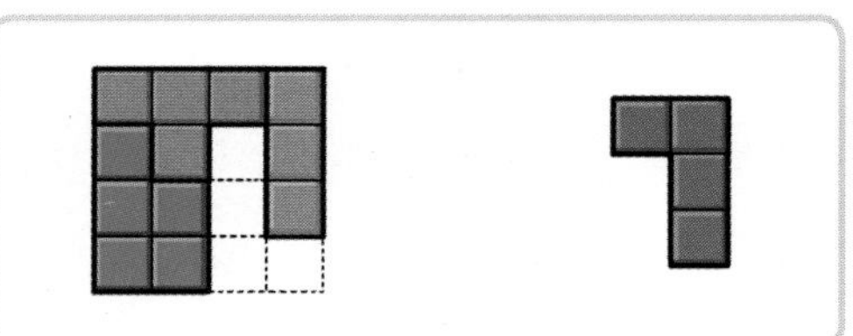

주어진 조각을 ______________________ 한 다음 ______________________ 한 뒤 밀기하여 퍼즐을 완성합니다.

▶정답 및 해설 24쪽

2-1 일정한 규칙에 따라 벽면에 타일을 붙이고 있습니다. 빈 곳에 알맞은 타일 무늬를 그려 보세요.

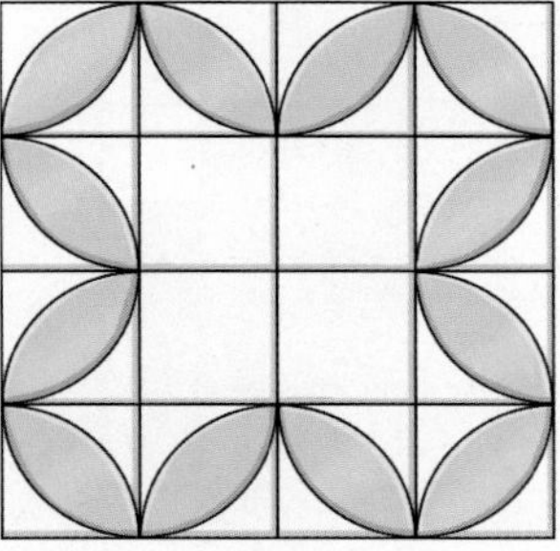

- 구하려는 것: 빈 곳에 알맞은 타일 무늬
- 주어진 조건: 규칙에 따라 벽면에 붙인 타일
- 해결 전략: 밀기, 뒤집기, 돌리기 중 어떤 방법을 이용하여 만든 무늬인지 알아봅니다.

✎ 구하려는 것(〜〜)과 주어진 조건(——)에 표시해 봅니다.

2-2 일정한 규칙에 따라 벽면에 타일을 붙이고 있습니다. 빈 곳에 알맞은 타일 무늬를 그려 보세요.

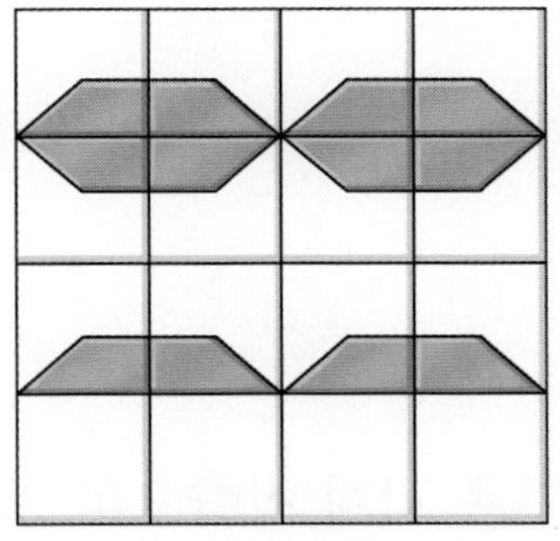

해결 전략

밀기, 뒤집기, 돌리기 중 어떤 방법을 이용하여 만든 무늬인지 알아봅니다.

2-3 일정한 규칙에 따라 벽면에 타일을 붙이고 있습니다. 빈 곳에 알맞은 타일 무늬를 그려 보세요.

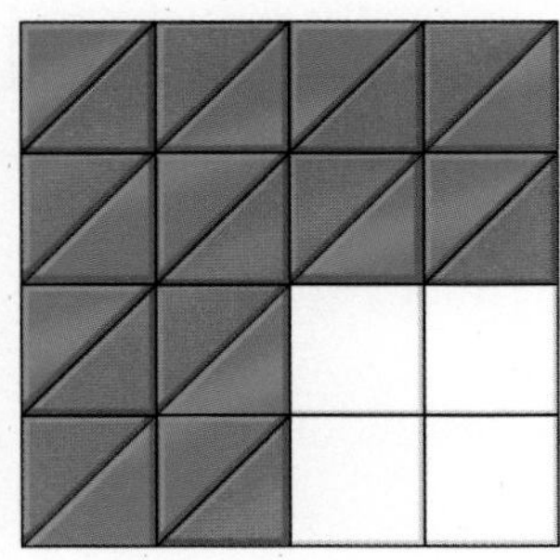

주어진 조각을 움직여서 직사각형을 완성하려고 합니다. 각 조각을 어떻게 움직여야 하는지 쓰고, 어느 자리에 놓을지 번호를 써 보세요.

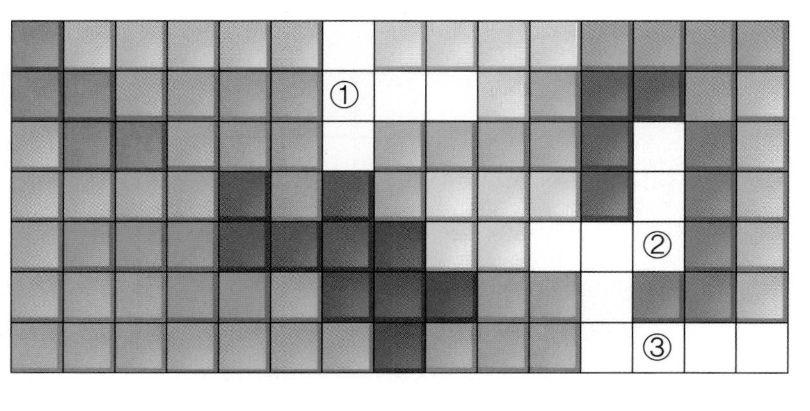

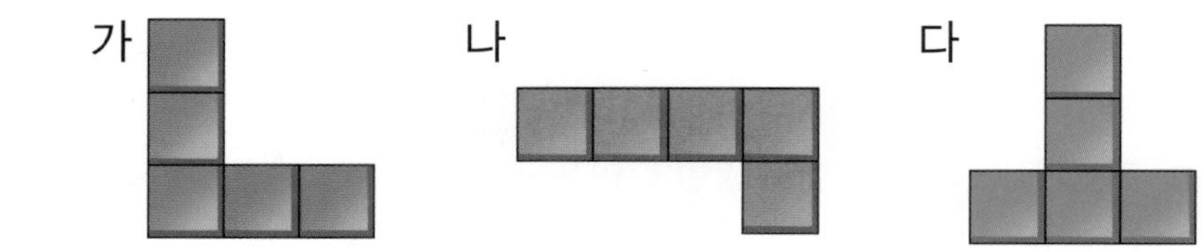

가: ______________________ 한 다음 밀어서 움직입니다. ➔ (   )

나: ______________________ 한 다음 밀어서 움직입니다. ➔ (   )

다: ______________________ 한 다음 밀어서 움직입니다. ➔ (   )

2 창의 · 융합

다음 도형을 오른쪽으로 뒤집은 다음 시계 방향으로 270°만큼 돌린 도형이 되도록 하려면 몇 군데의 색을 지우고, 다시 몇 군데의 색을 더 칠해야 하는지 차례로 써 보세요.

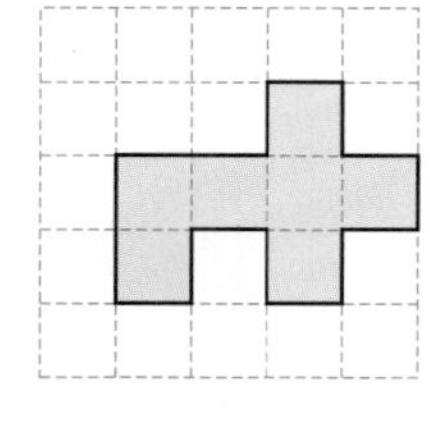

(   ), (   )

▶ 정답 및 해설 24쪽

나래는 오른쪽 도장을 찍어서 무늬를 꾸몄습니다. 다음 중 나래가 꾸민 무늬가 아닌 것을 찾아 기호를 써 보세요.

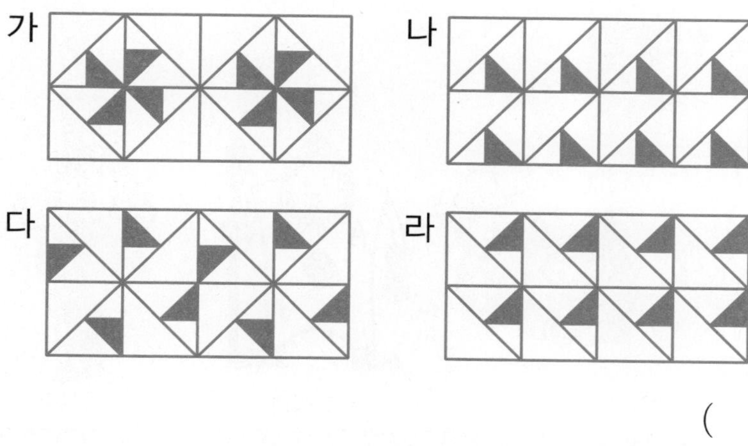

(   )

길의 모양에 따라 도형이 바뀌는 마술 카드가 있습니다. 마술 카드는 길을 따라 가고 마술 카드 안의 도형은 다음과 같은 규칙으로 변할 때, 빈 곳에 알맞은 도형을 그려 보세요.

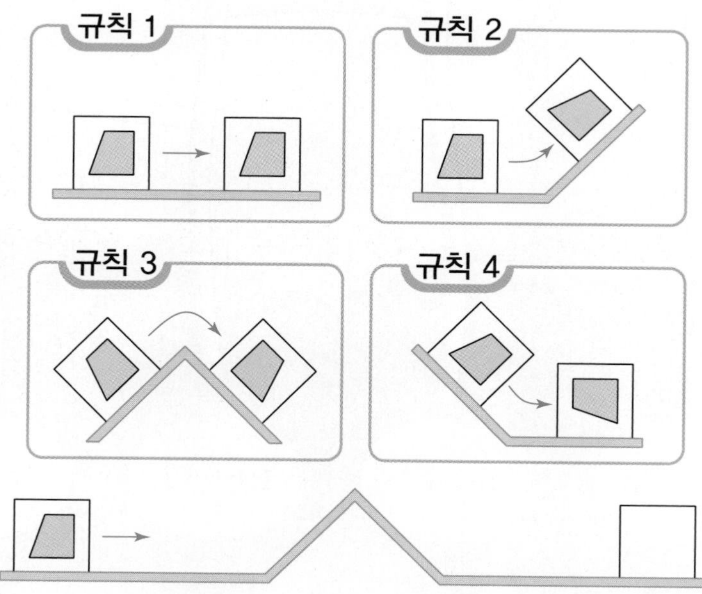

창의 · 융합 · 코딩

1 이상한 나라에 간 앨리스는 집으로 다시 돌아가려고 해요. 집으로 가는 문은 바르게 계산한 친구가 준 열쇠로만 열 수 있어요. 사다리를 타고 내려가 알맞은 열쇠를 준 친구를 찾아 ○표 하세요. 창의 · 융합

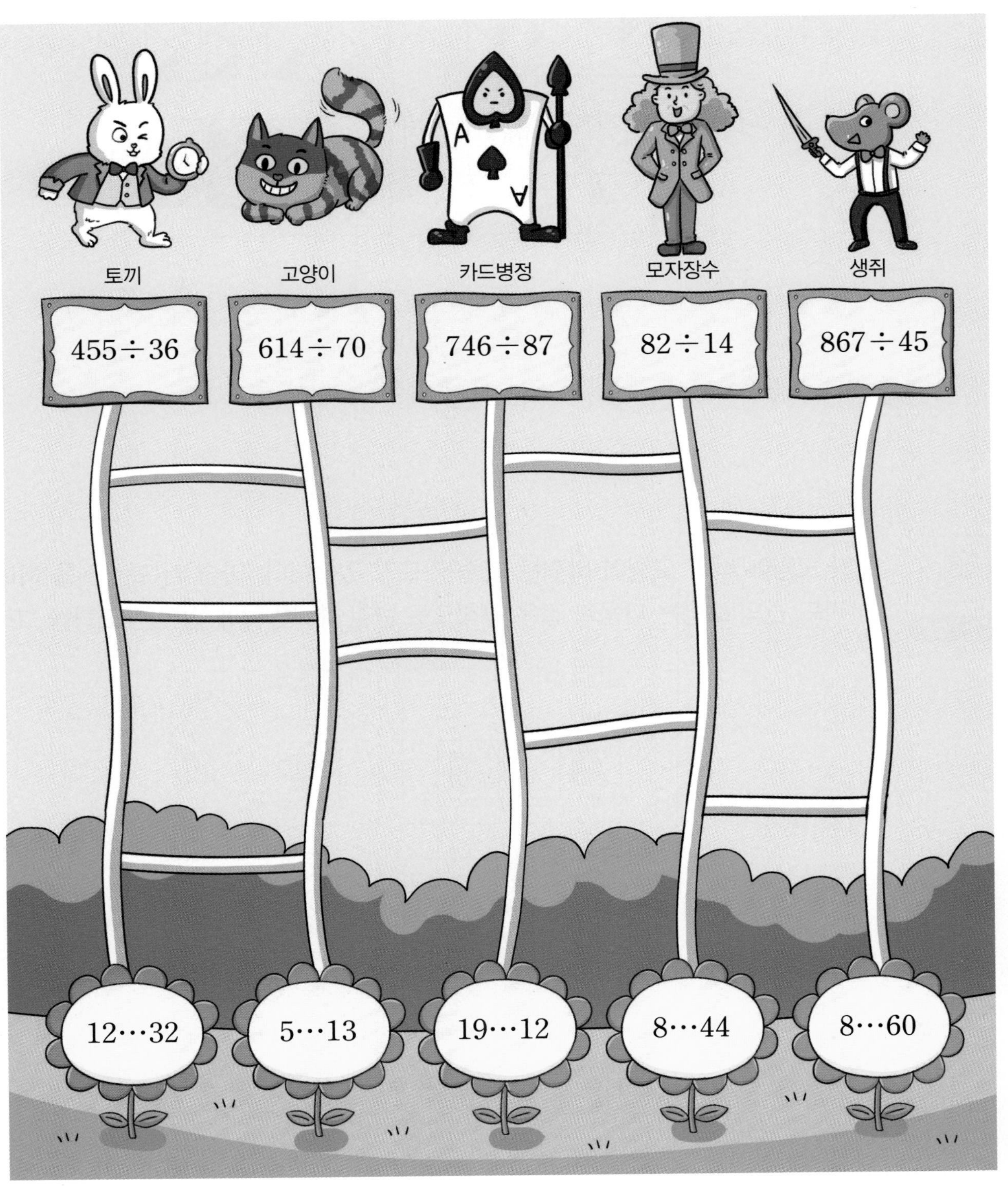

▶정답 및 해설 25쪽

2 도형을 주어진 방법대로 움직였을 때의 도형을 각각 그려 넣으세요. 창의 · 융합

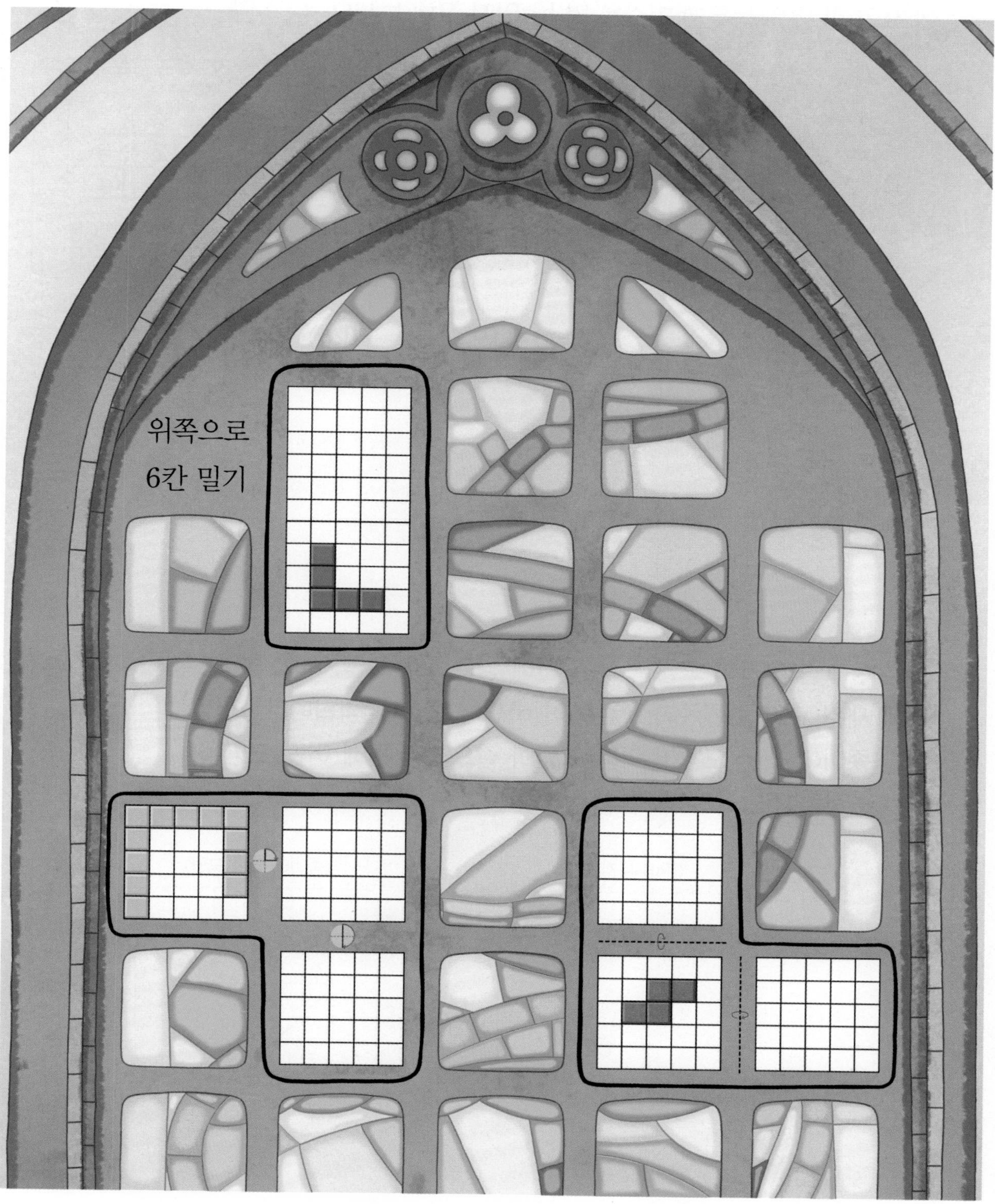

3주 특강

3 이레가 승강기를 타고 내려가던 중 승강기 위에 쓰인 문구를 보게 되었습니다. 이 승강기에 쓰인 한 명의 몸무게 기준은 몇 kg인지 구해 보세요. 문제 해결

$900 \div 12 = \square$ (kg)

4 오른쪽 그림과 같이 모양을 새긴 판에 잉크를 묻혀 종이에 찍으면 판에 새긴 모양의 왼쪽과 오른쪽이 바뀌어 종이에 찍힙니다. 리안이가 종이에 찍은 모양이 다음 그림과 같으려면 판에 어떤 모양을 새겨야 하는지 그려 보세요. 창의 · 융합

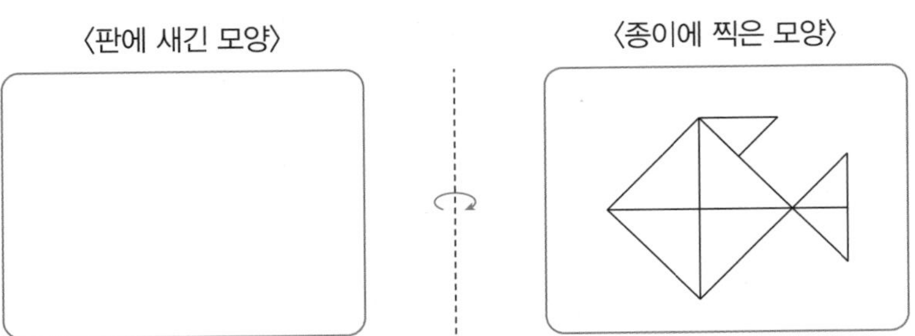

▶정답 및 해설 25쪽

[5~6] 코드를 실행하여 나눗셈을 하려고 합니다. 같은 수를 빼는 것을 몇 번 반복하는지 쓰고, 화면에 쓰이는 수는 무엇인지 □ 안에 알맞은 수를 써넣으세요. 코딩

5

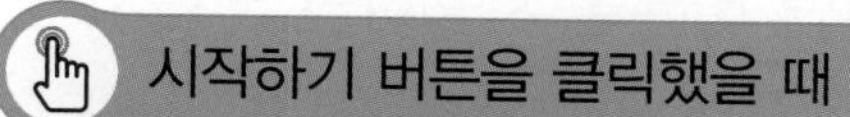
시작하기 버튼을 클릭했을 때

69 만큼 빼기

남은 수가 69 보다 크거나 같으면 반복하기

남은 수가 69 보다 작으면 남은 수 쓰기

$849 \div 69 = \square \cdots \square$

➔ $849 - 69 - 69 \cdots\cdots 69 - 69 = \square$

□번 (빼는 횟수), 남은 수

6

시작하기 버튼을 클릭했을 때

43 만큼 빼기

남은 수가 43 보다 크거나 같으면 반복하기

남은 수가 43 보다 작으면 남은 수 쓰기

$571 \div 43 = \square \cdots \square$

➔ $571 - 43 - 43 \cdots\cdots 43 - 43 = \square$

□번 (빼는 횟수), 남은 수

3주 특강

7 테트리스는 7가지의 조각을 이용해서 빈틈을 채우고 가로로 빈틈없이 꽉 채우게 되면 그 줄이 없어지는 놀이입니다. 다음의 빈틈에 조각을 넣어서 2줄을 동시에 없애려고 합니다. 주어진 버튼을 가장 적게 사용하여 줄을 없애려면 어떤 버튼을 사용하면 되는지 ○표 하세요. (단, 돌리기 하기 전과 돌리기 한 후 도형의 왼쪽 끝의 위치는 같습니다.) 창의 · 융합

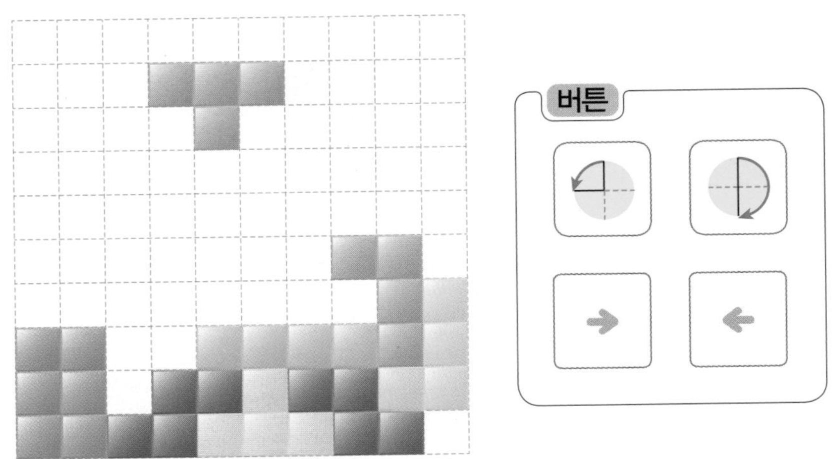

1 사용해야 할 버튼에 ○표 하세요.

시계 반대 방향으로 90°만큼 돌리기 (　　)

시계 방향으로 180°만큼 돌리기 (　　)

2 **1**의 방법으로 돌리기 한 다음 사용해야 할 버튼에 ○표 하세요.

오른쪽으로 1칸 이동 (　　)

왼쪽으로 1칸 이동 (　　)

8 형준이가 수학 숙제를 마치고 거울에 비친 시계를 보았더니 다음과 같았습니다. 원래 시계의 모양을 오른쪽에 그려 보세요. 창의 · 융합

9 유빈이는 왼쪽 퍼즐의 빈 곳에 오른쪽 조각을 꼭 맞게 넣어서 퍼즐을 완성하려고 합니다. 어떻게 돌려야 하는지 써 보세요. 추론

방법 ______________________________

____

누구나 100점 TEST

맞은 개수 /6개

1 길이가 280 m인 도로의 한쪽에 40 m 간격으로 처음부터 끝까지 나무를 심으려고 합니다. 필요한 나무는 모두 몇 그루인지 구해 보세요. (단, 나무의 두께는 생각하지 않습니다.)

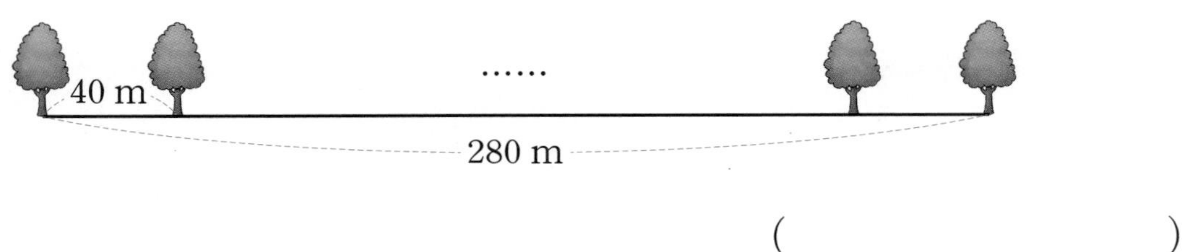

( )

2 보기 를 보고 오른쪽 순서도에 따라 계산했을 때 출력되는 값을 구해 보세요.

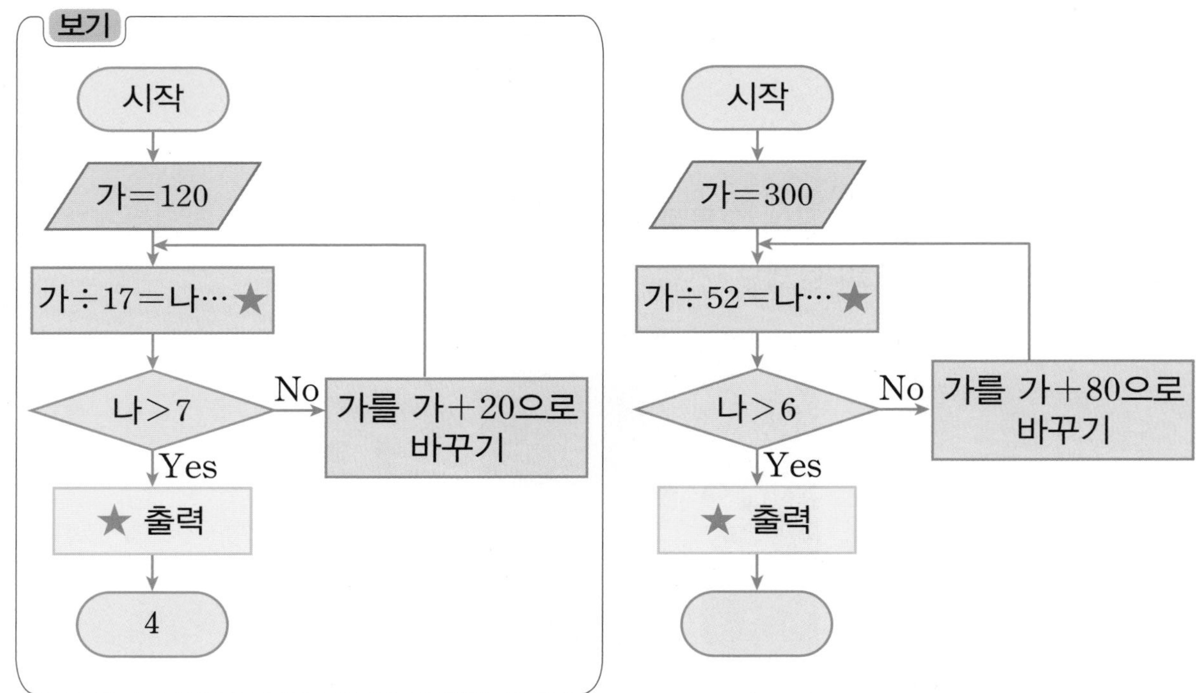

3 어떤 수를 53으로 나누었더니 몫이 14이고 나머지가 8이었습니다. 어떤 수를 구해 보세요.

( )

▶정답 및 해설 26쪽

4 거울에 비친 시계의 모습입니다. 시계가 가리키는 시각은 몇 시인지 시곗바늘을 그리고 시각을 써 보세요.

( )

5 일정한 규칙에 따라 한글 카드를 늘어놓은 것입니다. 빈 곳에 알맞은 한글 카드의 모양을 그려 넣으세요.

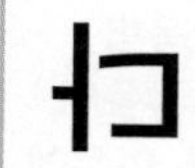

6 다음 퍼즐을 완성하기 위하여 주어진 조각을 움직이려고 합니다. 알맞은 것에 ○표 하세요.

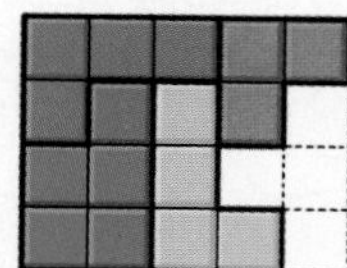
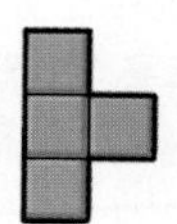

주어진 조각을 (위쪽 , 왼쪽)으로 뒤집거나 시계 방향으로 (90° , 180°)만큼 돌린 다음 밀어서 퍼즐을 완성합니다.

이번 주에는 무엇을 공부할까? ①

풍덩

펑!!

저 말고도
도끼를 빠뜨린
나무꾼이
많다고요?
그래.

도끼를 빠뜨린 횟수

마을	윗마을	아랫마을	옆 마을
횟수(회)	25	20	17

이것이
이번 달에만
마을별
나무꾼들이
도끼를 연못에
빠뜨린 횟수야.

조사한 표를
막대그래프로
나타내어 보면~
막대그래프?

조사한 자료를
막대 모양으로 나타낸
그래프를 '막대그래프'
라고 하죠.

도끼를 빠뜨린 횟수

(회) 25, 20, 15, 10, 5, 0

횟수 / 마을: 윗마을, 아랫마을, 옆 마을

오호~ 막대그래프를
보니 윗마을 나무꾼들이
도끼를 가장 많이
빠뜨렸네.

기분이 좋으니
금도끼 가져라!
아, 아닙니다.
제 도끼는
녹이 슨
쇠도끼입니다.

오~ 아주
착한 나무꾼
이구나!

연못이 비좁아서
쌓여 있는 도끼들을
정리해야 해.
수북

도형의 배열에서
규칙을 찾으면
금도끼, 은도끼를
모두 주마!
첫째
둘째
셋째
넷째
다섯째는
어떤 모양
일까?

첫째
둘째
셋째
넷째
다섯째
가로와 세로가
각각 1개씩 늘어나며
정사각형 모양이 되는
규칙이 있어요.

정답이다.
금도끼, 은도끼
모두 가지거라.
고맙
습니다.

아이고~
너무 무겁지만
난 부자가
됐어.

난 부자야~

난
부자라구!
ㅋㅋㅋ

이번 주에는 무엇을 공부할까? ②

좋아하는 계절별 학생 수

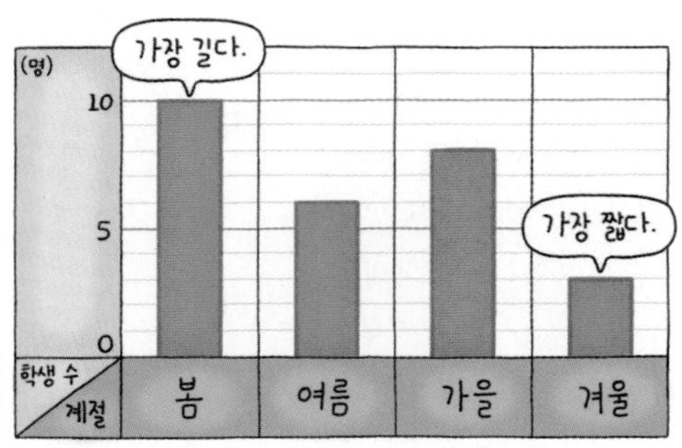

- 막대그래프에서 세로는 학생 수, 가로는 계절을 나타냅니다.
- 막대가 가장 긴 계절
  ➔ 가장 많은 학생이 좋아하는 계절 → 봄
- 막대가 가장 짧은 계절
  ➔ 가장 적은 학생이 좋아하는 계절 → 겨울
- 세로 눈금 1칸이 1명을 나타냅니다.

확인 문제

1-1 다음 막대그래프를 보고 □ 안에 알맞은 말이나 수를 써넣으세요.

장래 희망별 학생 수

(명) 10, 5, 0
학생 수 / 장래 희망: 선생님, 연예인, 과학자, 의사

(1) 막대그래프에서 가로는 □을/를 나타내고, 세로는 □을/를 나타냅니다.

(2) 장래 희망이 선생님인 학생은 □명입니다.

(3) 가장 많은 학생의 장래 희망은 □입니다.

한번 더

1-2 다음 막대그래프를 보고 □ 안에 알맞은 말이나 수를 써넣으세요.

좋아하는 과목별 학생 수

(명) 10, 5, 0
학생 수 / 과목: 국어, 수학, 사회, 과학

(1) 막대그래프에서 가로는 □을/를 나타내고, 세로는 □을/를 나타냅니다.

(2) 사회를 좋아하는 학생은 □명입니다.

(3) 가장 많은 학생이 좋아하는 과목은 □입니다.

▶정답 및 해설 26쪽

101	111	121	131	141
201	211	221	231	241
301	311	321	331	341

$101+211=111+201$
$111+221=121+211$
$121+231=131+221$

↘ 방향에 있는 두 수와 ↙ 방향에 있는 두 수의 합은 같습니다.

가로(→)는 101부터 시작하여 오른쪽으로 10씩 커져요.
세로(↓)는 141부터 시작하여 아래쪽으로 100씩 커져요.

확인 문제

2-1 수 배열표를 보고 □ 안에 알맞은 수를 써넣으세요.

60	62	64	66	68	70
72	74	76	78	80	82
84	86	88	90	92	94

(1) 가로(→)는 60부터 시작하여 오른쪽으로 □씩 커집니다.

(2) $60+74+88=74\times$□

$62+76+90=76\times$□

$64+78+92=78\times$□

한번 더

2-2 수 배열표를 보고 □ 안에 알맞은 수를 써넣으세요.

120	140	160	180
320	340	360	380
520	540	560	580

(1) 세로(↓)는 160부터 시작하여 아래쪽으로 □씩 커집니다.

(2) $120+340=140+$□

$140+360=160+$□

$160+380=180+$□

3-1 다섯째에 알맞은 모양을 그려 보세요.

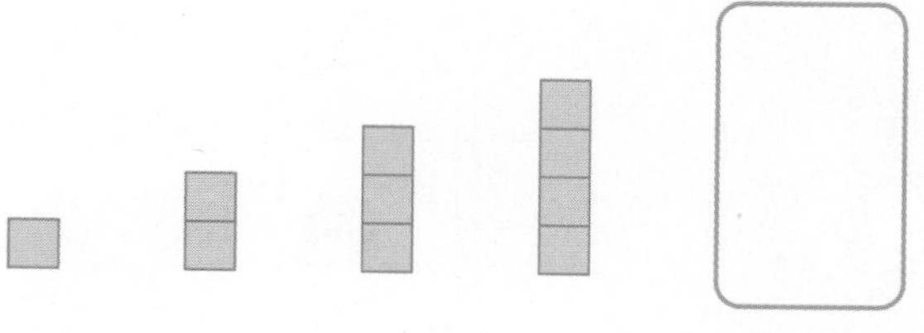

3-2 다섯째에 알맞은 모양을 그려 보세요.

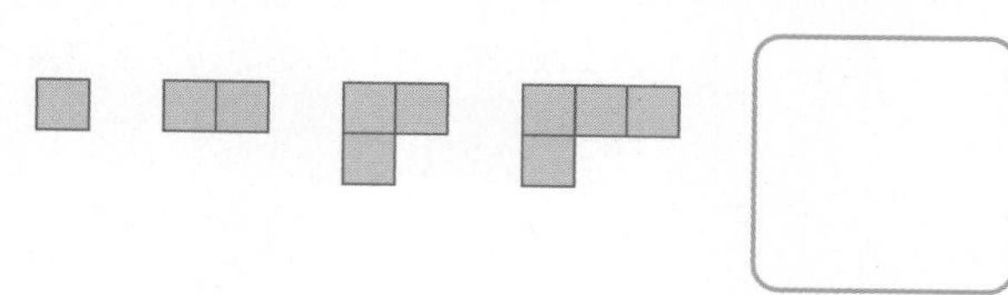

막대그래프 해석하기

1 그래프를 이용하여 이유 알아보기

놀이터의 요일별 방문자 수

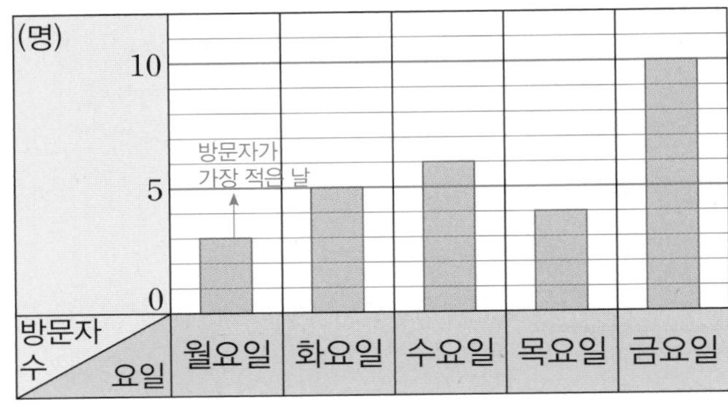

놀이터에 언제 가야 여유롭게 놀 수 있을까요?

➔ 방문자가 가장 적은 날

: 막대가 가장 짧은 날로 월요일입니다.

➔ 이유

: 월요일에 방문자가 가장 적으므로 가장 여유롭게 놀 수 있습니다.

활동 문제 위 막대그래프에 대한 바른 설명을 따라가서 다람쥐의 집을 찾아 주세요.

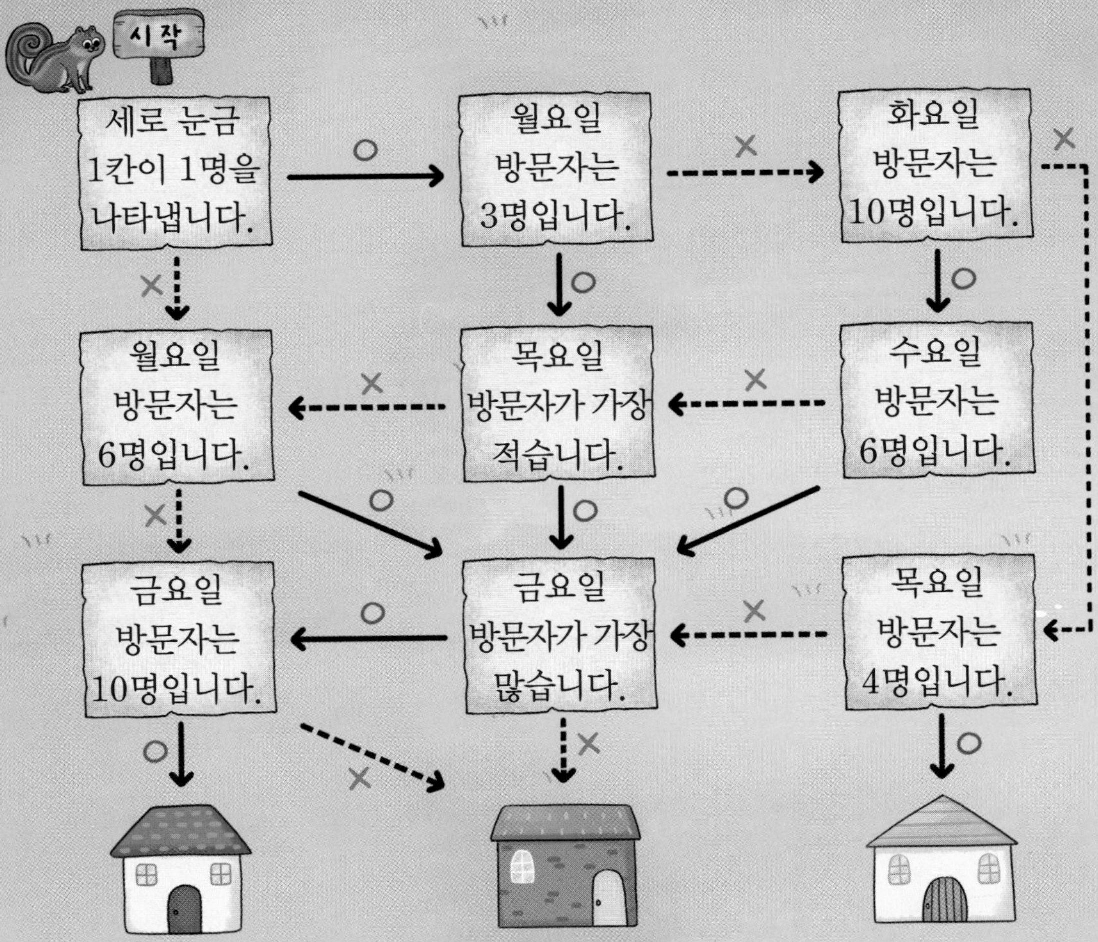

시작

세로 눈금 1칸이 1명을 나타냅니다.

월요일 방문자는 3명입니다.

화요일 방문자는 10명입니다.

월요일 방문자는 6명입니다.

목요일 방문자가 가장 적습니다.

수요일 방문자는 6명입니다.

금요일 방문자는 10명입니다.

금요일 방문자가 가장 많습니다.

목요일 방문자는 4명입니다.

▶ 정답 및 해설 26~27쪽

2 여러 자료의 막대그래프

반별 안경을 쓴 학생 수

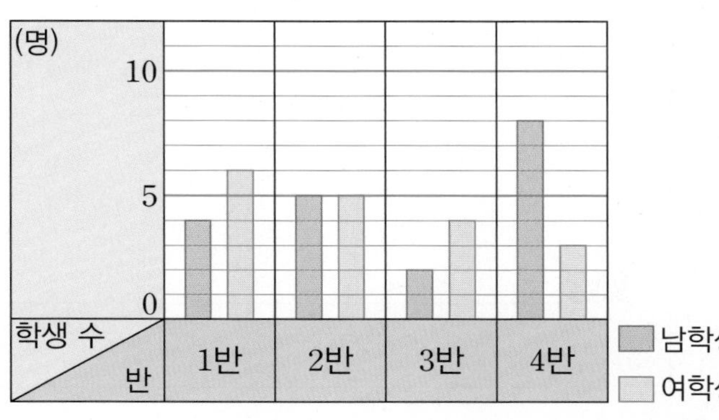

파란색 막대 ➔ 안경을 쓴 남학생 수
빨간색 막대 ➔ 안경을 쓴 여학생 수

예 1반의 안경을 쓴 남학생은 4명이고, 1반의 안경을 쓴 여학생은 6명입니다.
1반의 안경을 쓴 학생은 모두 $4+6=10$(명)입니다.

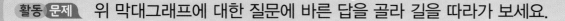

활동 문제 위 막대그래프에 대한 질문에 바른 답을 골라 길을 따라가 보세요.

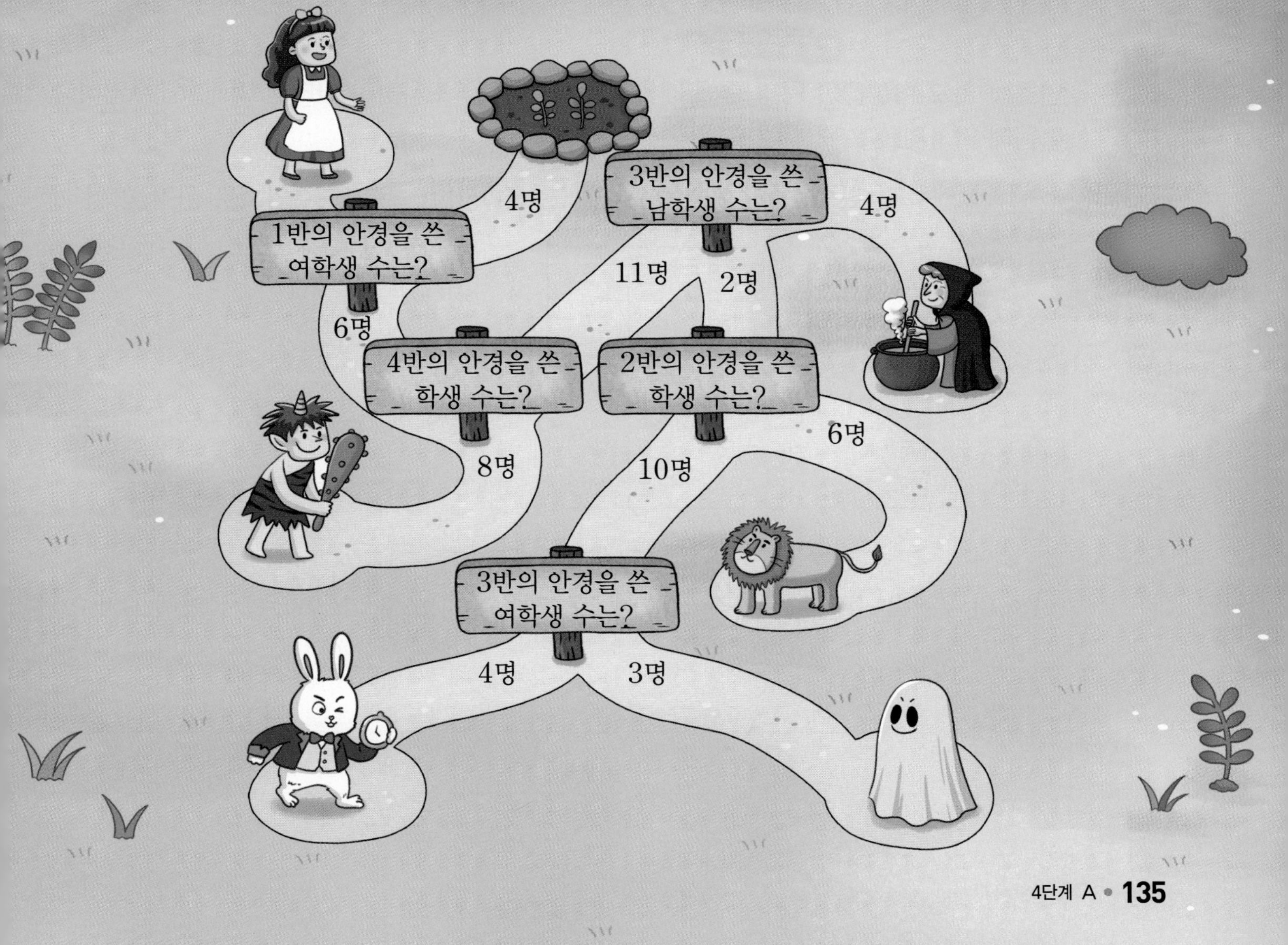

1반의 안경을 쓴 여학생 수는?
4명
6명

3반의 안경을 쓴 남학생 수는?
4명
11명
2명

4반의 안경을 쓴 학생 수는?
8명

2반의 안경을 쓴 학생 수는?
10명
6명

3반의 안경을 쓴 여학생 수는?
4명
3명

1일 서술형 길잡이

1-1 강희네 반 학생들이 좋아하는 음식을 조사하여 나타낸 막대그래프입니다. 간식으로 어떤 음식을 준비하면 좋을지 쓰고, 그 이유를 설명해 보세요.

좋아하는 음식별 학생 수

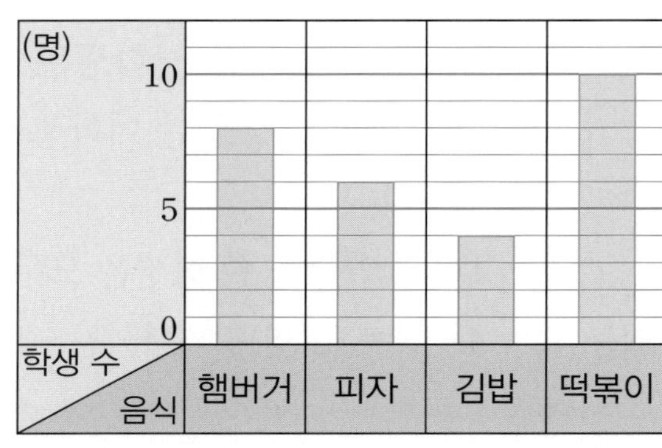

( )

이유

가장 많은 학생들이 좋아하는 음식을 간식으로 준비하는 것이 좋을 것 같습니다.

1-2 민호네 학교 학생들이 방과 후에 배우고 싶은 운동을 조사하여 나타낸 막대그래프입니다. 물음에 답하세요.

배우고 싶은 운동별 학생 수

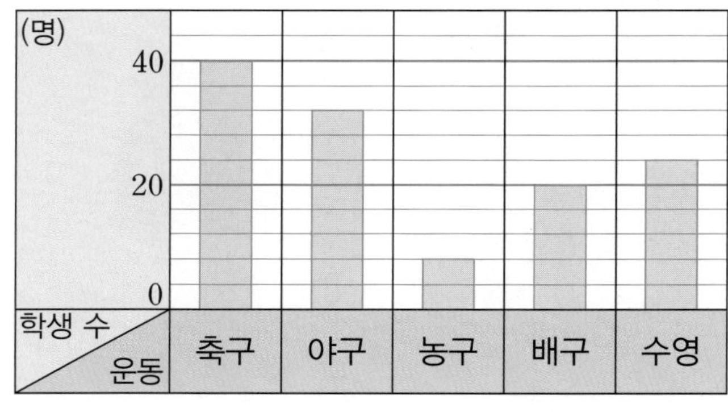

(1) 어떤 운동을 수업으로 가장 많이 개설하면 좋을지 쓰고, 그 이유를 설명해 보세요.

( )

이유

(2) 어떤 운동을 수업으로 가장 적게 개설하면 좋을지 쓰고, 그 이유를 설명해 보세요.

( )

이유

▶정답 및 해설 27쪽

2-1 호재네 학교 4학년에서 반별로 그리기 대회에 참가한 남학생 수와 여학생 수를 나타낸 막대그래프입니다. 4반에서 그리기 대회에 참가한 여학생은 몇 명인지 구해 보세요.

반별로 그리기 대회에 참가한 학생 수

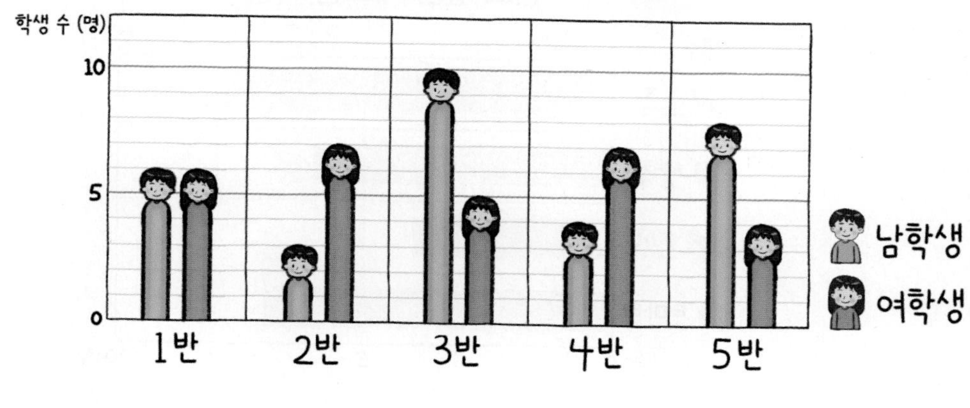

(　　　　　　　　　　)

- 구하려는 것: 4반에서 그리기 대회에 참가한 여학생 수
- 주어진 조건: 반별로 그리기 대회에 참가한 남학생 수와 여학생 수를 나타낸 막대그래프
- 해결 전략: 4반에서 여학생 수를 나타내는 막대의 학생 수를 구합니다.

✎ 구하려는 것(〰〰)과 주어진 조건(——)에 표시해 봅니다.

2-2 규민이와 한울이의 과목별 시험 점수를 나타낸 막대그래프입니다. 물음에 답하세요.

과목별 시험 점수

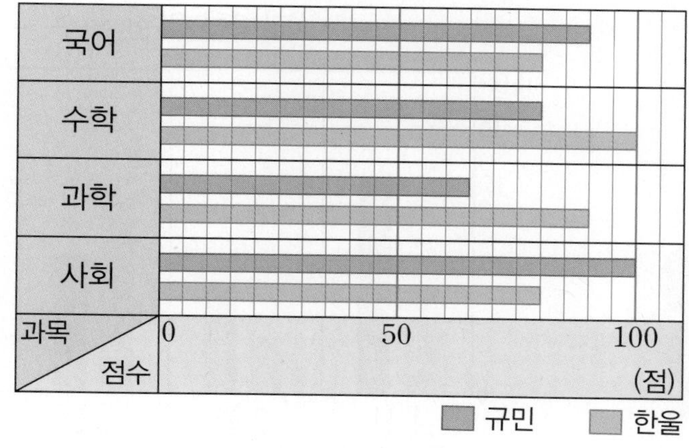

해결 전략

규민이의 시험 점수는 보라색 막대이고, 한울이의 시험 점수는 파란색 막대입니다.

(1) 규민이의 수학 시험 점수는 몇 점일까요? (　　　　　　　　　　)

(2) 규민이와 한울이의 사회 시험 점수의 차는 몇 점일까요? (　　　　　　　　　　)

사고력 • 코딩

1 추론

승규네 반 학생들이 심고 싶은 채소를 조사하여 나타낸 막대그래프입니다. 승규네 반 학생들이 채소 한 가지를 심는다면 어떤 채소를 심는 것이 가장 좋을지 쓰고, 그 이유를 설명해 보세요.

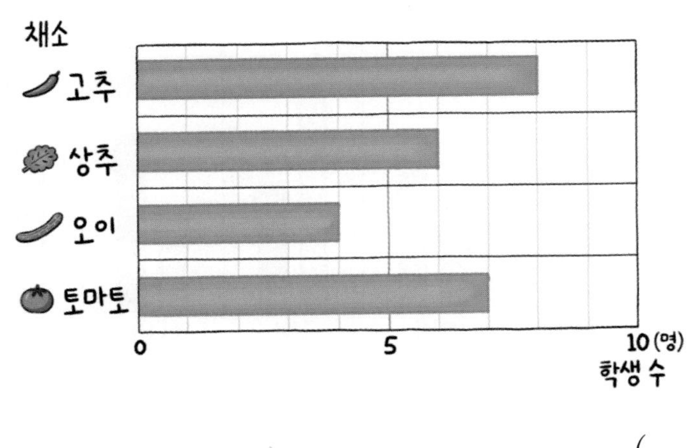

(   )

이유 ____

____

2 문제 해결

재희와 승현이가 과녁 맞히기 놀이를 한 결과를 정리하여 나타낸 막대그래프입니다. 재희와 승현이가 과녁을 맞힌 횟수의 차를 구해 보세요.

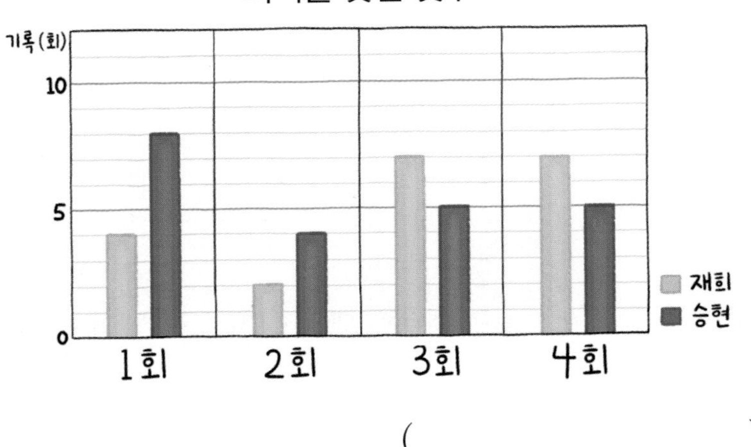

(   )

▶정답 및 해설 27쪽

세민이네 학교 4학년 반별로 읽은 책의 수를 조사하여 나타낸 막대그래프입니다. 4반 학생들이 읽은 책이 10권이라면 2반 학생들이 읽은 책은 몇 권인지 써 보세요.

반별로 읽은 책의 수

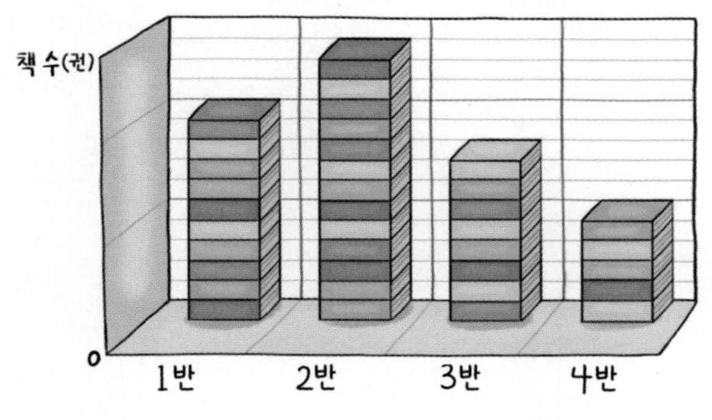

( )

제20회 토리노 동계올림픽부터 제23회 평창 동계올림픽까지 우리나라가 획득한 메달 수를 조사하여 나타낸 막대그래프입니다. 막대그래프를 보고 표로 나타내어 보세요.

동계 올림픽에서 우리나라가 획득한 메달 수

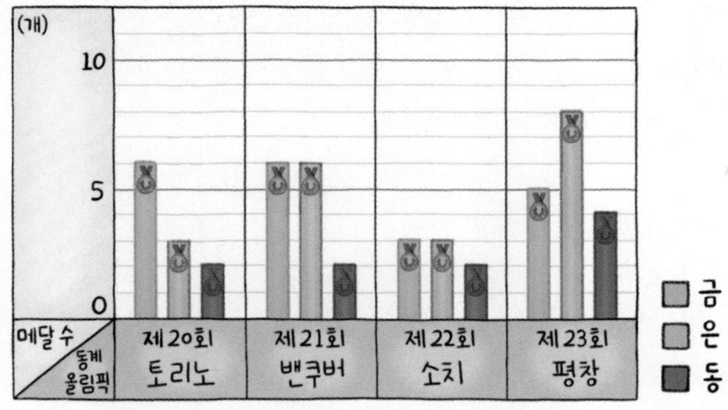

동계올림픽	제20회 토리노	제21회 밴쿠버	제22회 소치	제23회 평창
메달 수(개)				

2일 개념·원리 길잡이 막대그래프 완성하기

1 찢어진 막대그래프 완성하기

사회를 좋아하는 학생은 수학을 좋아하는 학생보다 1명 더 많습니다.

수학을 좋아하는 학생 수: 5명
➔ 사회를 좋아하는 학생 수: 5+1=6(명)

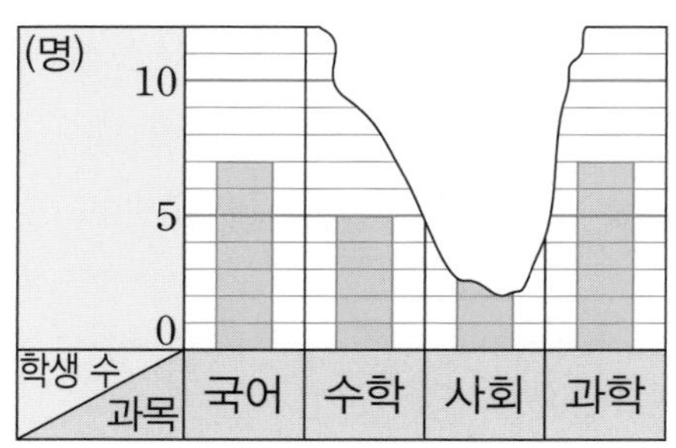

➔

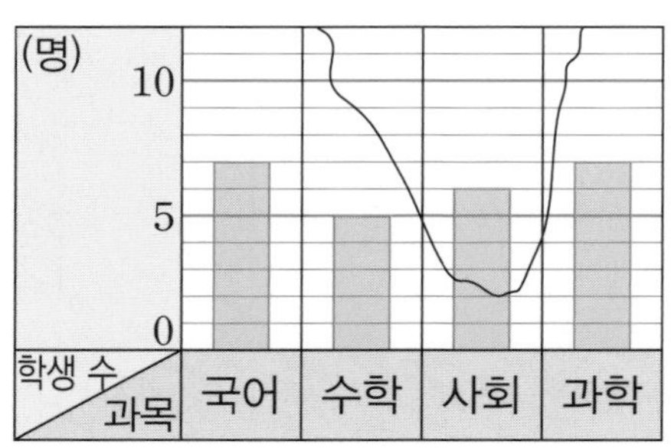

활동 문제 위의 왼쪽의 막대그래프를 보고 □ 안에 알맞은 수를 써넣으세요.

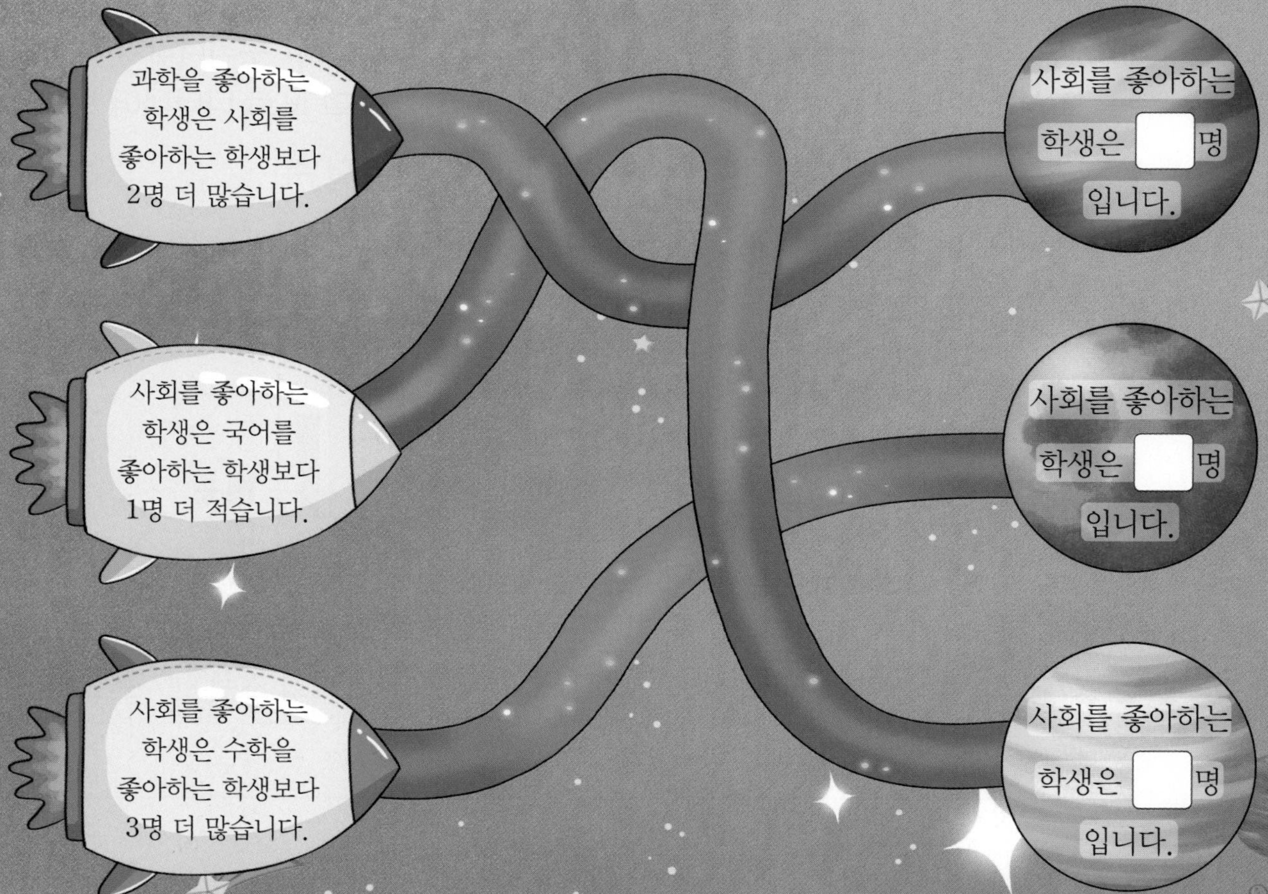

과학을 좋아하는 학생은 사회를 좋아하는 학생보다 2명 더 많습니다.

사회를 좋아하는 학생은 국어를 좋아하는 학생보다 1명 더 적습니다.

사회를 좋아하는 학생은 수학을 좋아하는 학생보다 3명 더 많습니다.

사회를 좋아하는 학생은 □ 명입니다.

사회를 좋아하는 학생은 □ 명입니다.

사회를 좋아하는 학생은 □ 명입니다.

▶정답 및 해설 27쪽

2 빈 곳이 있는 막대그래프 완성하기

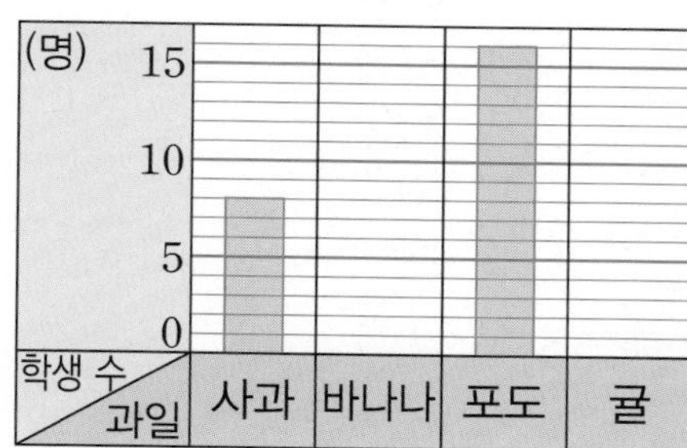

44명의 학생들이 좋아하는 과일을 조사하여 나타낸 막대그래프입니다. 귤을 좋아하는 학생은 바나나를 좋아하는 학생보다 4명 더 많습니다.

(바나나)+(귤)=44−8−16=20(명) (8: 사과, 16: 포도)

(바나나)+(귤)=(바나나)+(바나나)+4=20,

(바나나)=8명, (귤)=8+4=12(명)

활동 문제 설명을 보고 막대그래프를 완성해 보세요.

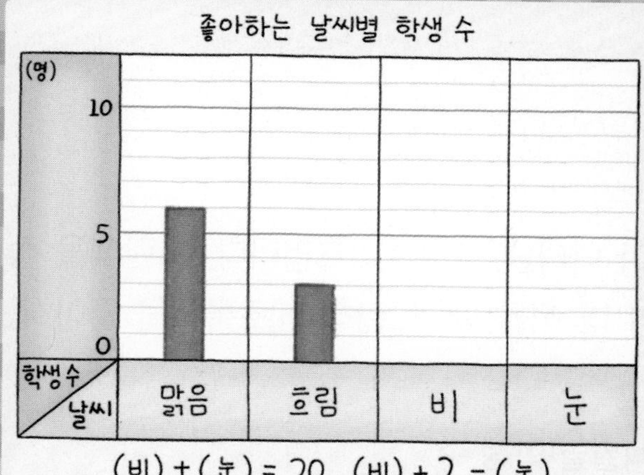

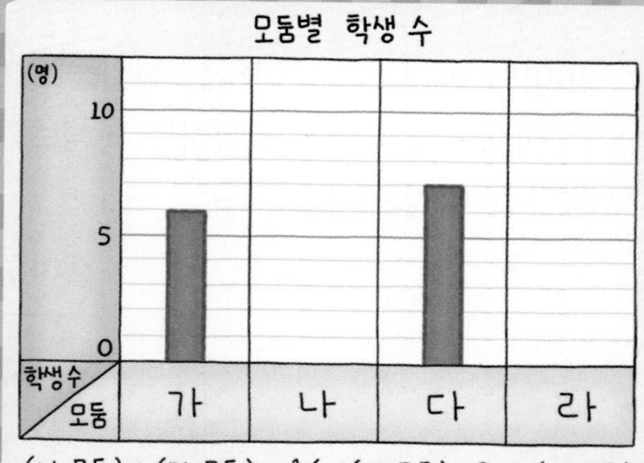

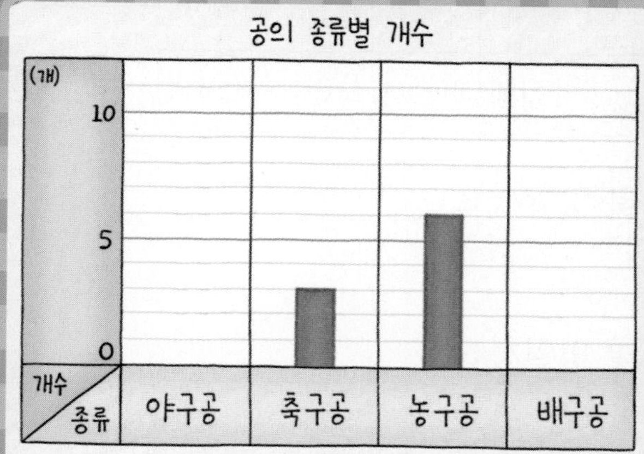

1-1 30명의 학생들이 좋아하는 계절을 조사하여 나타낸 막대그래프입니다. 봄을 좋아하는 학생이 가을을 좋아하는 학생보다 5명 더 많을 때, 봄과 가을을 좋아하는 학생 수를 각각 구해 보세요.

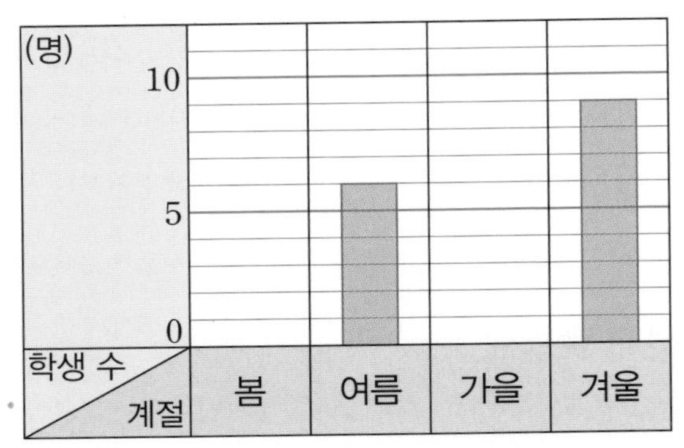

봄 (　　　　　　)

가을 (　　　　　　)

(봄)+(여름)+(가을)+(겨울)=30명, (봄)=(가을)+5

1-2 40명의 학생들이 좋아하는 색깔을 조사하여 나타낸 막대그래프입니다. 노란색을 좋아하는 학생이 초록색을 좋아하는 학생보다 6명 더 적을 때, 노란색과 초록색을 좋아하는 학생 수를 각각 구해 보세요.

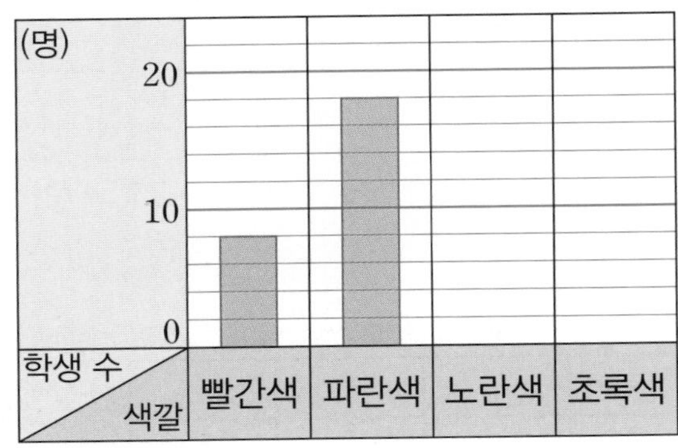

(1) 초록색을 좋아하는 학생은 몇 명일까요?

(　　　　　　)

(2) 노란색을 좋아하는 학생은 몇 명일까요?

(　　　　　　)

▶정답 및 해설 28쪽

2-1 해민이네 반 학생들의 혈액형을 조사하여 나타낸 막대그래프가 찢어졌습니다. A형인 학생은 B형인 학생의 2배일 때 찢어지기 전 막대그래프를 오른쪽에 완성해 보세요.

혈액형별 학생 수

(명) 10 5 0

학생 수 / 혈액형 | A형 | B형 | O형 | AB형

➔

혈액형별 학생 수

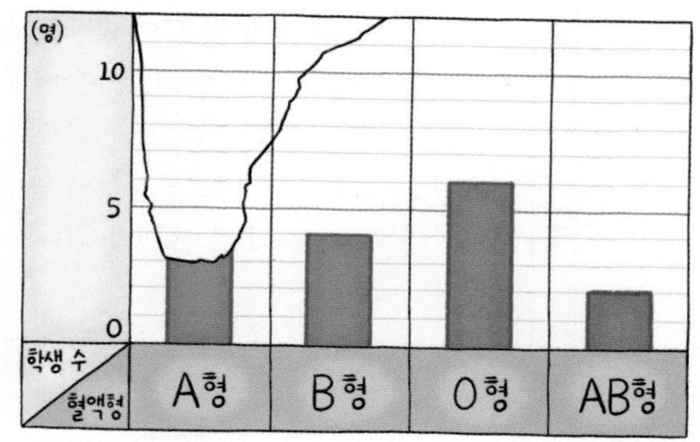

- 구하려는 것: A형인 학생 수를 나타낸 막대
- 주어진 조건: 혈액형별 학생 수를 나타낸 찢어진 막대그래프, A형인 학생이 B형인 학생의 2배
- 해결 전략: ❶ 막대그래프에서 B형인 학생 수 알아보기 ➔ ❷ A형인 학생 수 구하기 ➔ ❸ 막대 완성하기

✎ 구하려는 것(〰)과 주어진 조건(——)에 표시해 봅니다.

2-2 준우네 반 학생들이 좋아하는 동물을 조사하여 나타낸 막대그래프가 찢어졌습니다. 개를 좋아하는 학생은 코끼리를 좋아하는 학생의 2배일 때, 찢어지기 전 막대그래프를 오른쪽에 완성해 보세요.

좋아하는 동물별 학생 수

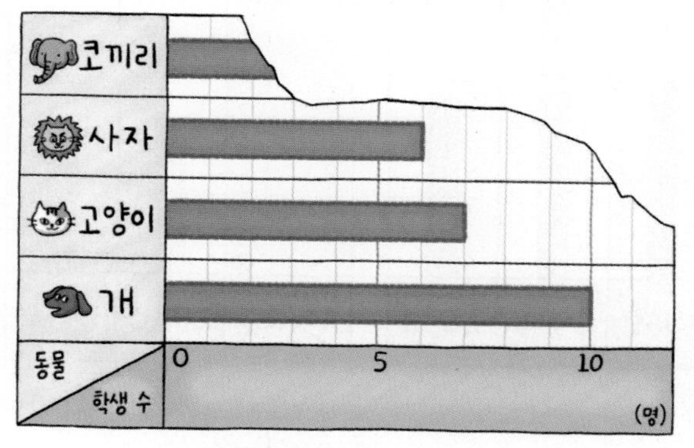

➔

좋아하는 동물별 학생 수

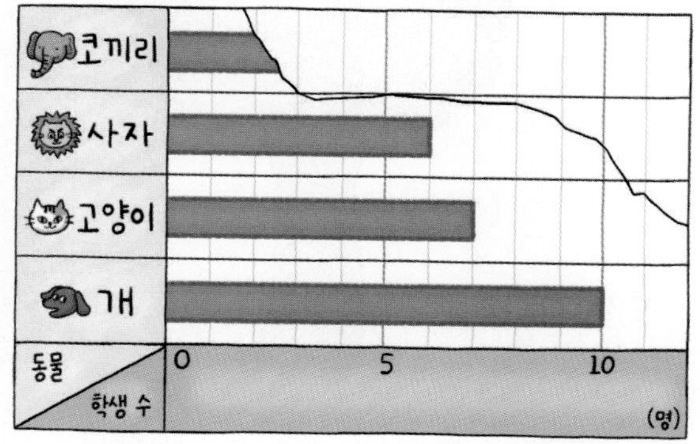

해결 전략

❶ 막대그래프에서 개를 좋아하는 학생 수 알아보기
❷ 코끼리를 좋아하는 학생 수 구하기
❸ 막대 완성하기

2일 사고력 • 코딩

1 창의 · 융합

신문 기사와 관련된 막대그래프에 얼룩이 묻었습니다. 브라질의 월드컵 우승 횟수는 몇 번인지 구해 보세요.

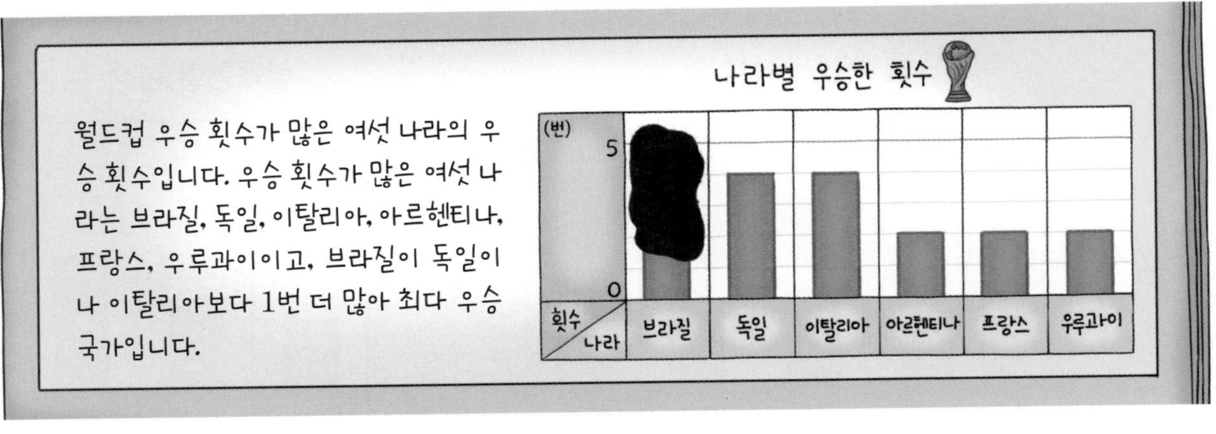

월드컵 우승 횟수가 많은 여섯 나라의 우승 횟수입니다. 우승 횟수가 많은 여섯 나라는 브라질, 독일, 이탈리아, 아르헨티나, 프랑스, 우루과이이고, 브라질이 독일이나 이탈리아보다 1번 더 많아 최다 우승 국가입니다.

(　　　　　　　　)

2 문제 해결

A 마을과 B 마을의 사과 생산량을 조사하여 나타낸 막대그래프입니다. 두 마을의 사과 생산량이 각각 가장 많은 해의 사과 생산량의 차는 몇 kg인지 구해 보세요.

A 마을

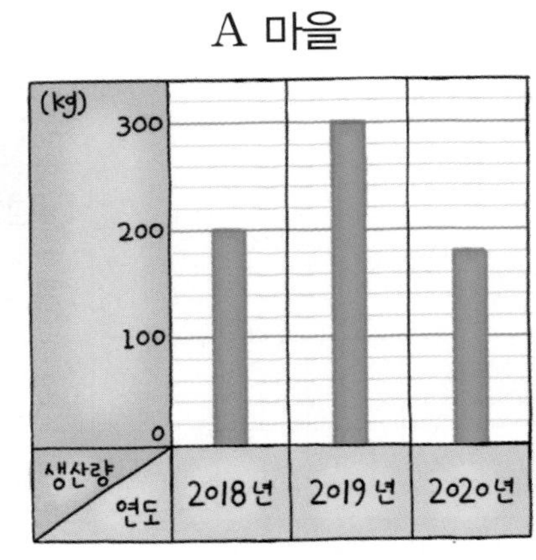

B 마을

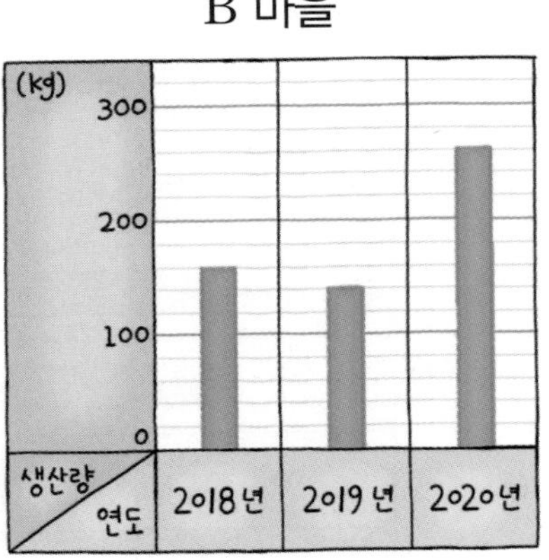

(　　　　　　　　)

▶정답 및 해설 28쪽

대우네 반 학생들이 좋아하는 꽃을 조사하여 나타낸 표와 막대그래프입니다. 구멍난 부분을 알맞게 채워 보세요.

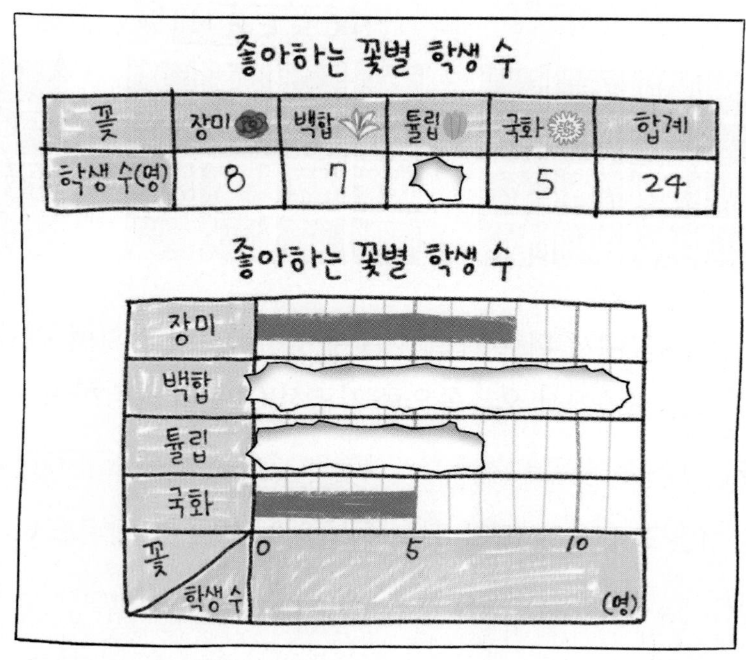

민수네 반 학생 23명이 좋아하는 과목을 조사하여 나타낸 막대그래프입니다. 수학을 좋아하는 학생은 사회를 좋아하는 학생보다 3명 더 적습니다. 좋아하는 학생이 가장 많은 과목과 가장 적은 과목의 학생 수의 차는 몇 명인지 구해 보세요.

좋아하는 과목별 학생 수

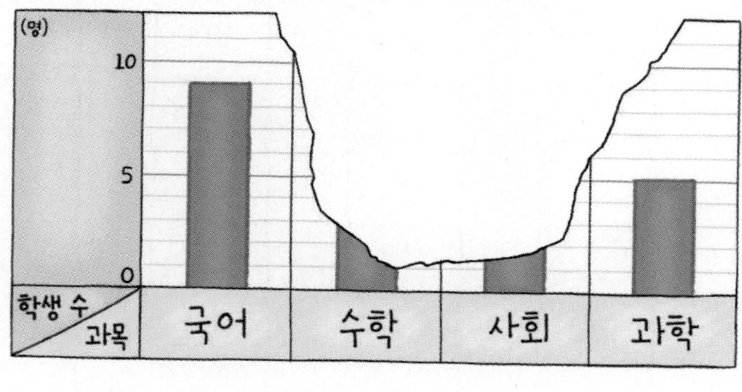

( )

실생활에서 수의 배열의 규칙

1 영화관 좌석 번호의 규칙

- 좌석 번호는 앞에서 뒤로 가면서 A에서 시작하여 알파벳 순서대로 바뀝니다.
- 좌석 번호는 왼쪽에서 오른쪽으로 가면서 01부터 시작하여 1씩 커집니다.

활동 문제 좌석 번호의 규칙에 따라 좌석 등받이에 번호를 써넣으세요.

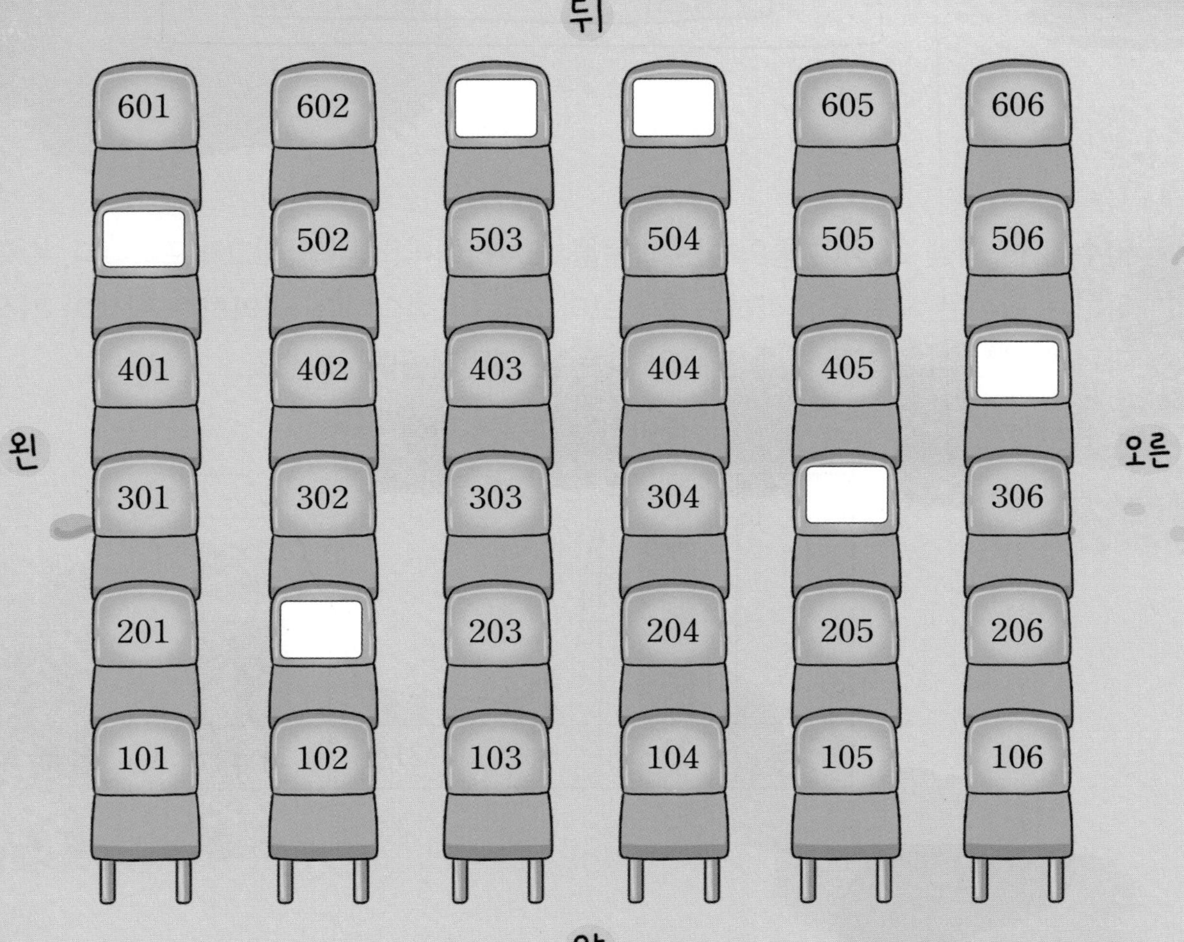

▶정답 및 해설 29쪽

2 참가 번호의 규칙 알아보기

참가 번호는 2234부터 오른쪽으로 갈수록 110씩 커지는 규칙입니다.
가장 오른쪽 학생의 참가 번호는 $2674+110=2784$입니다.

활동 문제 선이 그어진 수의 규칙대로 나머지 수를 찾아 선을 그어 보세요.

시작

2	3	7	18	20
4	6	10	14	25
9	8	12	64	128
15	16	32	60	80
43	30	92	100	105

3일 서술형 길잡이

1-1 수 배열의 규칙을 설명하고 빈 곳에 알맞은 수를 써넣으세요.

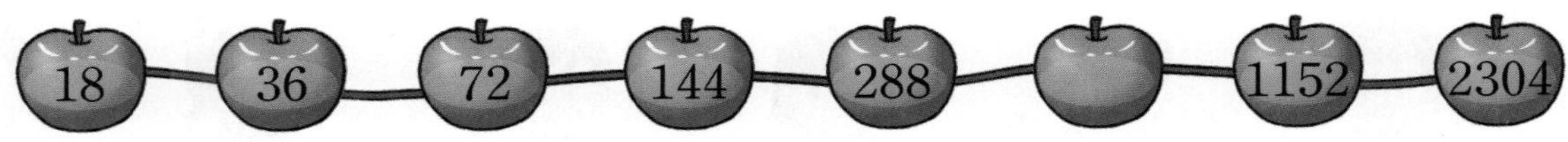

규칙 ☐부터 시작하여 ☐씩 (더한 , 곱한) 수가 오른쪽에 쓰입니다.

수가 커지면 덧셈 또는 곱셈을 이용하고, 수가 작아지면 뺄셈 또는 나눗셈을 이용하여 규칙을 찾아봅니다.
18 < 36 < 72 < 144이므로 수가 커집니다.

1-2 수 배열의 규칙을 설명하고 빈 곳에 알맞은 수를 써넣으세요.

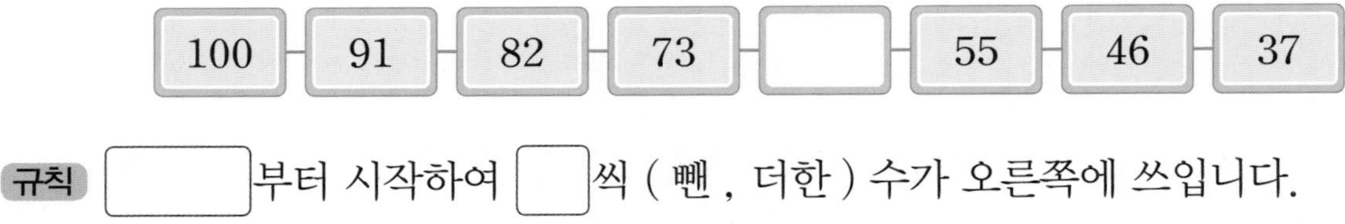

규칙 ☐부터 시작하여 ☐씩 (뺀 , 더한) 수가 오른쪽에 쓰입니다.

1-3 수 배열의 규칙을 설명하고 빈 곳에 알맞은 수를 써넣으세요.

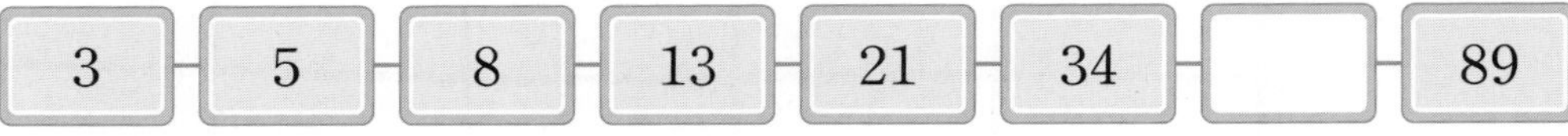

규칙 바로 왼쪽 두 수의 (합 , 차 , 곱)이 오른쪽에 쓰입니다.

▶정답 및 해설 29쪽

2-1 도서관에 있는 사물함입니다. 승현이의 사물함은 위에서 두 번째, 오른쪽에서 세 번째에 있습니다. 사물함 번호의 규칙을 찾아 승현이의 사물함 번호를 구해 보세요.

110	120	130	140	150	160	170	180
190	200	210					
270	280	290					

( )

- 구하려는 것: 승현이의 사물함 번호
- 주어진 조건: 사물함 일부분의 번호
- 해결 전략: ↓ 방향으로 사물함 번호가 어떻게 변하는지 알아봅니다.
  가장 윗줄 오른쪽에서 세 번째 사물함에서 ↓ 방향의 규칙을 이용하여 바로 아랫줄 사물함 번호를 구합니다.

✎ 구하려는 것(〰〰)과 주어진 조건(———)에 표시해 봅니다.

2-2 수 배열표입니다. 수 배열표에서 위에서 네 번째, 왼쪽에서 네 번째 칸에 알맞은 수를 구해 보세요.

411	422	433	444	455	466
511	522	533	544	555	566
611	622				666
					766
					866

해결 전략

↓ 방향이나 → 방향으로 수가 어떻게 변하는지 알아봅니다.

( )

3일 사고력 • 코딩

1 추론

수 배열의 규칙에 따라 빈 곳에 알맞은 수를 써넣으세요.

2 창의 · 융합

파스칼의 삼각형이란 자연수를 삼각형 모양으로 배열한 것을 말합니다. 수 배열의 규칙을 찾아 빈 곳에 알맞은 수를 써넣으세요.

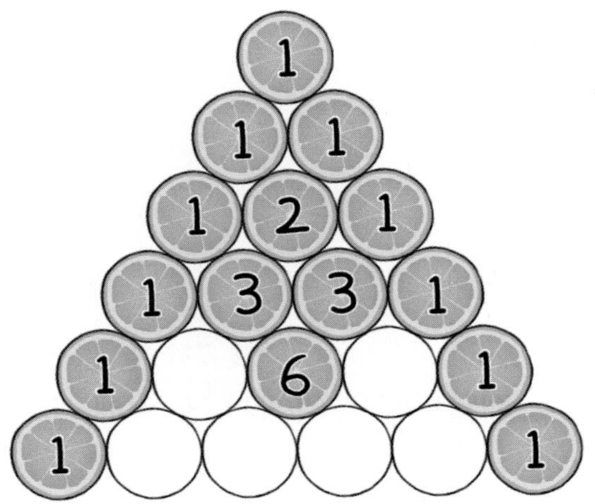

3 추론

규칙적인 수의 배열에서 ■, ●에 알맞은 수를 각각 구해 보세요.

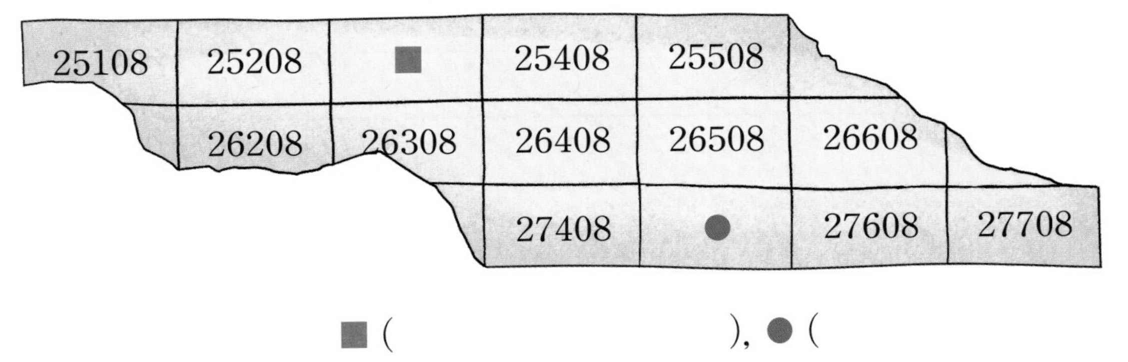

■ ( ), ● ( )

▶정답 및 해설 29쪽

4 추론

공연장 의자 뒷면에 좌석 번호가 붙어 있습니다. 선주의 자리의 좌석 번호를 구해 보세요.

(　　　　　　)열 (　　　　　　)

5 코딩

다음 흐름에 따라 □ 안에 알맞은 수를 써넣고 출력된 값은 얼마인지 구해 보세요.

(10) ○를 그리고 10을 쓴 후 시작합니다.

↓

(10)-(31) 오른쪽에 ○를 하나 더 그리고 10에 □만큼 더한 수를 써넣습니다.

↓

(10)-(31)-(52) 오른쪽에 ○를 하나 더 그리고 31에 □만큼 더한 수를 써넣습니다.

↓

⋮

(10)-(31)-(52)-( )-( ) 마지막 ○의 수를 출력합니다.

(　　　　　　)

1 ■째 도형의 모양 알아보기

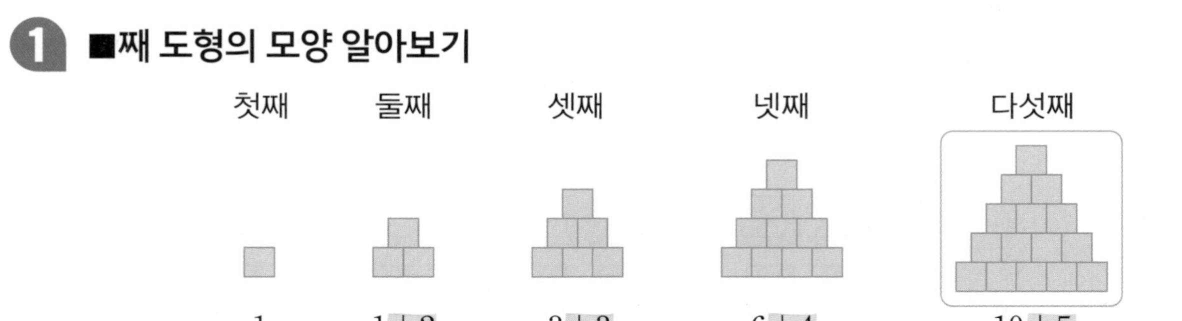

개수가 1개에서 시작하여 2개, 3개, 4개…… 늘어납니다.

다섯째 도형의 모양은 넷째 도형의 모양에서 아래쪽에 5개가 늘어난 모양입니다.

활동 문제 포장지에 붙임딱지를 붙이고 있습니다. 규칙대로 마지막에 붙일 붙임딱지의 모양을 그려 보세요.

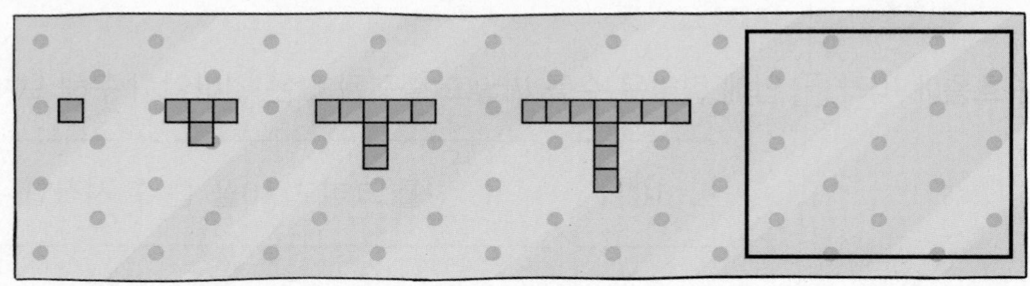

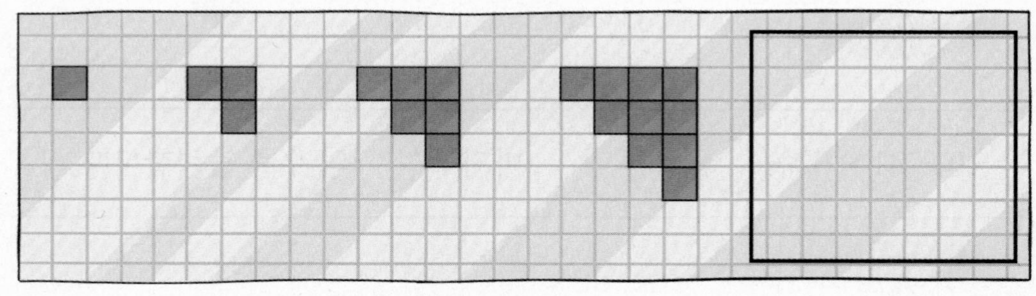

▶정답 및 해설 29쪽

2 바둑돌로 만든 모양의 규칙 알아보기

첫째 둘째 셋째 넷째

바둑돌의 수가 4개, 8개, 12개……로 4개씩 늘어납니다.
넷째에 알맞은 모양은 각 변의 바둑돌이 5개씩 놓이는 정사각형 모양이고,
바둑돌의 수는 12+4=16(개)입니다.

활동 문제 붙임딱지를 붙이고 있습니다. 규칙대로 마지막에 붙일 붙임딱지의 모양을 그려 보세요.

 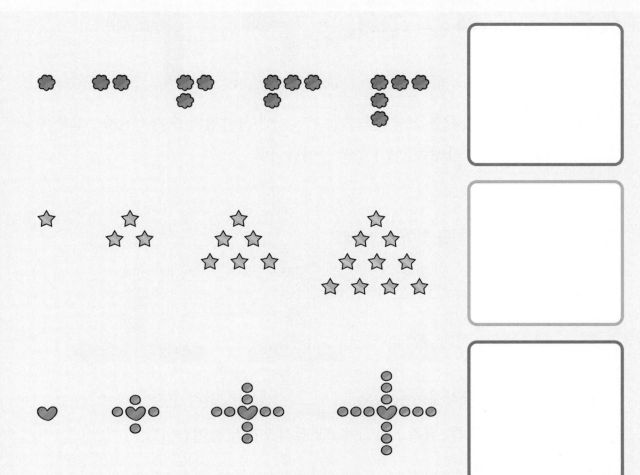

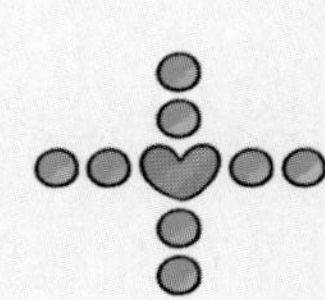
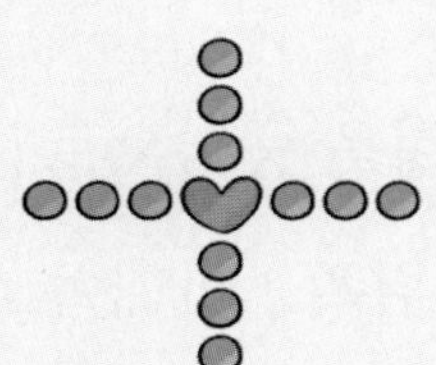

1-1 도형의 배열에서 규칙을 찾아 써 보세요.

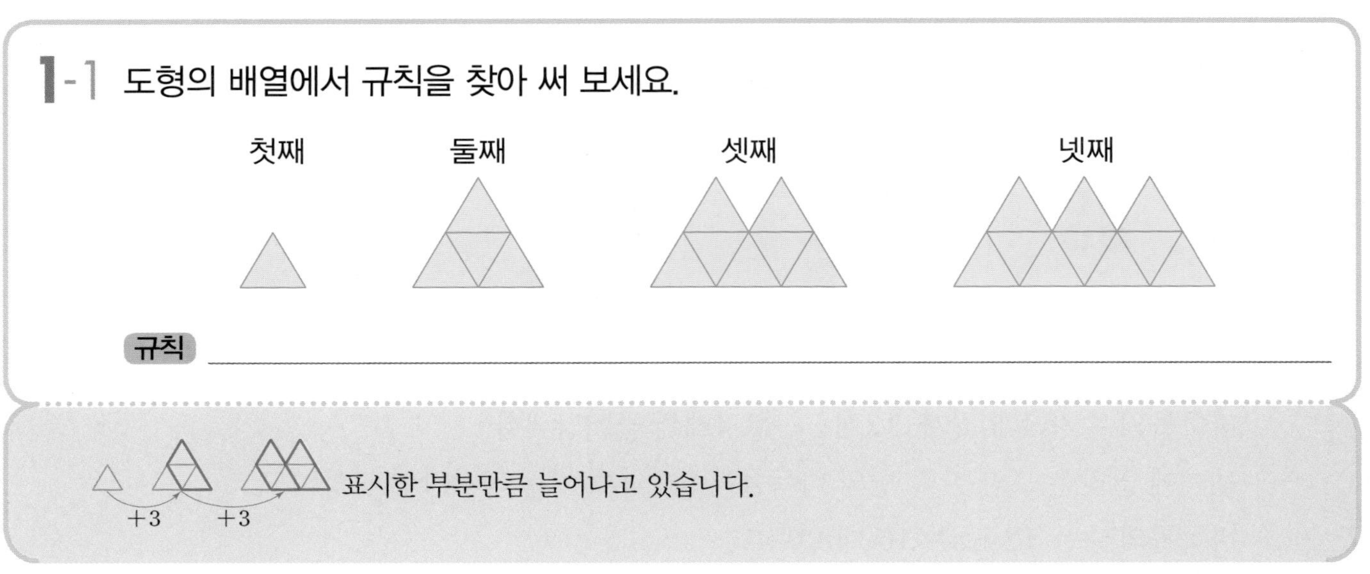

규칙 ______________________________

△ 표시한 부분만큼 늘어나고 있습니다.

1-2 도형의 배열에서 규칙을 찾아 써 보세요.

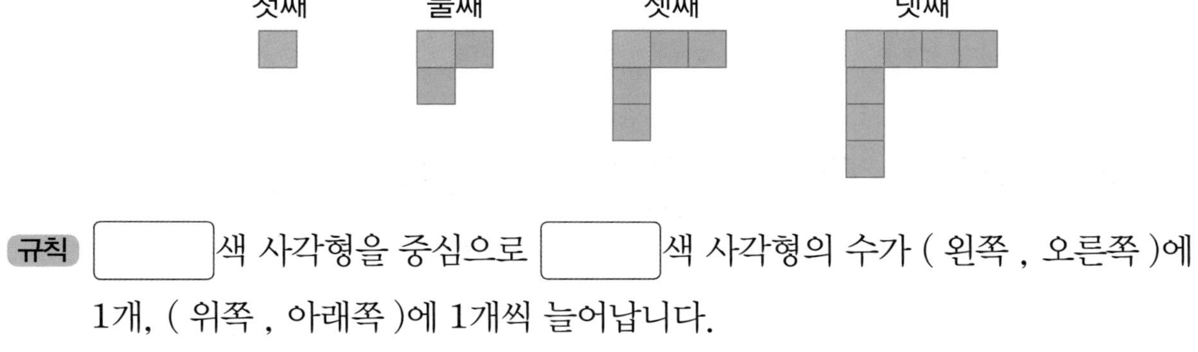

규칙 ☐색 사각형을 중심으로 ☐색 사각형의 수가 (왼쪽 , 오른쪽)에 1개, (위쪽 , 아래쪽)에 1개씩 늘어납니다.

1-3 도형의 배열에서 규칙을 찾아 써 보세요.

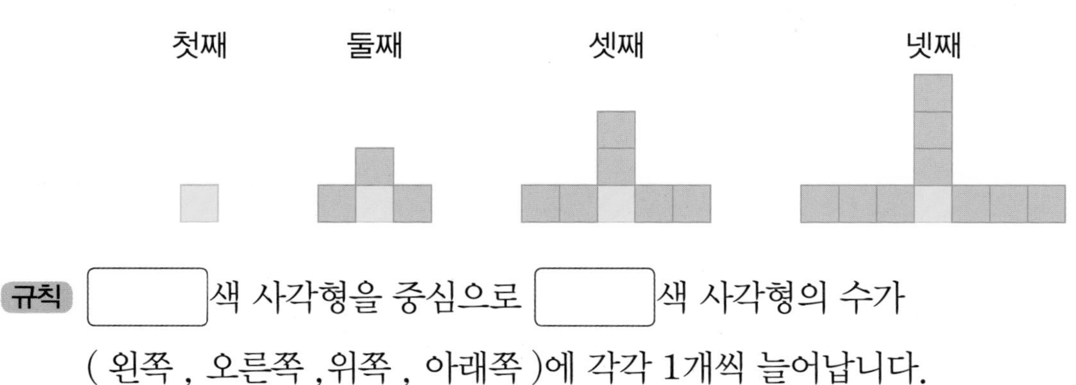

규칙 ☐색 사각형을 중심으로 ☐색 사각형의 수가 (왼쪽 , 오른쪽 ,위쪽 , 아래쪽)에 각각 1개씩 늘어납니다.

▶정답 및 해설 30쪽

2-1 성환이는 규칙에 따라 바둑돌을 놓아 모양을 만들고 있습니다. 다섯째에 알맞은 모양을 그려 보세요.

첫째 둘째 셋째 넷째 다섯째

- 구하려는 것: 다섯째에 알맞은 바둑돌의 모양
- 주어진 조건: 첫째, 둘째, 셋째, 넷째로 놓은 바둑돌의 모양
- 해결 전략: 순서에 따라 바둑돌이 놓이는 규칙을 알아봅니다.
  바둑돌이 1개에서 시작하여 2개, 3개, 4개⋯⋯ 늘어납니다.

✎ 구하려는 것(〰)과 주어진 조건(——)에 표시해 봅니다.

2-2 지영이는 규칙에 따라 바둑돌을 놓아 모양을 만들고 있습니다. 다섯째에 알맞은 모양을 그려 보세요.

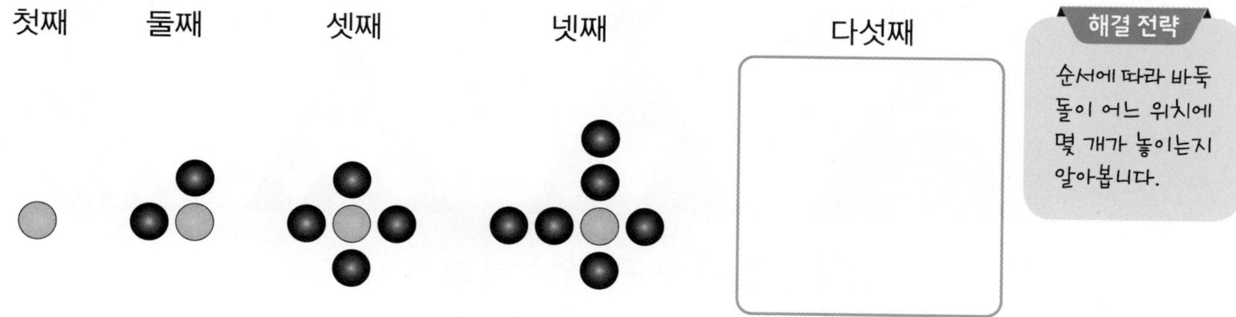

2-3 규칙에 따라 바둑돌을 놓아 모양을 만들고 있습니다. 다섯째에 알맞은 모양을 그려 보세요.

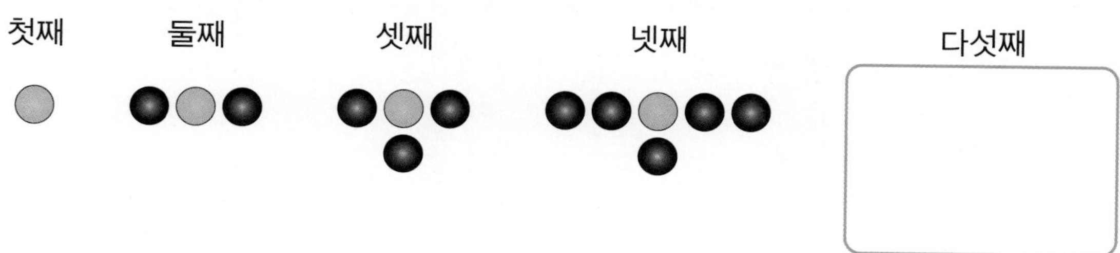

4일 사고력 · 코딩

지유는 다음과 같은 규칙으로 바둑돌을 놓았습니다. 다섯째에 알맞은 모양을 그리고 바둑돌의 수를 써 보세요.

첫째 둘째 셋째 넷째 다섯째

( )

시어핀스키 삼각형은 세 변의 길이가 같은 삼각형의 각 변의 중심을 이어서 같은 크기의 삼각형 4개로 나누었을 때 그중 가운데 삼각형을 잘라 버리는 과정을 반복하여 만든 도형입니다. 시어핀스키 삼각형의 배열을 보고 물음에 답하세요.

첫째

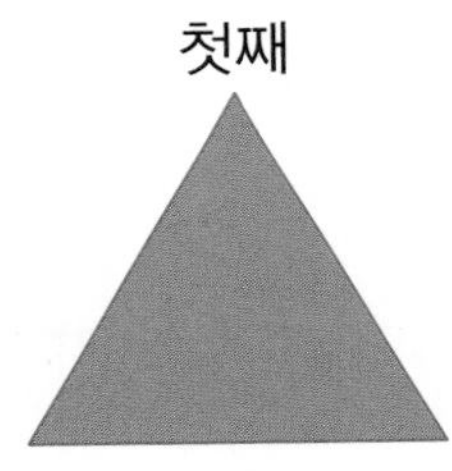

둘째

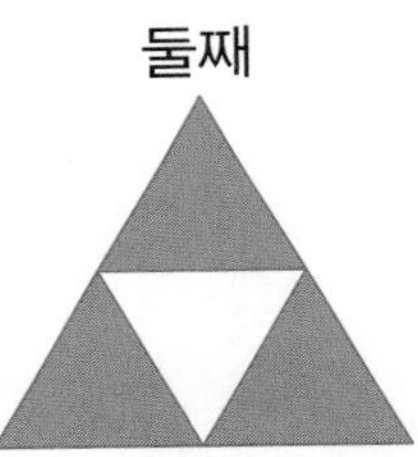

셋째

넷째

(1) 빨간색 삼각형의 수를 세어 표를 완성해 보세요.

순서	첫째	둘째	셋째	넷째
빨간색 삼각형의 수(개)	1			

(2) 빨간색 삼각형의 수의 규칙을 써 보세요.

규칙 ____________________

▶정답 및 해설 30쪽

정사각형 모양의 색종이를 이어 붙여 다음과 같이 배열하였습니다. 색깔별 규칙을 써 보세요.

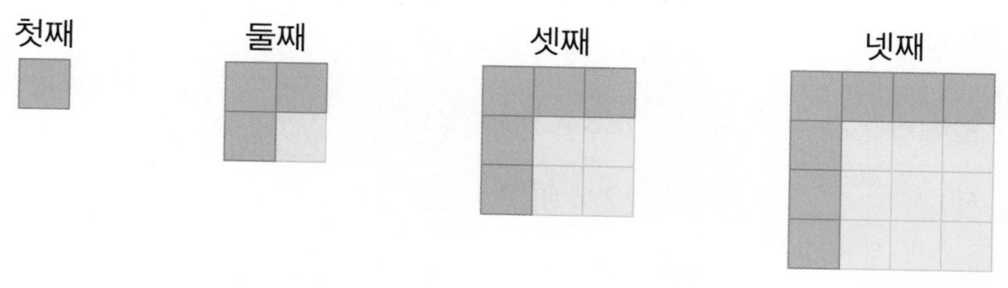

[초록색 모양 규칙] ______

[노란색 모양 규칙] ______

4 코딩

첫째 도형에서 코드를 한 번 실행할 때마다 나오는 다음 도형의 배열을 표시한 것입니다. 물음에 답하세요.

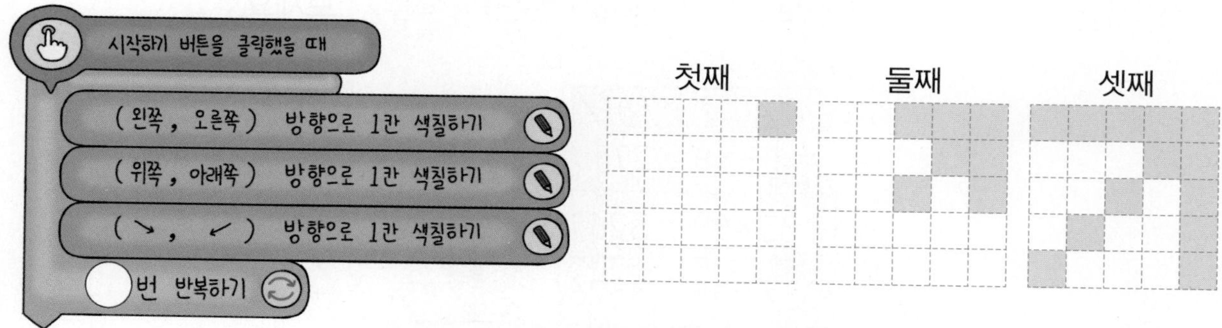

(1) 코드에서 알맞은 것에 ○표 하고, ○ 안에 알맞은 수를 써넣으세요.

(2) 코드를 한 번 더 실행했을 때 나오는 넷째 도형을 그려 보세요.

1 신비한 숫자 9의 곱셈식

첫째	$2\times9=18$
둘째	$22\times99=\underbrace{2}_{1개}1\underbrace{7}_{1개}8$
셋째	$222\times999=\underbrace{22}_{2개}1\underbrace{77}_{2개}8$
넷째	$2222\times9999=\underbrace{222}_{3개}1\underbrace{777}_{3개}8$
다섯째	$22222\times99999=\underbrace{2222}_{4개}1\underbrace{7777}_{4개}8$

같은 숫자가 어떻게 반복되는지 알아봐.

곱해지는 수의 2와 곱하는 수의 9가 하나씩 늘어날 때마다
곱의 1 앞에는 2가, 8 앞에는 7이 하나씩 늘어납니다.

➔ 여섯째 곱셈식: $222222\times999999=\underbrace{22222}_{5개}1\underbrace{77777}_{5개}8$

활동 문제 곱셈식의 배열을 보고 □ 안에 알맞은 곱셈식을 써 보세요.

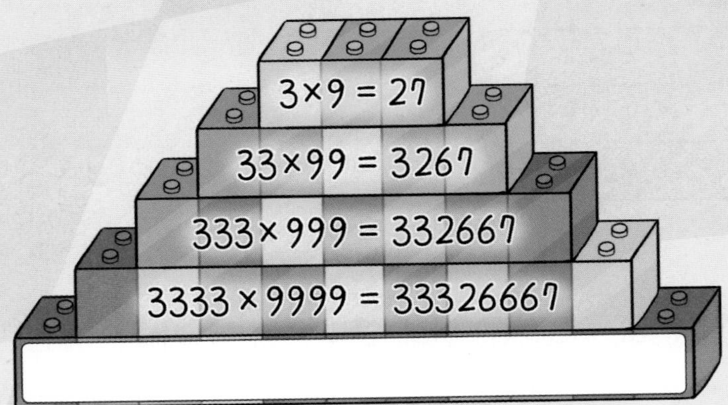

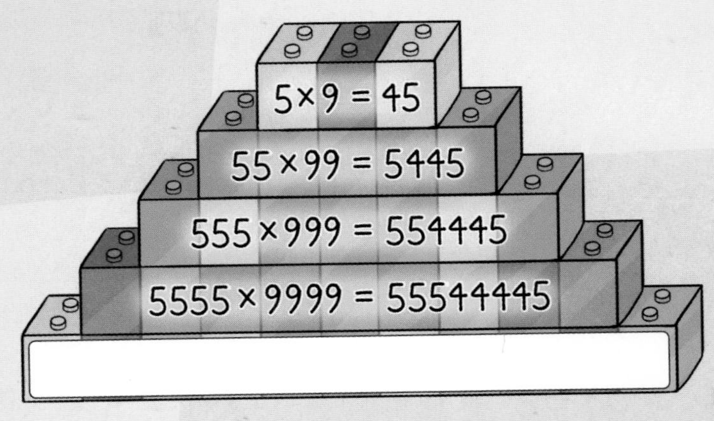

▶정답 및 해설 31쪽

2 달력에서 규칙적인 계산식 찾기

4+12+20=6+12+18
5+13+21=7+13+19

↘ 방향에 있는 연결된 세 수의 합은
↙ 방향에 있는 연결된 세 수의 합과 같습니다.
6+14+22=8+14+20,
7+15+23=9+15+21 등과 같이 더 만들 수 있습니다.

4주 5일

활동 문제 수 블록을 보고 규칙적인 계산식을 찾아 쓴 것입니다. □ 안에 알맞은 수나 식을 써넣으세요.

7	8	9	10	11
12	13	14	15	16

7+8+9=8×□
8+9+10=9×□
□

100	102	104	106	108
110	112	114	116	118

100+102=110+112−20
102+104=112+114−20
□

5일 서술형 길잡이

1-1 곱셈식을 보고 규칙을 찾아 다섯째에 알맞은 곱셈식을 구해 보세요.

첫째	$4\times9=36$
둘째	$44\times99=4356$
셋째	$444\times999=443556$
넷째	$4444\times9999=44435556$

곱셈식 ______________________

곱해지는 수의 4와 곱하는 수의 9가 하나씩 늘어납니다. 곱의 4와 5가 하나씩 늘어납니다.

1-2 곱셈식을 보고 규칙을 찾아 다섯째에 알맞은 곱셈식을 구해 보세요.

첫째	$12\times9=108$
둘째	$112\times9=1008$
셋째	$1112\times9=10008$
넷째	$11112\times9=100008$

곱해지는 수의 □이/가 하나씩 늘어날 때마다 곱의 □이 하나씩 늘어납니다.
따라서 다섯째에 알맞은 곱셈식은

____

입니다.

1-3 곱셈식을 보고 규칙을 찾아 다섯째에 알맞은 곱셈식을 구해 보세요.

첫째	$33\times33=1089$
둘째	$333\times333=110889$
셋째	$3333\times3333=11108889$
넷째	$33333\times33333=1111088889$

곱하는 수와 곱해지는 수의 □이 각각 하나씩 늘어날 때마다 곱의 □와/과 □이 하나씩 늘어납니다.
따라서 다섯째에 알맞은 곱셈식은

____

입니다.

▶정답 및 해설 31쪽

2-1 달력의 [ ] 안에 있는 수의 배열에서 규칙적인 계산식을 찾아 쓴 것입니다. 빈칸에 알맞은 식을 써넣으세요.

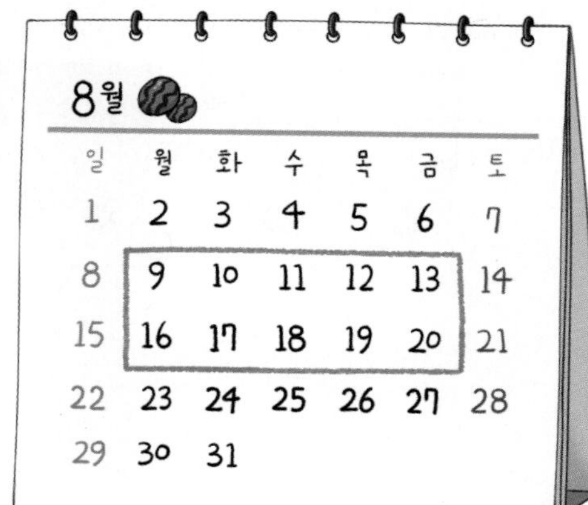

$9+17=10+16$

$10+18=11+17$

[ ]

- 구하려는 것: 빈칸에 알맞은 식
- 주어진 조건: 달력의 수의 배열, $9+17=10+16$, $10+18=11+17$
- 해결 전략: 9와 17, 10과 18은 ↘ 방향으로 연결된 두 수이고, 10과 16, 11과 17은 ↙ 방향으로 연결된 두 수입니다.

✎ 구하려는 것(〰)과 주어진 조건(──)에 표시해 봅니다.

2-2 달력의 [ ] 안에 있는 수의 배열에서 규칙적인 계산식을 찾아 쓴 것입니다. 빈칸에 알맞은 식을 써넣으세요.

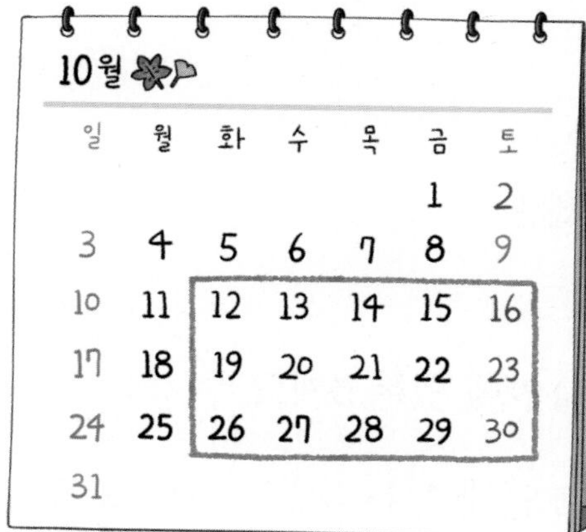

$12+28=20\times2$

$13+29=21\times2$

[ ]

해결 전략
어떤 위치의 수가 계산식으로 규칙을 이루는지 알아봅니다.

2-3 수의 배열에서 규칙적인 계산식을 찾아 쓴 것입니다. 빈칸에 알맞은 식을 써넣으세요.

101	201	301	401	501
102	202	302	402	502

$101+201+301=201\times3$

$201+301+401=301\times3$

[ ]

5일 사고력 · 코딩

1 추론

준석이가 규칙적인 계산식을 쓰고 있습니다. 빈 곳에 알맞은 덧셈식을 써 보세요.

2 창의 · 융합

엘리베이터 버튼의 수 배열을 보고 규칙적인 계산식을 찾아 쓴 것입니다. □ 안에 알맞은 수를 써넣으세요.

$13+7+1=\square\times3$

$14+8+2=\square\times3$

$15+9+3=\square\times3$

3 문제 해결

달력을 보고 조건 을 만족하는 수를 찾아 써 보세요.

4월

일	월	화	수	목	금	토
				1	2	3
4	5	6	7	8	9	10
11	12	13	14	15	16	17
18	19	20	21	22	23	24
25	26	27	28	29	30	

조건

- ✚ 안에 있는 5개의 수 중의 하나입니다.
- ✚ 안에 있는 5개의 수의 합을 5로 나눈 몫과 같습니다.

(　　　　　　　　)

▶정답 및 해설 31쪽

승현이가 살고 있는 빌라의 우편함입니다. 우편함에 쓰인 빌라의 호수의 배열에서 규칙적인 계산식을 1개만 찾아 써 보세요.

301	302	303	304	305	306
201	202	203	204	205	206
101	102	103	104	105	106

계산식 ______________________________

상수가 다음과 같이 계산식을 썼습니다. 계산식을 보고 물음에 답하세요.

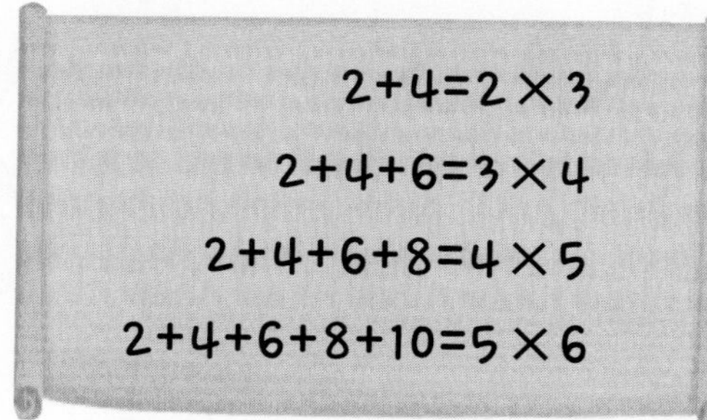

(1) 규칙을 찾아 □ 안에 알맞은 수를 써넣으세요.

2부터 시작하여 짝수를 차례로 2개, □개, □개, □개씩 더한 결과는 더한 짝수의 개수와 그보다 □만큼 더 큰 수의 곱과 같습니다.

(2) 계산식의 규칙에 따라 □ 안에 알맞은 수를 써넣으세요.

$$2+4+6+8+10+12=\square\times\square$$

4주 특강 창의 · 융합 · 코딩

1 막대그래프를 보고 질문에 알맞은 답을 빈 열차칸에 써넣으세요. 문제 해결

▶정답 및 해설 31쪽

2 우박수 만들기 규칙을 설명하고 있습니다. 규칙에 따라 돌덩이에 알맞은 수를 써넣으세요.

창의·융합

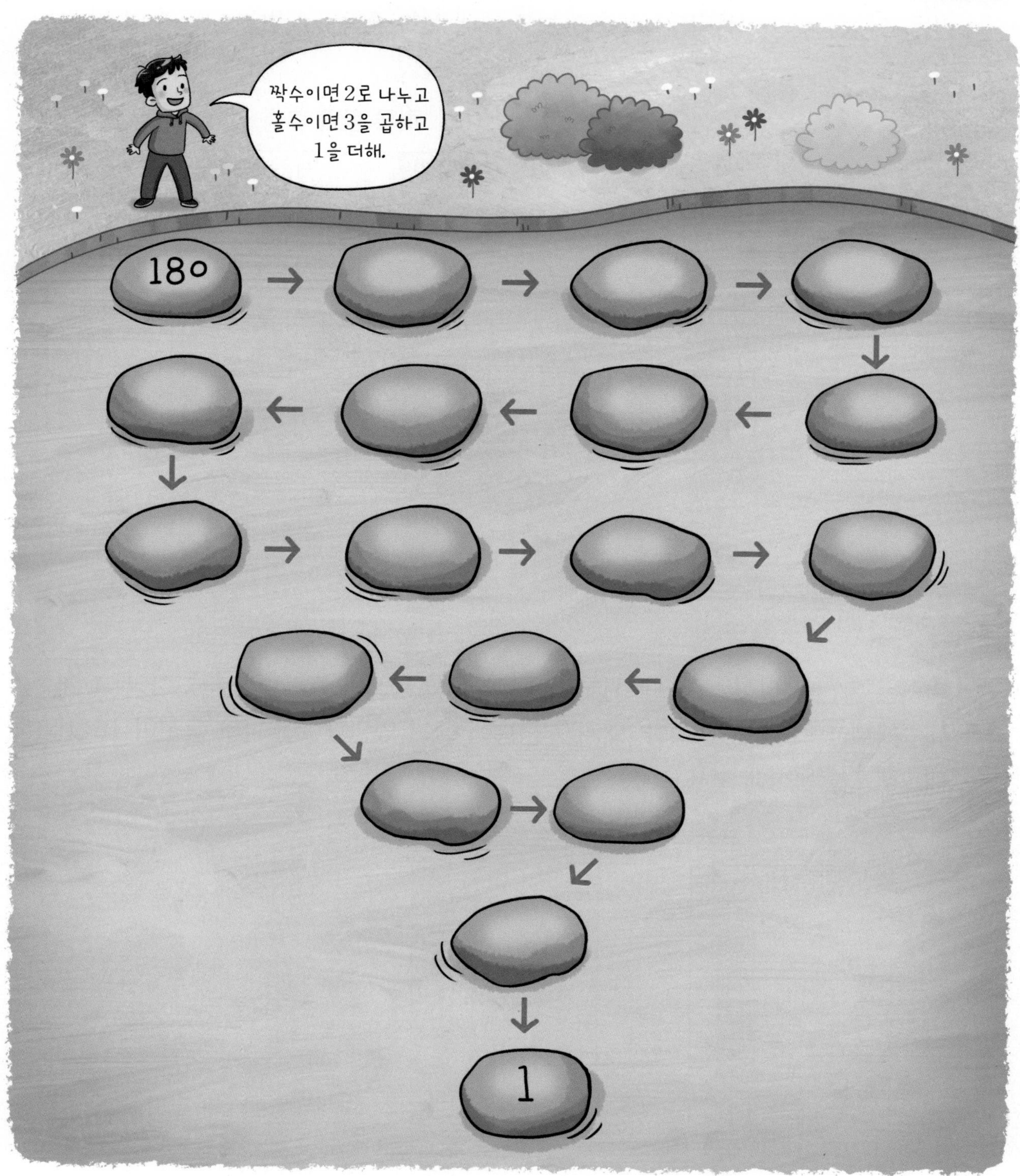

3 상진이는 오늘 '1일 휴대 전화 사용 시간이 3시간을 넘으면 휴대 전화 중독이라고 볼 수 있다'라는 인터넷 기사를 보았습니다. 상진이네 가족이 하루 동안 휴대 전화를 사용하는 시간을 조사하여 나타낸 막대그래프를 보고 휴대 전화 중독인 사람을 모두 찾아 써 보세요. 문제 해결

하루 동안 휴대 전화 사용 시간

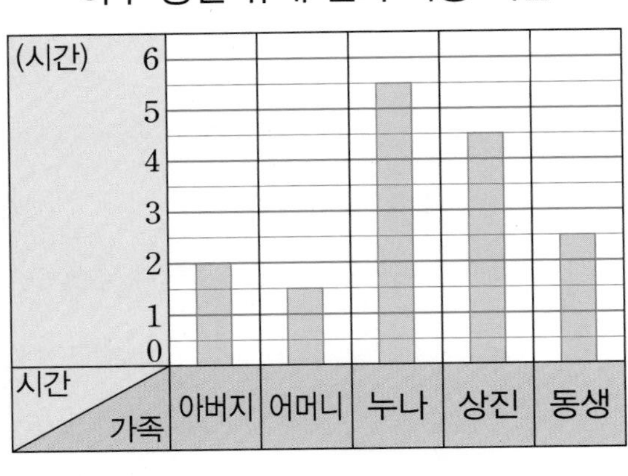

(　　　　　　　　　　)

4 민서는 동전을 모아 놓은 돼지 저금통을 열어서 동전을 종류별로 구분하여 그 개수를 막대그래프로 나타내었습니다. 돼지 저금통에 들어 있던 100원짜리 동전이 16개일 때 막대그래프를 완성해 보세요. 문제 해결

종류별 동전 개수

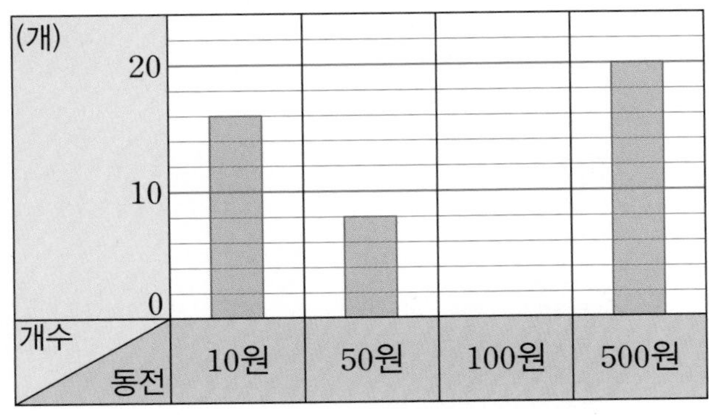

▶정답 및 해설 32쪽

5 혜원이는 흰색 바둑돌을, 주훈이는 검은색 바둑돌을 번갈아 가면서 다음과 같은 규칙으로 순서대로 놓았습니다. 여섯째에는 누가 바둑돌을 몇 개 놓아야 할지 차례로 써 보세요.

창의 · 융합

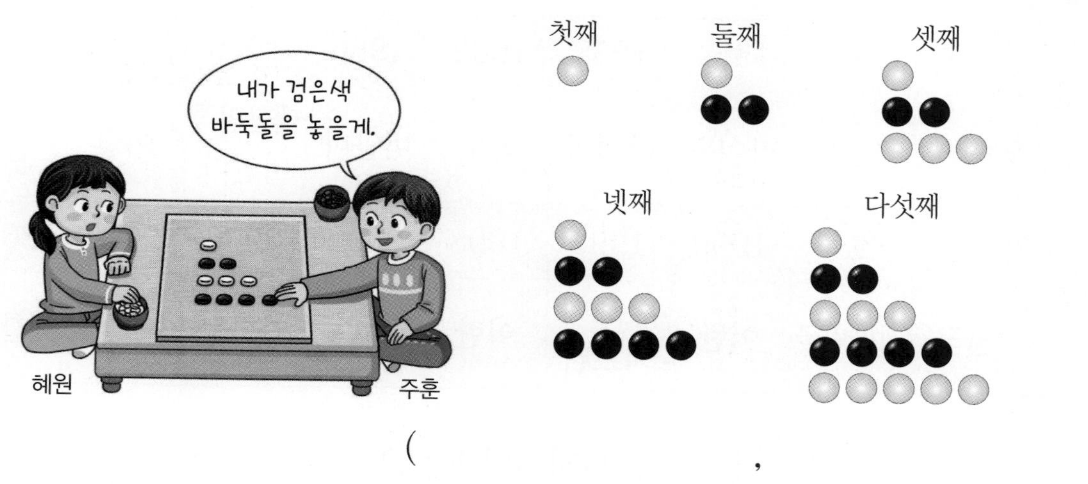

(,)

6 찬도는 주스를 마시면서 덧셈을 이용한 수 배열표를 만들다가 주스를 흘려서 수 배열표에 얼룩이 생기고 말았습니다. 얼룩이 생긴 부분에 들어갈 수를 구해 보세요. 추론

	2435	2436	2437	2438	2439
25	0	1	2	3	4
26	1	2	3	4	
27	2	3	4		
28	3	4			

( )

7 역대 아시안 게임 축구 우승국을 조사한 자료입니다. 조사한 자료를 보고 물음에 답하세요. (단, 1970년과 1978년은 공동 우승입니다.) 문제 해결

역대 아시안 게임 축구 우승국

연도(년)	1951	1954	1958	1962	1966	1970	1974	1978	1982
우승국	인도	타이완	타이완	인도	미얀마	대한민국 미얀마	이란	대한민국 북한	이라크
연도(년)	1986	1990	1994	1998	2002	2006	2010	2014	2018
우승국	대한민국	이란	우즈베키스탄	이란	이란	카타르	일본	대한민국	대한민국

1 조사한 자료를 보고 표로 나타내어 보세요.

역대 아시안 게임 축구 우승국

나라	인도	타이완	미얀마	대한민국	이란
우승 횟수(회)					
나라	북한	이라크	우즈베키스탄	카타르	일본
우승 횟수(회)					

2 **1**의 표를 보고 막대그래프를 완성해 보세요.

역대 아시안 게임 축구 우승국

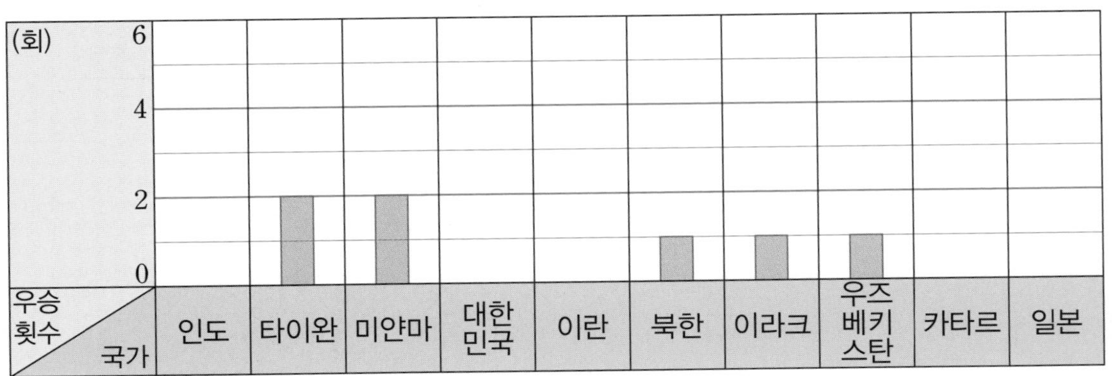

▶정답 및 해설 32쪽

8 아래의 버튼을 가장 적게 이용하여 사과 로봇을 빨간 도형까지 이동시키려고 합니다. 물음에 답하세요. 코딩

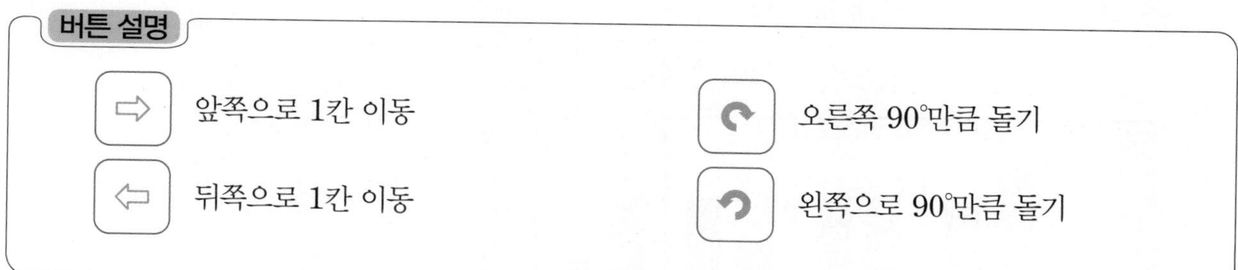

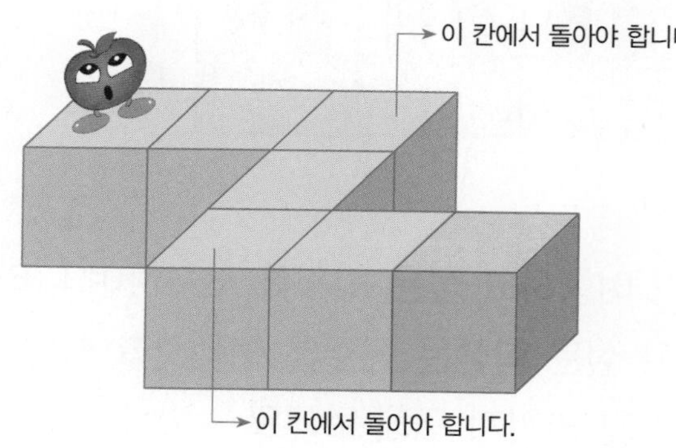

1 □ 안에 알맞은 수나 말을 써넣으세요.

앞쪽으로 2칸 이동 → 오른쪽으로 90°만큼 돌기 → 앞쪽으로 □칸 이동 → □으로 90°만큼 돌기 → 앞쪽으로 □칸 이동

2 어떤 버튼을 이용해야 하는지 빈칸에 순서대로 그려 넣으세요.

4주 특강

누구나 100점 TEST

맞은 개수 /6개

1 모둠별 남학생 수와 여학생 수를 조사하여 나타낸 막대그래프입니다. 다 모둠의 학생은 모두 몇 명인지 구해 보세요.

모둠별 남학생 수와 여학생 수

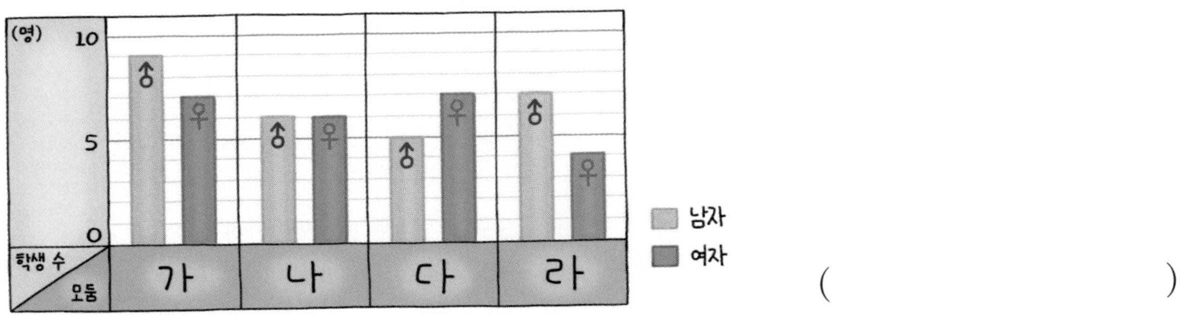

(　　　　　　　)

2 정우네 반 학생들이 여행하고 싶은 도시를 조사하여 나타낸 막대그래프가 찢어졌습니다. 부산을 여행하고 싶은 학생은 전주를 여행하고 싶은 학생의 3배입니다. 부산을 여행하고 싶은 학생은 몇 명인지 구해 보세요.

여행하고 싶은 도시별 학생 수

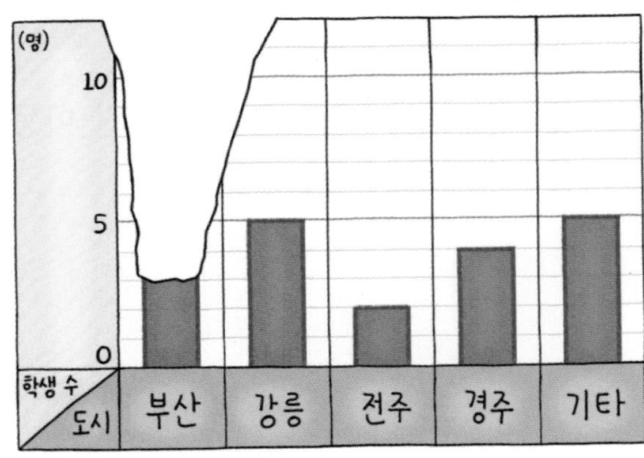

(　　　　　　　)

3 수 배열표입니다. 수 배열표에서 위에서 세 번째, 왼쪽에서 세 번째 칸에 알맞은 수를 구해 보세요.

304	314	324	334	344	354
404	414	424	434	444	454
504				544	
				644	

(1) ↓ 방향으로 ☐ 씩 커지고,
→ 방향으로 ☐ 씩 커집니다.

(2) 위에서 세 번째, 왼쪽에서 세 번째 칸에 알맞은 수는 ☐ 입니다.

4 규칙에 따라 바둑돌을 놓아 모양을 만들고 있습니다. 다섯째에 알맞은 모양을 그려 보세요.

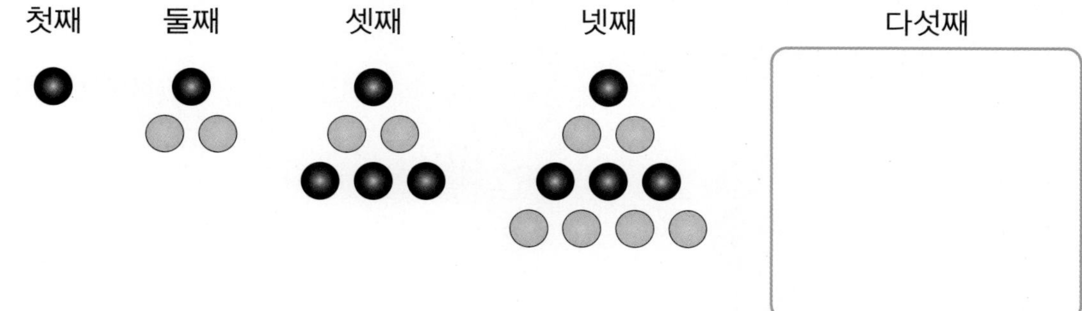

5 곱셈식을 보고 규칙을 찾아 다섯째에 알맞은 곱셈식을 구해 보세요.

첫째	$99 \times 99 = 9801$
둘째	$999 \times 999 = 998001$
셋째	$9999 \times 9999 = 99980001$
넷째	$99999 \times 99999 = 9999800001$
다섯째	

6 달력의 ☐ 안에 있는 수의 배열에서 규칙적인 계산식을 찾아 쓴 것입니다. 빈칸에 알맞은 식을 써넣으세요.

6월

일	월	화	수	목	금	토
	1	2	3	4	5	6
7	8	9	10	11	12	13
14	15	16	17	18	19	20
21	22	23	24	25	26	27
28	29	30				

$16 - 8 = 9 - 1$

$17 - 9 = 10 - 2$

☐

memo

쉽다!

10분이면 하루 치 공부를 마칠 수 있는 커리큘럼으로,
아이들이 초등 학습에 쉽고 재미있게 접근할 수 있도록 구성하였습니다.

재미있다!

교과서는 물론 생활 속에서 쉽게 접할 수 있는 다양한 소재와
재미있는 게임 형식의 문제로 흥미로운 학습이 가능합니다.

똑똑하다!

초등학생에게 꼭 필요한 학습 지식 습득은 물론
창의력 확장까지 가능한 교재로 올바른 공부습관을 가지는 데 도움을 줍니다.

정답 및 해설

똑 똑 한

하루 사고력

초등 수학 4A

4학년 수준

천재교육

정답 및 해설
포인트 3가지

▶ 한눈에 알아볼 수 있는 정답 제시

▶ 혼자서도 이해할 수 있는 문제 풀이

▶ 꼭 필요한 사고력 유형 풀이 제시

똑 똑 한

하루 사고력

창의·코딩 수학

정답 및 해설

정답 및 해설

1주

이번 주에는 무엇을 공부할까? ② 6쪽~7쪽

1-1 10000 1-2 10000
2-1 (1) 오만 육백칠십
(2) 육백육만 육천육십육
2-2 (1) 이십육만 칠백사십구
(2) 오천오백만 오백오십
3-1 (1) 704605290 (2) 30707008010409
3-2 (1) 900380645 (2) 505040420800071
4-1 8000억 4-2 2700조

4-2 100조씩 뛰어 세면 100조의 자리 숫자가 1씩 커집니다.

1일 개념·원리 길잡이 8쪽~9쪽

활동 문제 8쪽
1, 1 / 2 / 1, 2 / 1, 1
활동 문제 9쪽
35000, 35000 / 45000, 45000 / 55000, 55000

활동 문제 9쪽
25000에서 10000씩 뛰어 세어 보면 만의 자리 숫자가 1씩 커집니다.

1일 서술형 길잡이 독해력 길잡이 10쪽~11쪽

1-1 34800원
1-2 2, 5, 2500, 3, 1, 3500, 2, 3, 23000, 2, 1, 25000, 54000 / 54000원
2-1 57500원
2-2 시우는 매달 10000원씩 돼지 저금통에 저금을 합니다. 시우는 5월까지 20900원을 저금했습니다. 시우가 9월까지 저금할 수 있는 돈을 구해 보세요.
/ 60900원
2-3 80500원

1-1 • 100원짜리 동전 13개
=1000원짜리 지폐 1장과 100원짜리 동전 3개
➔ 1300원
• 500원짜리 동전 3개
=1000원짜리 지폐 1장과 500원짜리 동전 1개
➔ 1500원
• 1000원짜리 지폐 12장
=10000원짜리 지폐 1장과 1000원짜리 지폐 2장
➔ 12000원
• 5000원짜리 지폐 4장
=10000원짜리 지폐 2장
➔ 20000원
➔ 1300+1500+12000+20000=34800(원)

1-2 2500+3500+23000+25000=54000(원)

2-1 17500 — 27500 — 37500 — 47500 — 57500

2-2 10000씩 뛰어 세면 다음과 같습니다.
20900 — 30900 — 40900 — 50900 — 60900
따라서 시우가 9월까지 저금할 수 있는 돈은 60900원입니다.

2-3 500에서 20000씩 뛰어 세면 다음과 같습니다.

500	20500	40500	60500	80500
1월	2월	3월	4월	5월

따라서 다정이가 5월까지 저금할 수 있는 돈은 80500원입니다.

1일 사고력·코딩 12쪽~13쪽

1 (위부터) 2, 10 / 10, 50 / 2, 10 / 20, 100
2 80000원 3 7월
4 26000, 46000 5 95000 km
6 영아

1 • 1000원짜리 지폐 1장=500원짜리 동전 2개
=100원짜리 동전 10개
• 5000원짜리 지폐 1장=1000원짜리 지폐 5장
=500원짜리 동전 10개
=100원짜리 동전 50개
• 10000원짜리 지폐 1장=5000원짜리 지폐 2장
=1000원짜리 지폐 10장
=500원짜리 동전 20개
=100원짜리 동전 100개

2 • 500원짜리 동전 20개=1000원짜리 지폐 10장
=10000원짜리 지폐 1장
➔ 10000원
• 1000원짜리 지폐 30장=10000원짜리 지폐 3장
➔ 30000원
• 5000원짜리 지폐 8장=10000원짜리 지폐 4장
➔ 40000원
➔ 10000+30000+40000=80000(원)

3 0에서 10000씩 뛰어 세면 다음과 같습니다.

0 — 10000 — 20000 — 30000 — 40000
1월 2월 3월 4월 5월
— 50000 — 60000
6월 7월

따라서 저금한 돈이 60000원이 되려면 7월까지 저금해야 합니다.

4 ㉡에서 10000 뛰어 세면 56000이므로 56000에서 10000 거꾸로 뛰어 세면 46000입니다. ➔ ㉡=46000
㉠에서 20000 뛰어 세면 ㉡이므로 46000에서 20000 거꾸로 뛰어 세면 26000입니다. ➔ ㉠=26000

5 15000에서 20000씩 뛰어 세면 다음과 같습니다.

15000 — 35000 — 55000 — 75000 — 95000
2020년 2021년 2022년 2023년 2024년

따라서 2024년까지 자동차의 주행 거리는 95000 km가 됩니다.

6 • 영아가 모은 돈:
100원짜리 동전 10개=1000원짜리 지폐 1장
➔ 1000원
500원짜리 동전 5개
=1000원짜리 지폐 2장과 500원짜리 동전 1개
➔ 2500원
1000원짜리 지폐 15장
=10000원짜리 지폐 1장과 1000원짜리 지폐 5장
➔ 15000원
5000원짜리 지폐 5장
=10000원짜리 지폐 2장과 5000원짜리 지폐 1장
➔ 25000원
10000원짜리 지폐 2장 ➔ 20000원
➔ 1000+2500+15000+25000+20000
=63500(원)

• 영진이가 모은 돈:
100 — 20100 — 40100 — 60100
6월 7월 8월 9월

따라서 63500원을 저금한 영아가 더 많이 모았습니다.

2일 개념·원리 길잡이 14쪽~15쪽

활동 문제 14쪽
865431, 865413 / 976542, 976524
활동 문제 15쪽
134568, 134586 / 245679, 245697

2일 서술형 길잡이 독해력 길잡이 16쪽~17쪽

1-1 875413, 134587
1-2 865320, 일, 865302, 십, 865230, 203568, 일, 203586 / 865230, 203586
2-1 975241, 구십칠만 오천이백사십일
2-2 건희는 수 카드 6장을 한 번씩 사용하여 여섯 자리 수를 만들었습니다. 건희가 만든 여섯 자리 수 중 셋째로 큰 수를 쓰고, 그 수를 읽어 보세요.
8 2 6 3 4 7
/ 876342, 팔십칠만 육천삼백사십이
2-3 971450, 구십칠만 천사백오십

1-1 가장 큰 수: 875431, 둘째로 큰 수: 875413
가장 작은 수: 134578, 둘째로 작은 수: 134587

2-1 9>7>5>4>2>1이므로
가장 큰 수: 975421, 둘째로 큰 수: 975412,
셋째로 큰 수: 975241
➔ 읽기: 구십칠만 오천이백사십일

2-2 수 카드 6장의 수의 크기를 비교하면
8>7>6>4>3>2이므로
가장 큰 수: 876432, 둘째로 큰 수: 876423,
셋째로 큰 수: 876342
➔ 읽기: 팔십칠만 육천삼백사십이

2-3 십의 자리 숫자가 5인 여섯 자리 수는
□□□□5□이고
남은 수 카드 5장의 수의 크기를 비교하면
9>7>4>1>0이므로 십의 자리 숫자가 5인
가장 큰 수: 974150, 둘째로 큰 수: 974051,
셋째로 큰 수: 971450
➔ 읽기: 구십칠만 천사백오십

2일 사고력·코딩 18쪽~19쪽

1 976231
2 204879, 이십만 사천팔백칠십구
3 234658
4 423578
5 20354978
6 968023

1 수 카드 6장의 수의 크기를 비교하면
9>7>6>3>2>1이므로
가장 큰 수: 976321, 둘째로 큰 수: 976312,
셋째로 큰 수: 976231입니다.

2 수 카드 6장의 수의 크기를 비교하면
0<2<4<7< 8<9이고 0은 맨 앞에 올 수 없으므로
가장 작은 수: 204789, 둘째로 작은 수: 204798,
셋째로 작은 수: 204879입니다.
204879를 읽어 보면 이십만 사천팔백칠십구입니다.

3 六 → 6, 四 → 4, 二 → 2, 五 → 5, 八 → 8, 三 → 3
이고 2<3<4<5<6<8이므로
가장 작은 수: 234568, 둘째로 작은 수: 234586,
셋째로 작은 수: 234658입니다.

4 2<3<4<5<7<8이고 40만보다 크면서 40만에 가장 가까운 수를 만들려면 십만의 자리에 4와 같거나 4보다 큰 수 중 가장 작은 수인 4를 놓아야 합니다.
➔ [4][ ][ ][ ][ ][ ]
남은 수를 작은 수부터 차례로 높은 자리에 놓으면
[4][2][3][5][7][8]입니다.

5 여덟 자리 수에서 만의 자리에 5, 십의 자리에 7을 놓으면
[ ][ ][ ][5][ ][ ][7][ ]입니다.
남은 수는 0<2<3<4<8<9이고
천만의 자리에 0은 올 수 없으므로
가장 작은 수: [2][0][3][5][4][8][7][9]
둘째로 작은 수: [2][0][3][5][4][9][7][8]입니다.

6 여섯 자리 수에서 십의 자리 숫자는 2입니다.
➔ [ ][ ][ ][ ][2][ ](남은 수: 9, 0, 6, 8, 3)
천의 자리 숫자는 십의 자리 숫자보다 6만큼 더 큰 수이므로 8입니다.
➔ [ ][ ][8][ ][2][ ](남은 수: 9, 0, 6, 3)
만의 자리 숫자는 일의 자리 숫자의 2배이므로 3과 6입니다.
➔ [ ][6][8][ ][2][3](남은 수: 9, 0)
남은 수 9와 0 중 0은 맨 앞에 올 수 없습니다.
➔ [9][6][8][0][2][3]

3일 개념·원리 길잡이 20쪽~21쪽

활동 문제 20쪽
60000000 / 30000000 / 250000000

활동 문제 21쪽
8656000 / 331003000 / 83784000

활동 문제 20쪽
- A 자동차: 육천만 ➔ 6000만 ➔ 60000000
- B 자동차: 삼천만 ➔ 3000만 ➔ 30000000
- C 자동차: 이억 오천만 ➔ 2억 5000만 ➔ 250000000

활동 문제 21쪽
- 이스라엘: 팔백육십오만 육천 ➔ 865만 6000 ➔ 8656000
- 미국: 삼억 삼천백만 삼천 ➔ 3억 3100만 3000 ➔ 331003000
- 독일: 팔천삼백칠십팔만 사천 ➔ 8378만 4000 ➔ 83784000

3일 서술형 길잡이 독해력 길잡이 22쪽~23쪽

1-1 전기 오븐, 전자레인지, 토스터기
1-2 86, 7000, 6, 289, 2000, 7, 94, 4000, 6, 텔레비전, 십만, 로봇 청소기 / 텔레비전, 로봇 청소기, 드럼 세탁기
2-1 나이지리아, 베트남, 영국
2-2 통계청 국가통계포털에서 2020년 세계 여러 나라의 인구수를 조사한 내용입니다. 네팔은 이천구백십삼만 칠천 명, 이집트는 일억 이백삽십삼만 사천 명, 오스트레일리아는 이천오백오십만 명입니다. 인구수가 적은 나라부터 차례로 이름을 써 보세요.
/ 오스트레일리아, 네팔, 이집트
2-3 멕시코, 필리핀, 스페인, 아르헨티나

1-1
- 토스터기: 사만 구천 ➔ 4만 9000 ➔ 49000(5자리 수)
- 전자레인지: 십칠만 팔천 ➔ 17만 8000 ➔ 178000(6자리 수)
- 전기 오븐: 삼십육만 오천 ➔ 36만 5000 ➔ 365000(6자리 수)

같은 6자리 수인 전자레인지와 전기 오븐은 높은 자리부터 크기를 비교합니다.
➔ 178000 < 365000
1<3

1-2 같은 6자리 수인 드럼 세탁기와 로봇 청소기는
86만 7000 < 94만 4000입니다.
8<9

2-1
- 나이지리아: 이억 육백십사만 ➔ 2억 614만 ➔ 206140000(9자리 수): 가장 큰 수

• 베트남: 구천칠백삼십삼만 구천
→ 9733만 9000
→ 97339000(8자리 수)

• 영국: 육천칠백팔십팔만 육천
→ 6788만 6000
→ 67886000(8자리 수)

베트남과 영국의 인구수는 같은 8자리 수이므로 높은 자리부터 크기를 비교합니다.

→ 97339000 > 67886000
9 > 6

2-2 • 네팔: 이천구백십삼만 칠천
→ 2913만 7000
→ 29137000(8자리 수)

• 이집트: 일억 이백삼십삼만 사천
→ 1억 233만 4000
→ 102334000(9자리 수): 가장 큰 수

• 오스트레일리아: 이천오백오십만
→ 2550만
→ 25500000(8자리 수)

네팔과 오스트레일리아의 인구수는 같은 8자리 수이므로 높은 자리부터 크기를 비교합니다.

→ 29137000 > 25500000
9 > 5

2-3 • 필리핀: 일억 구백오십팔만 천
→ 1억 958만 1000
→ 109581000(9자리 수)

• 멕시코: 일억 이천팔백구십삼만 삼천
→ 1억 2893만 3000
→ 128933000(9자리 수)

• 스페인: 사천육백칠십오만 오천
→ 4675만 5000
→ 46755000(8자리 수)

• 아르헨티나: 사천오백십구만 육천
→ 4519만 6000
→ 45196000(8자리 수)

9자리 수는 9자리 수끼리, 8자리 수는 8자리 수끼리 각각 높은 자리부터 크기를 비교합니다.

→ 109581000 < 128933000,
0 < 2

46755000 > 45196000
6 > 5

3일 사고력·코딩 24쪽~25쪽

1 ❶ 8, 10, 9, 10, 9, 9, 10, 9
❷ 해왕성, 천왕성, 토성, 목성, 화성, 지구, 금성, 수성
❸ 해왕성, 천왕성

2 브라질, 베트남, 콜롬비아 **3** 명량, 국제시장

1 ❷ 10자리 수 비교:
44억 9840만 > 28억 7066만 > 14억 2667만
9자리 수 비교:
7억 7834만 > 2억 2794만 > 1억 4960만 > 1억 821만

❸ 44억 9840만 > 28억 7066만 > 14억 2667만
해왕성 > 천왕성 > 토성

2 • 베트남: 1770000000(10자리 수)
• 콜롬비아: 840000000(9자리 수)
• 브라질: 3060000000(10자리 수)

→ 1770000000 < 3060000000
1 < 3

3 1000억은 12자리 수입니다.
• 7번방의 선물: 91431950670(11자리 수)
• 명량: 135751933910(12자리 수)
• 도둑들: 93665632500(11자리 수)
• 국제시장: 110922799630(12자리 수)

→ 1000억 < 135751933910,
0 < 3

1000억 < 110922799630
0 < 1

4일 개념·원리 길잡이 26쪽~27쪽

활동 문제 26쪽
1000, 1000000, 1000000000, 1000000000000

활동 문제 27쪽
(왼쪽부터) 4600000, 70020080, 5009000003 / 10510044000, 306003000700, 90900009000009

활동 문제 27쪽
네 자리씩 끊어서 수로 바꾸어 나타냅니다.
구십조 구천억 구백만 구
→ 90조 9000억 900만 9
→ 90900009000009

4일 서술형 길잡이 독해력 길잡이 28쪽~29쪽

1-1 1000배
1-2 조, 억, 백조, 700조, 10000 / 10000배
1-3 10000배 2-1 2
2-2 6 2-3 12

1-1 50700200000000에서 숫자 5는 십조의 자리 숫자이고 50조를 나타냅니다.

500억 —(10배)— 5000억 —(10배)— 5조 —(10배)— 50조

이므로 50조는 500억의 1000배입니다.

1-2 700억 —(10배)— 7000억 —(10배)— 7조 —(10배)— 70조 —(10배)— 700조

1-3 380068000000000에서 ㉠의 숫자 8은 백조의 자리 숫자이고 800조를 나타내고 ㉡의 숫자 8은 백억의 자리 숫자이고 800억을 나타냅니다.

800억 —(10배)— 8000억 —(10배)— 8조 —(10배)— 80조 —(10배)— 800조이므로 800조는 800억의 10000배입니다.

2-1 • 사십구만 오백육십이 ➔ 490562 ➔ 0이 1개 ➔ 1
• 팔십만 칠십삼 ➔ 800073 ➔ 0이 3개 ➔ 3
• 구백오만 팔천사백육 ➔ 9058406 ➔ 0이 2개 ➔ 2

2-2 칠백억 이천구만 삼백팔 ➔ 70020090308 ➔ 0이 6개 ➔ 6

2-3 구십조 백억 ➔ 90010000000000 ➔ 0이 12개 ➔ 12

4일 사고력·코딩 30쪽~31쪽

1 ❶ 600만 ❷ 90억 2 1000배
3 (계산 순서대로) 650만, 65억, 650억, 65조, 6500조
4 1000, 1000000, 1000000000, 1000000000000
5 9

1 ❶ 100만씩 뛰어 세기: 100만의 자리 숫자가 1씩 커집니다.
200만—300만—400만—500만—600만
❷ 10억씩 뛰어 세기: 10억의 자리 숫자가 1씩 커집니다.
50억—60억—70억—80억—90억

2 263917985000에서 ㉠의 숫자 9는 억의 자리 숫자이고 9억을 나타내고 ㉡의 숫자 9는 십만의 자리 숫자이고 90만을 나타냅니다.

90만 —(10배)— 900만 —(10배)— 9000만 —(10배)— 9억

이므로 9억은 90만의 1000배입니다.

3 65만의 10배: 650만,
650만의 1000배: 650000만=65억,
65억의 10배: 650억,
650억의 1000배: 650000억=65조,
65조의 100배: 6500조

4 • 1 테라=10000억=1000 기가
• 1 테라=100000000만=1000000 메가
• 1 테라=1000000000000=1000000000 킬로

5 • 60조 215억 70만 400 ➔ 60021500700400 ➔ 0이 8개 ➔ 8
• 900조 301억 840만 2 ➔ 900030108400002 ➔ 0이 9개 ➔ 9

5일 개념·원리 길잡이 32쪽~33쪽

활동 문제 32쪽
① 30 ② 75 ③ 100, 80 ④ 125, 55

활동 문제 33쪽
(2)(3)(1)

5일 서술형 길잡이 독해력 길잡이 34쪽~35쪽

1-1 ㉢, ㉠, ㉡
1-2 5.5, 4, 4.5, 165, 120, 135, ㉡, ㉢, ㉠ / ㉡, ㉢, ㉠
2-1 50°
2-2 진겸이는 도화지 위에 자를 이용하여 각 ㄱㄴㄷ을 그린 뒤 각도기를 그림과 같이 올려 놓았습니다. 각 ㄱㄴㄷ의 크기는 몇 도인지 구해 보세요.
/ 105°

1-1 ㉠ 3칸 ㉡ 1칸 ㉢ 3.5칸

다른 풀이
㉠ 90° ㉡ 30° ㉢ 105°

2-1 바깥쪽 눈금을 이용: $120-70=50$
→ (각 ㄱㄴㄷ)$=50°$
안쪽 눈금을 이용: $110-60=50$
→ (각 ㄱㄴㄷ)$=50°$

2-2 바깥쪽 눈금 → 45, 150 → $150-45=105$
→ (각 ㄱㄴㄷ)$=105°$
안쪽 눈금 → 135, 30 → $135-30=105$
→ (각 ㄱㄴㄷ)$=105°$

5일 사고력·코딩 36쪽~37쪽

1 예

2 ㉠

3 ㉠, ㉢

4

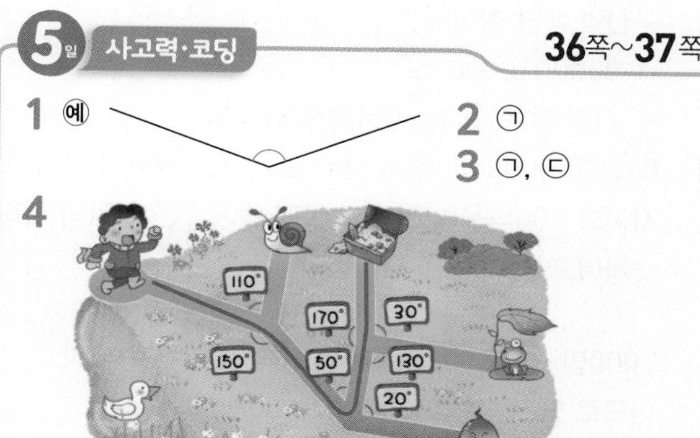

5 90°

6 예 긴바늘, 짧은바늘, 초바늘 중 두 바늘이 이루는 작은 쪽의 각은 긴바늘과 짧은바늘, 긴바늘과 초바늘, 짧은바늘과 초바늘 이렇게 3개가 있습니다.
숫자와 숫자 사이를 한 칸(작은 눈금 5칸)이라고 할 때 긴바늘과 짧은바늘: 4칸 조금 더 됩니다.
긴바늘과 초바늘: 2칸 조금 더 됩니다.
짧은바늘과 초바늘: 5칸 정도 됩니다.
따라서 각의 크기가 가장 큰 것은 짧은바늘과 초바늘이 이루는 작은 쪽의 각입니다.
/ 짧은바늘과 초바늘

1 피사의 사탑에서 표시한 각보다 더 많이 벌어진 각을 그립니다.

2 ㉠과 ㉡의 남은 피자에 표시된 각이 더 큰 것을 찾으면 양이 더 많은 것입니다.

3 시계의 이웃한 두 숫자를 가리키는 시곗바늘이 이루는 각은 30°이므로 4시일 때 시계의 긴바늘과 짧은바늘이 이루는 작은 쪽의 각은 120°입니다. ㉠ 135°, ㉡ 120°, ㉢ 165°이므로 120°보다 더 큰 것은 ㉠, ㉢입니다.

4

5

바깥쪽 눈금 → 30, 120 → $120-30=90$
→ (각 ㄱㄴㄷ)$=90°$
안쪽 눈금 → 150, 60 → $150-60=90$
→ (각 ㄱㄴㄷ)$=90°$

6 작은 눈금의 칸수로 비교해도 됩니다.

1주 특강 창의 · 융합 · 코딩 38쪽~43쪽

1

2

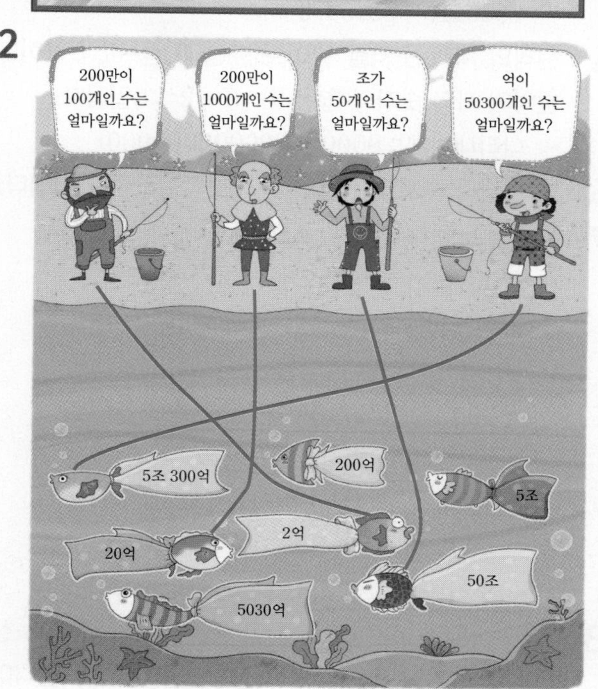

3 ① 2 ② 진겸
4 ① 이백구십삼만 육천백십칠,
백사십구만 구십이,
구백육십칠만 삼천구백삼십육,
이백사십사만 사천사백십이,
삼백삼십구만 오천이백칠십팔,
② 서울특별시, 부산광역시
5 8000억
6 755391706, 785392006, 825392406, 835392506
7 5, 예

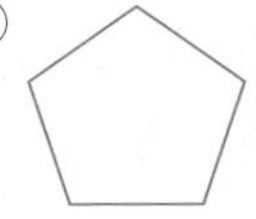

8 ㉢

2 • 200만이 100개인 수: 20000만 ➔ 2억
• 200만이 1000개인 수: 200000만 ➔ 20억
• 조가 50개인 수: 50조
• 억이 50300개인 수: 50300억 ➔ 5조 300억

3 ① 혜선이가 먹은 작은 조각은 나은이가 먹을 작은 조각과 비슷하므로 그림에서 혜선이가 먹은 큰 조각과 나은이가 먹을 작은 조각을 합친 피자에 표시된 각의 크기와 가장 비슷한 각이 표시된 피자를 고릅니다.
② 각 표시가 된 부분을 합쳐서 먹은 피자의 양을 비교하면 나은 < 혜선 = 민호 < 진겸입니다.

4 ② 2936117 < 9673936
2936117 < 3395278

5 천억의 자리 숫자를 알아보면 ㉠ 0 ㉡ 6 ㉢ 2이므로 천억의 자리 숫자의 합은 0 + 6 + 2 = 8입니다.
➔ 나타내는 값: 8000억(800000000000)

6 백의 자리 숫자와 천만의 자리 숫자가 1씩 커집니다.

7 • 오십만 칠천구십
➔ 507090 ➔ 0이 3개 ➔ 3
➔ 삼각형을 그립니다.
• 육백억 사백십만 이백삼
➔ 60004100203 ➔ 0이 6개 ➔ 6
➔ 육각형을 그립니다.
• 사천팔십억 구천일만 이백육십오
➔ 408090010265 ➔ 0이 5개 ➔ 5
➔ 오각형을 그립니다.

8 5억 > 4억 > 3억이므로 가장 큰 수가 가장 먼저 생긴 화석이고 가장 작은 수가 가장 늦게 생긴 화석입니다.

누구나 100점 TEST

44쪽~45쪽

1 ㉢, ㉠, ㉡　2 8개
3 1000배　4 45000원
5 975401, 104597　6 48000원
7 중국, 인도, 인도네시아
8 876241, 팔십칠만 육천이백사십일

1 시계의 이웃한 두 숫자 사이를 한 칸(= 30°)이라고 할 때 시계의 긴바늘과 짧은바늘이 이루는 작은 쪽의 각은 ㉠ 4칸 ㉡ 6칸 ㉢ 1.5칸입니다.

다른 풀이
㉠ 120° ㉡ 180° ㉢ 45°

2 구천억 백만 칠십오
➔ 900001000075
➔ 가장 많은 숫자는 0이고 8개입니다.

3 61704700000000에서 ㉠의 숫자 7은 백억의 자리 숫자이고 700억을 나타내고 ㉡의 숫자 7은 천만의 자리 숫자이고 7000만을 나타냅니다.

7000만 —(10배)— 7억 —(10배)— 70억 —(10배)— 700억

이므로 700억은 7000만의 1000배입니다.

4 5000 — 15000 — 25000 — 35000 — 45000

3월	4월	5월	6월	7월
5000	15000	25000	35000	45000

따라서 7월까지 저금할 수 있는 돈은 45000원입니다.

5 9 > 7 > 5 > 4 > 1 > 0이므로
가장 큰 수: 975410, 둘째로 큰 수: 975401
가장 작은 수: 104579, 둘째로 작은 수: 104597

6 100원짜리 동전 15개 = 1500원,
500원짜리 동전 5개 = 2500원,
1000원짜리 지폐 14장 = 14000원,
5000원짜리 지폐 6장 = 30000원
➔ 1500 + 2500 + 14000 + 30000 = 48000(원)

7 • 인도: 1380004000(10자리 수)
• 중국: 1439324000(10자리 수)
• 인도네시아: 273524000(9자리 수) ➔ 가장 작은 수
➔ 1380004000 < 1439324000
3 < 4

8 8 > 7 > 6 > 4 > 2 > 1이므로
가장 큰 수: 876421, 둘째로 큰 수: 876412,
셋째로 큰 수: 876241
➔ 읽기: 팔십칠만 육천이백사십일

2주

이번 주에는 무엇을 공부할까? ❷ 48쪽~49쪽

1-1 예각에 ○표　　1-2 둔각
2-1 180, 180, 180, 65　　2-2 360, 360, 360, 130
3-1 (1) 14000 (2) 24000
3-2 (1) 6200 (2) 15210
4-1 (1) 7238 (2) 13338
4-2 (1) 18825 (2) 24984

1-1 예각: 각도가 0°보다 크고 직각보다 작은 각
1-2 둔각: 각도가 직각보다 크고 180°보다 작은 각
2-1 삼각형의 세 각의 크기의 합은 180°입니다.
2-2 사각형의 네 각의 크기의 합은 360°입니다.

4-1 (1)
$$\begin{array}{r} 517 \\ \times\ \ 14 \\ \hline 2068 \\ 517\ \ \\ \hline 7238 \end{array}$$
(2)
$$\begin{array}{r} 342 \\ \times\ \ 39 \\ \hline 3078 \\ 1026\ \ \\ \hline 13338 \end{array}$$

4-2 (1)
$$\begin{array}{r} 753 \\ \times\ \ 25 \\ \hline 3765 \\ 1506\ \ \\ \hline 18825 \end{array}$$
(2)
$$\begin{array}{r} 694 \\ \times\ \ 36 \\ \hline 4164 \\ 2082\ \ \\ \hline 24984 \end{array}$$

1일 개념·원리 길잡이 50쪽~51쪽

활동 문제 50쪽

둔각
직각
예각

활동 문제 51쪽

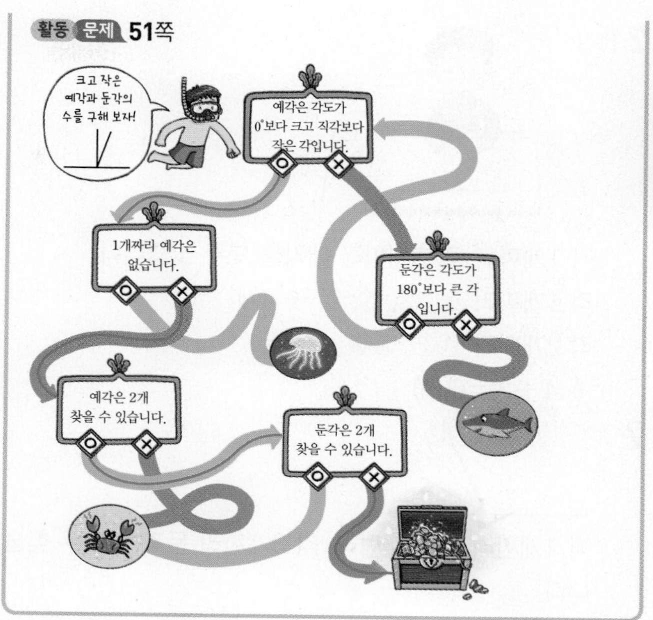

크고 작은 예각과 둔각의 수를 구해 보자!
예각은 각도가 0°보다 크고 직각보다 작은 각입니다.
1개짜리 예각은 없습니다.
둔각은 각도가 180°보다 큰 각입니다.
예각은 2개 찾을 수 있습니다.
둔각은 2개 찾을 수 있습니다.

활동 문제 50쪽

각도가 0°보다 크고 직각보다 작은 각은 예각이고, 각도가 직각보다 크고 180°보다 작은 각은 둔각입니다.

활동 문제 51쪽

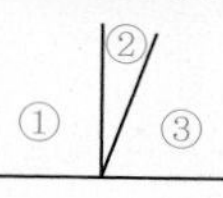

①
②
③

예각은 ②, ③으로 2개입니다.
둔각은 ①②로 1개입니다.

1일 서술형 길잡이 독해력 길잡이 52쪽~53쪽

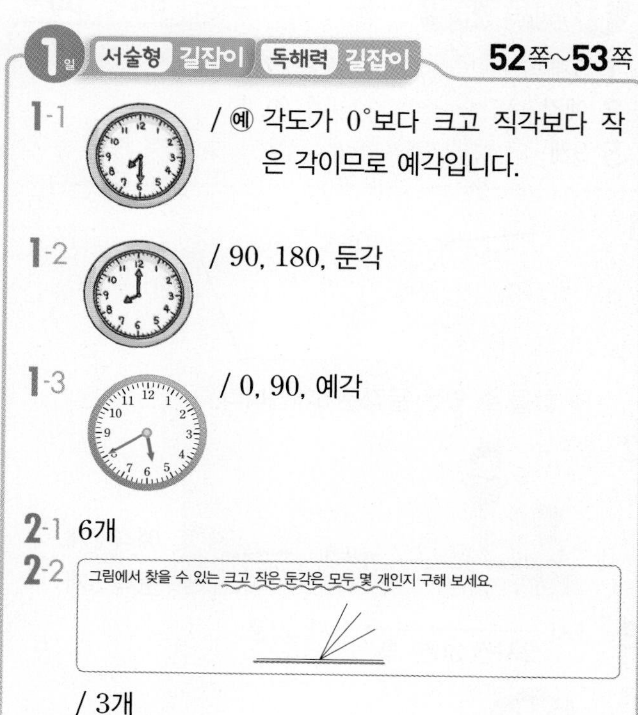

1-1 / 예 각도가 0°보다 크고 직각보다 작은 각이므로 예각입니다.

1-2 / 90, 180, 둔각

1-3 / 0, 90, 예각

2-1 6개

2-2 그림에서 찾을 수 있는 크고 작은 둔각은 모두 몇 개인지 구해 보세요.

/ 3개

2-3 4개, 5개

2-1

각 1개짜리, 각 2개짜리 예각을 모두 찾습니다.
각 1개짜리: ①, ②, ③, ④ ➔ 4개
각 2개짜리: ①②, ②③ ➔ 2개
➔ $4+2=6$(개)

2-2

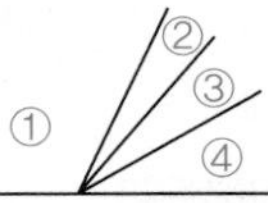

각 1개짜리, 각 2개짜리, 각 3개짜리 둔각을 모두 찾습니다.
각 1개짜리: ① ➔ 1개
각 2개짜리: ①② ➔ 1개
각 3개짜리: ①②③ ➔ 1개
➔ $1+1+1=3$(개)

2-3

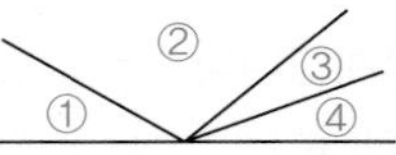

예각: ①, ③, ④, ③④ ➔ 4개
둔각: ②, ①②, ②③, ①②③, ②③④ ➔ 5개

1일 사고력·코딩 54쪽~55쪽

1 5개	**2** 2개, 3개
3 예각	**4** ④, ⑤
5 9개	

1

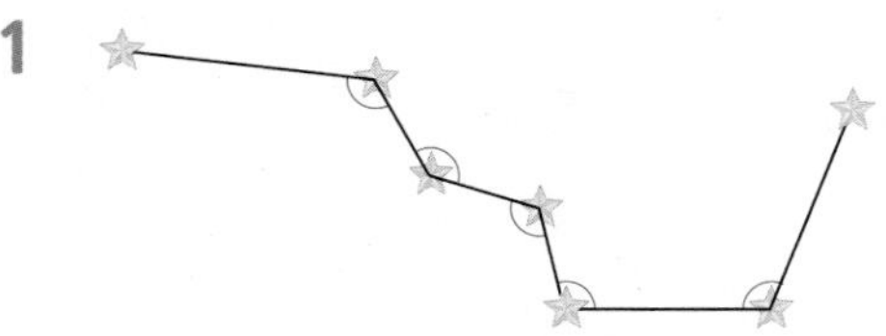

➔ 찾을 수 있는 둔각은 5개입니다.

2

예각 2개, 둔각 3개

3 1시 —(2시간 30분 후)→ 3시 30분

➔ 예각

4

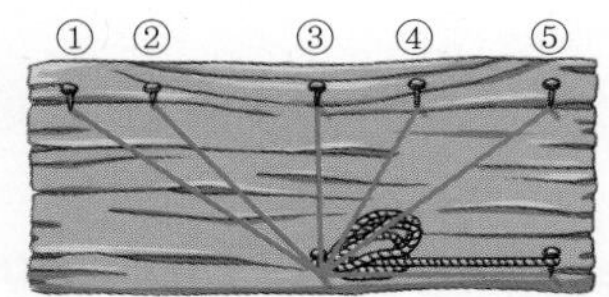

④번 못과 ⑤번 못으로 각각 줄을 연결해야 예각이 만들어집니다.

5

크고 작은 예각은 ①, ②, ③, ④, ①②, ②③, ③④, ①②③, ②③④로 모두 9개입니다.

2일 개념·원리 길잡이 56쪽~57쪽

활동 문제 56쪽
(위부터) 25°, 10°, 40°, 30°

활동 문제 57쪽

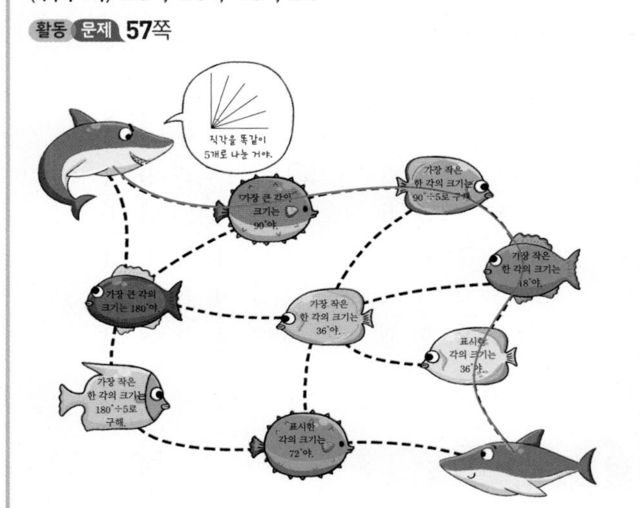

활동 문제 56쪽
- $45°+15°+㉢=100°$, $60°+㉢=100°$, $100°-60°=㉢$, $㉢=40°$
- $㉡+40°+50°=100°$, $㉡+90°=100°$, $100°-90°=㉡$, $㉡=10°$
- $㉠+45°+30°=100°$, $㉠+75°=100°$, $100°-75°=㉠$, $㉠=25°$
- $㉣+20°+50°=100°$, $㉣+70°=100°$, $100°-70°=㉣$, $㉣=30°$

활동 문제 57쪽
직각을 똑같이 5개로 나누었으므로 가장 작은 한 각의 크기는 $90°\div5=18°$입니다.
표시한 각의 크기는 $18°+18°=36°$입니다.

2일 서술형 길잡이 독해력 길잡이 58쪽~59쪽

1-1 60°
1-2 (1) 20° (2) 60°
1-3 (1) 36° (2) 108°
2-1 110°
2-2 직사각형 모양의 종이를 그림과 같이 접었습니다. ㉠의 각도를 구해 보세요.
80° ㉠
/ 20°
2-3 20°

1-1 정사각형의 한 각의 크기는 90°입니다. 가장 작은 한 각의 크기는 90°를 똑같이 3으로 나눈 것 중의 1이므로 $90° \div 3 = 30°$입니다. 따라서 표시한 각의 크기는 $30° + 30° = 60°$입니다.

1-2 (1) 각도가 100°인 각을 똑같이 5개로 나누었으므로 가장 작은 한 각의 크기는 $100° \div 5 = 20°$입니다.
(2) 표시한 각의 크기는 $20° + 20° + 20° = 60°$입니다.

1-3 (1) 직선이 이루는 각의 크기는 180°입니다. 가장 작은 한 각의 크기는 $180° \div 5 = 36°$입니다.
(2) 표시한 각의 크기는 $36° + 36° + 36° = 108°$입니다.

2-1
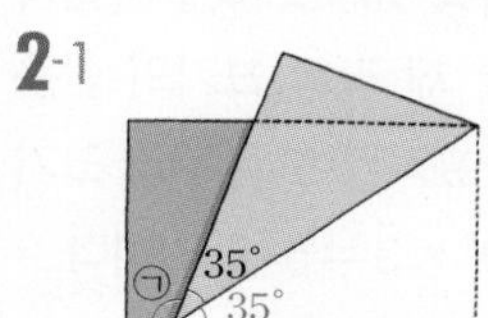

종이를 접은 부분의 각도는 접기 전의 각도와 같습니다.
㉠$+35°+35°=180°$, ㉠$+70°=180°$,
$180°-70°=$㉠, ㉠$=110°$

2-2
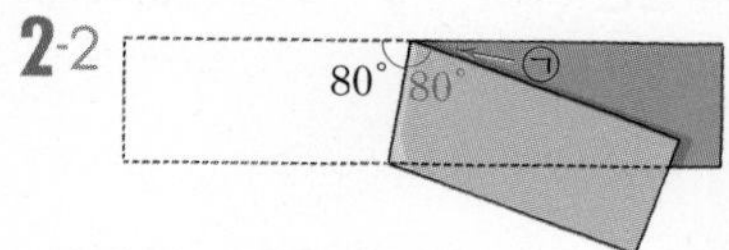

종이를 접은 부분의 각도는 접기 전의 각도와 같습니다.
$80°+80°+$㉠$=180°$, $160°+$㉠$=180°$,
$180°-160°=$㉠, ㉠$=20°$

2-3
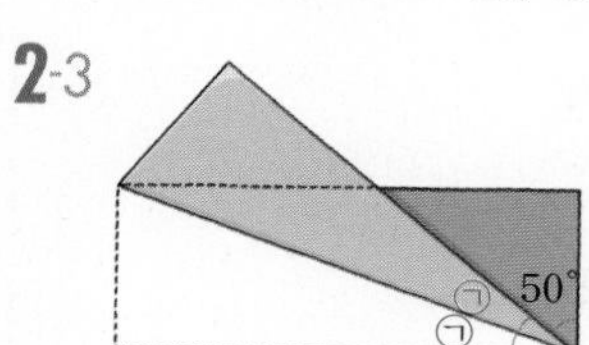

종이를 접은 부분의 각도는 접기 전의 각도와 같습니다.
㉠+㉠$+50°=90°$, $90°-50°=$㉠+㉠,
㉠+㉠$=40°$, ㉠$=20°$

2일 사고력·코딩 60쪽~61쪽

1 135°
2 100°
3 65°
4 72°
5 (계산 순서대로) 120°, 195°, 150°
6 50°

1 가장 작은 한 각의 크기는 $360° \div 8 = 45°$입니다.
㉠$=45°+45°+45°=135°$

2 각 ㄱㄴㄹ의 크기가 20°이고 $20°=10°+10°$이므로 가장 작은 한 각의 크기는 10°입니다.
각 ㄱㄴㄷ은 10°인 각 10개로 이루어져 있으므로 $10° \times 10 = 100°$입니다.

3 직선이 이루는 각의 크기는 180°입니다.
$135°+110°-□=180°$, $245°-□=180°$,
$245°-180°=□$, $□=65°$

4 $108° \div 3 = 36°$이므로 가장 작은 한 각의 크기는 36°입니다.
➔ 표시한 각의 크기는 $36°+36°=72°$입니다.

5
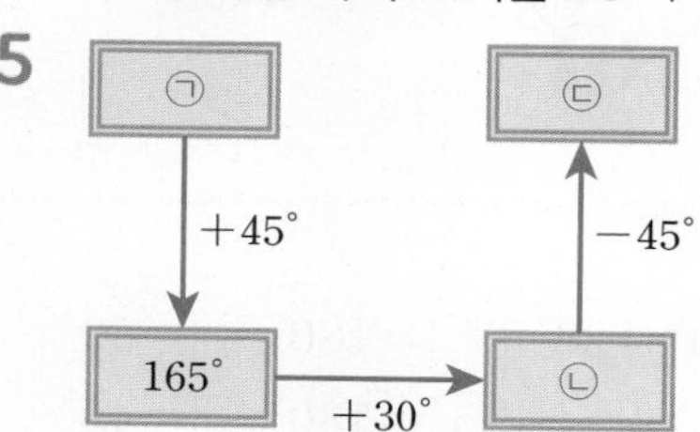

㉠$+45°=165°$, $165°-45°=$㉠, ㉠$=120°$
㉡$=165°+30°=195°$
㉢$=$㉡$-45°=195°-45°=150°$

6
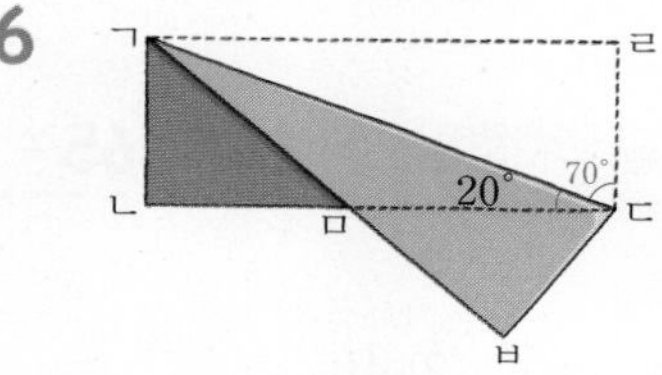

(각 ㄱㄷㄹ)$+20°=90°$,
$90°-20°=$(각 ㄱㄷㄹ),
(각 ㄱㄷㄹ)$=70°$
종이를 접은 부분의 각도는 접기 전의 각도와 같으므로 (각 ㄱㄷㅂ)=(각 ㄱㄷㄹ)$=70°$입니다.
$20°+$(각 ㅁㄷㅂ)$=70°$,
$70°-20°=$(각 ㅁㄷㅂ),
(각 ㅁㄷㅂ)$=50°$

3일 개념·원리 길잡이 62쪽~63쪽

활동 문제 62쪽

활동 문제 63쪽

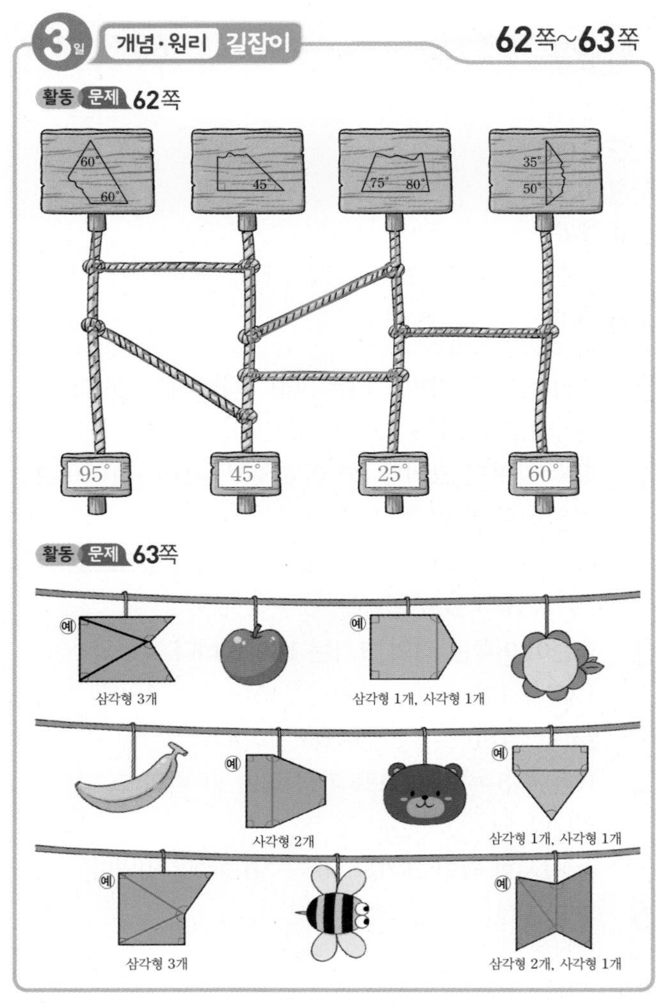

활동 문제 62쪽

- $60° + \square + 60° = 180°$, $120° + \square = 180°$, $\square = 60°$
- $\square + 90° + 45° = 180°$, $\square + 135° = 180°$, $\square = 45°$
- $\square + 75° + 80° = 180°$, $\square + 155° = 180°$, $\square = 25°$
- $35° + 50° + \square = 180°$, $85° + \square = 180°$, $\square = 95°$

3일 서술형 길잡이 독해력 길잡이 64쪽~65쪽

1-1 (1) $70°$ (2) $70°$

1-2 (1) $\square + 120° + 20° = 180°$ (2) $40°$

1-3 (1) $75° + 90° + \square + 75° = 360°$ (2) $120°$

2-1 $720°$

2-2

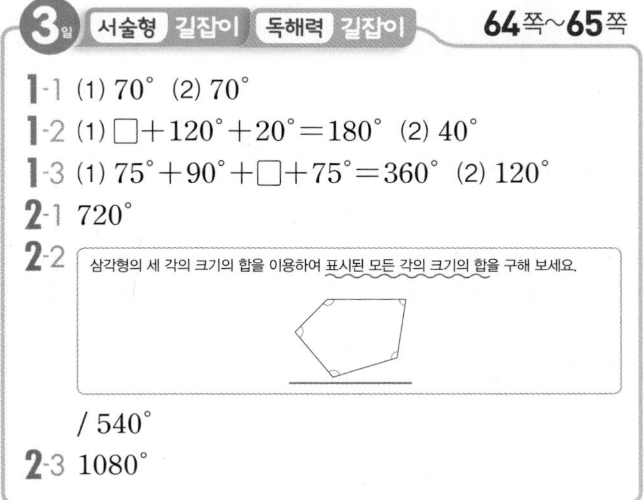

삼각형의 세 각의 크기의 합을 이용하여 표시된 모든 각의 크기의 합을 구해 보세요.

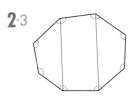

/ $540°$

2-3 $1080°$

1-1 (1) 삼각형의 세 각의 크기의 합은 $180°$입니다.

$\square + 70° + 40° = 180°$,

$\square + 110° = 180°$,

$\square = 180° - 110° = 70°$

(2) 사각형의 네 각의 크기의 합은 $360°$입니다.

$110° + \square + 40° + 140° = 360°$,

$\square + 290° = 360°$,

$\square = 360° - 290° = 70°$

1-2 삼각형의 세 각의 크기의 합은 $180°$입니다.

$\square + 120° + 20° = 180°$,

$\square + 140° = 180°$,

$\square = 180° - 140° = 40°$

1-3 사각형의 네 각의 크기의 합은 $360°$입니다.

$75° + 90° + \square + 75° = 360°$,

$\square + 240° = 360°$,

$\square = 360° - 240° = 120°$

2-1 도형은 삼각형 4개로 나누어집니다. 삼각형의 세 각의 크기의 합은 $180°$이므로 벌집 안쪽에 있는 모든 각의 크기의 합은 $180° \times 4 = 720°$입니다.

2-2 도형은 삼각형 3개로 나누어집니다. 삼각형의 세 각의 크기의 합은 $180°$이므로 표시된 모든 각의 크기의 합은 $180° \times 3 = 540°$입니다.

2-3 도형은 사각형 3개로 나누어집니다. 사각형의 네 각의 크기의 합은 $360°$이므로 표시된 모든 각의 크기의 합은 $360° \times 3 = 1080°$입니다.

3일 사고력·코딩 66쪽~67쪽

1 (위부터) $80°$, $60°$, $30°$

2 (1), (2)

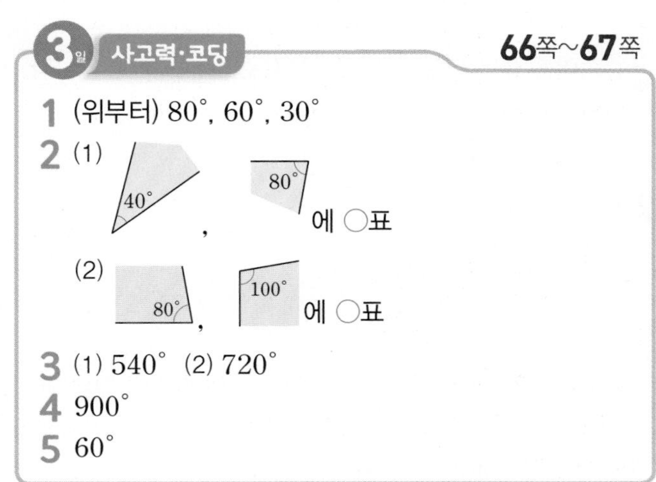

3 (1) $540°$ (2) $720°$

4 $900°$

5 $60°$

1

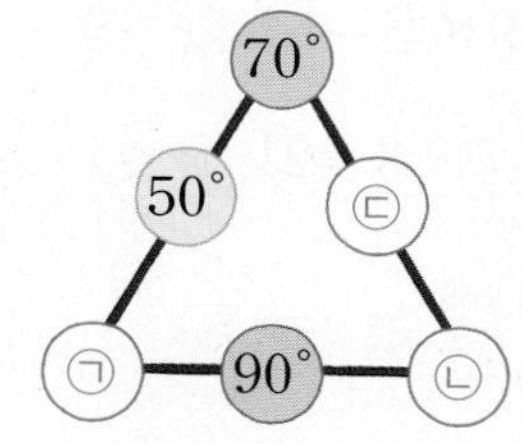

• $70°+50°+㉠=180°$, $120°+㉠=180°$,
$㉠=180°-120°=60°$
• $60°+90°+㉡=180°$, $150°+㉡=180°$,
$㉡=180°-150°=30°$
• $70°+㉢+30°=180°$, $㉢+100°=180°$,
$㉢=180°-100°=80°$

2 (1) 삼각형의 세 각의 크기의 합은 180°이므로 나머지 두 각의 크기의 합이 $180°-60°=120°$여야 합니다.
$40°+80°=120°$(○), $40°+110°=150°$(×), $80°+110°=190°$(×)

(2) 사각형의 네 각의 크기의 합은 360°이므로 나머지 두 각의 크기의 합이 $360°-120°-60°=180°$여야 합니다.
$80°+50°=130°$(×), $80°+100°=180°$(○), $50°+100°=150°$(×)

3 (1)

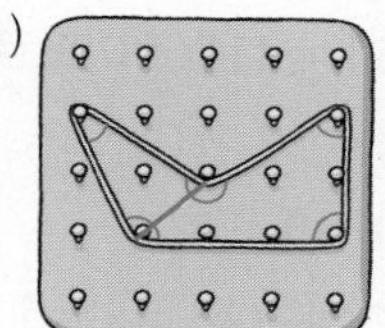

삼각형 1개와 사각형 1개로 나눌 수 있습니다.
➔ $180°+360°=540°$

(2)

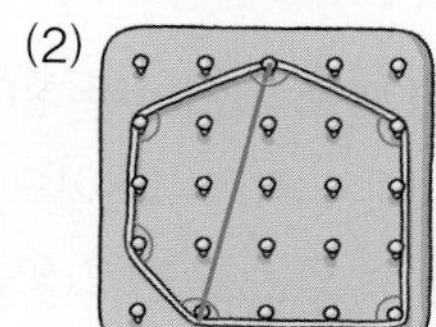

사각형 2개로 나눌 수 있습니다.
➔ $360°\times2=720°$

4 삼각형 1개와 사각형 2개로 만들어진 모양입니다.
➔ $360°\times2=720°$, $180°+720°=900°$

5

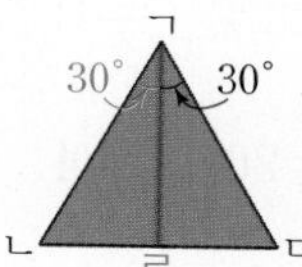

(각 ㄴㄱㄹ)=(각 ㄹㄱㄷ)=30°이므로 (각 ㄴㄱㄷ)=60°이고, (각 ㄱㄴㄷ)=(각 ㄱㄷㄴ)입니다.
삼각형의 세 각의 크기의 합은 180°이므로
60°+(각 ㄱㄴㄷ)+(각 ㄱㄷㄴ)=180°,
60°+(각 ㄱㄴㄷ)+(각 ㄱㄴㄷ)=180°,
(각 ㄱㄴㄷ)+(각 ㄱㄴㄷ)=120°,
(각 ㄱㄴㄷ)=60°입니다.

4일 개념·원리 길잡이 68쪽~69쪽

정답 및 해설

활동 문제 68쪽
(왼쪽부터) 9, 9, 0 / 6, 1 / 8, 2

활동 문제 69쪽

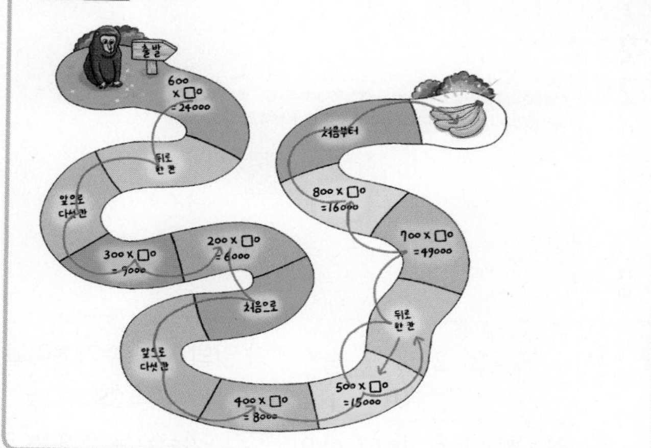

활동 문제 68쪽

```
    4 1 ㉠
  ×     7 0
 2 ㉡ 3 3 ㉢
```

㉢=0
㉠×7의 일의 자리 수가 3이고
9×7=63에서 ㉠=9입니다.
419×70=29330이므로 ㉡=9입니다.

```
    1 9 6
  ×   ㉠ 0
 1 ㉡ 7 6 0
```

6×㉠의 일의 자리 수가 6이고
6×1=6, 6×6=36이므로
㉠이 될 수 있는 수는 1 또는 6입니다.
196×10=1960, 196×60=11760이므로
㉠=6, ㉡=1입니다.

```
    2 ㉠ 1
  ×     8 0
 2 ㉡ 4 8 0
```

㉠×8의 일의 자리 수가 4이고
3×8=24, 8×8=64이므로
㉠이 될 수 있는 수는 3 또는 8입니다.
231×80=18480, 281×80=22480이므로
㉠=8, ㉡=2입니다.

활동 문제 69쪽
600×□0=24000, 6×□=24, □=4이므로 4칸 움직입니다.
➔ 200×□0=6000, 2×□=6, □=3이므로 3칸 움직입니다.
➔ 400×□0=8000, 4×□=8, □=2이므로 2칸 움직입니다.
➔ 뒤로 한 칸 갑니다.
➔ 500×□0=15000, 5×□=15, □=3이므로 3칸 움직입니다.
➔ 800×□0=16000, 8×□=16, □=2이므로 2칸 움직입니다.

4일 서술형 길잡이 독해력 길잡이 70쪽~71쪽

1-1 (1) 7, 6 (2) 9, 9, 0
1-2 (1) 2, 7 (2) 2, 1
1-3 (1) 1, 6 (2) 6, 3, 0
2-1 7
2-2

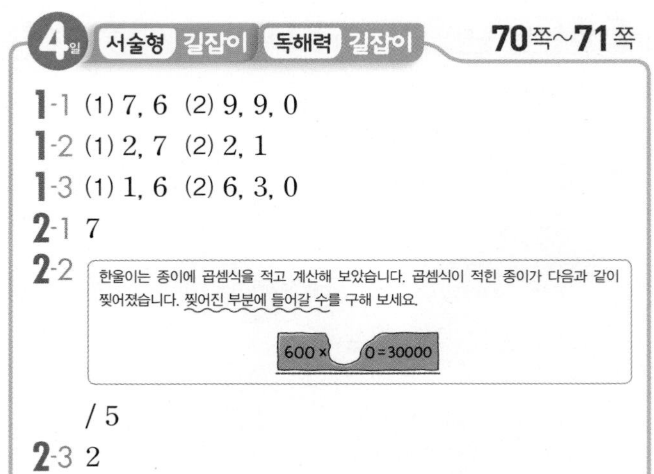
한울이는 종이에 곱셈식을 적고 계산해 보았습니다. 곱셈식이 적힌 종이가 다음과 같이 찢어졌습니다. 찢어진 부분에 들어갈 수를 구해 보세요.

600 × 0=30000

/ 5
2-3 2

1-1 (1)
$$\begin{array}{r} 3\ 2\ 4 \\ \times\quad ㉠\ 0 \\ \hline 2\ 2\ ㉡\ 8\ 0 \end{array}$$
4×㉠의 일의 자리 수가 8이고 4×2=8, 4×7=28이므로 ㉠이 될 수 있는 수는 2 또는 7입니다.

324×20=6480, 324×70=22680이므로 ㉠=7, ㉡=6입니다.

(2)
$$\begin{array}{r} 8\ 1\ ㉠ \\ \times\quad 6\ 0 \\ \hline 4\ ㉡\ 1\ 4\ ㉢ \end{array}$$
㉢=0

㉠×6의 일의 자리 수는 4이고 4×6=24, 9×6=54이므로 ㉠이 될 수 있는 수는 4 또는 9입니다.

814×60=48840, 819×60=49140이므로 ㉠=9, ㉡=9입니다.

1-2 (1)
$$\begin{array}{r} 1\ 5\ 6 \\ \times\quad ㉠\ 0 \\ \hline 3\ ㉡\ 2\ 0 \end{array}$$
6×㉠의 일의 자리 수는 2이고 6×2=12, 6×7=42이므로 ㉠이 될 수 있는 수는 2 또는 7입니다.

(2) 156×20=3120, 156×70=10920이므로 ㉠=2, ㉡=1입니다.

1-3 (1)
$$\begin{array}{r} 4\ 7\ ㉠ \\ \times\quad 8\ 0 \\ \hline ㉡\ 8\ ㉢\ 8\ 0 \end{array}$$
㉠×8의 일의 자리 수는 8이고 1×8=8, 6×8=48이므로 ㉠이 될 수 있는 수는 1 또는 6입니다.

(2) 471×80=37680, 476×80=38080이므로 ㉠=6, ㉡=3, ㉢=0입니다.

2-1 700×□0=49000 ➔ 7×□=49, □=7

2-2 600×□0=30000 ➔ 6×□=30, □=5

2-3 • 900×㉠0=81000 ➔ 9×㉠=81, ㉠=9

• ㉡0×300=21000 ➔ ㉡×3=21, ㉡=7

➔ ㉠−㉡=9−7=2

4일 사고력·코딩 72쪽~73쪽

1 80, 30
2 (위부터) 6 / 30000 / 4, 7
3 일석이조
4 (위부터) 36000, 280

1 • ㉠×500=40000

➔ (몇)×5=400인 수는 없으므로 ㉠은 몇십입니다. □0×5=400, □×5=40, □=8이므로 ㉠=80입니다.

• 500×㉡=15000 ➔ 5×㉡=150, ㉡=30

2 •
$$\begin{array}{r} 6\ 9\ 6 \\ \times\quad ㉠\ 0 \\ \hline ㉡\ 1\ ㉢\ 6\ 0 \end{array}$$
6×㉠의 일의 자리 수는 6이고 6×1=6, 6×6=36이므로 ㉠이 될 수 있는 수는 1 또는 6입니다.

696×10=6960, 696×60=41760이므로 ㉠=6, ㉡=4, ㉢=7입니다.

• 60×500=500×60=30000

3 • 800×□0=48000 ➔ 8×□=48, □=6

•
$$\begin{array}{r} 1\ 4\ 4 \\ \times\quad □\ 0 \\ \hline 1\ 0\ 0\ 8\ 0 \end{array}$$
4×□의 일의 자리 수는 8이고 4×2=8, 4×7=28이므로 □가 될 수 있는 수는 2 또는 7입니다.

144×20=2880, 144×70=10080이므로 □=7입니다.

• 700×□0=14000 ➔ 7×□=14, □=2

• 500×□0=20000 ➔ 5×□=20, □=4

➔ 7>6>4>2이므로 ㉠일㉡석㉢이㉣조입니다.

4 • 400×▲=16000, 4×▲=160, ▲=40이므로 40을 곱하는 규칙입니다. ➔ 7×40=280

• 7×●=630, ●=90이므로 90을 곱하는 규칙입니다. ➔ 400×90=36000

5일 개념·원리 길잡이 74쪽~75쪽

활동 문제 74쪽

(왼쪽부터) 7, 5, 1 ; 9, 3 / 6, 4, 2 ; 8, 3 / 7, 6, 2 ; 9, 4

활동 문제 75쪽

(위부터) 2, 7, 9 ; 1, 4 / 3, 6, 8 ; 2, 5 / 4, 6, 7 ; 1, 5

활동 문제 74쪽

①>②>③>④>⑤인 수로 가장 큰 곱 만들기

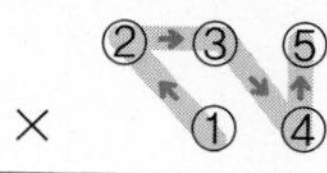

활동 문제 75쪽

①<②<③<④<⑤인 수로 가장 작은 곱 만들기

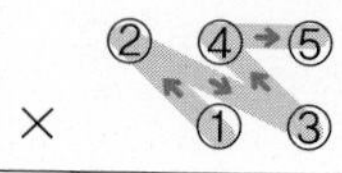

5일 서술형 길잡이 독해력 길잡이 76쪽~77쪽

1-1

$$\begin{array}{r} 531 \\ \times\ \ 82 \\ \hline 43542 \end{array}$$

1-2 (1) 9, 7, 6, 4, 2

(2)

$$\begin{array}{r} 762 \\ \times\ \ 94 \\ \hline 71628 \end{array}$$

1-3

$$\begin{array}{r} 541 \\ \times\ \ 73 \\ \hline 39493 \end{array}$$

2-1 357, 24 / 8568

2-2 수 카드 6장 중 5장을 골라 한 번씩만 사용하여 곱이 가장 작은 곱셈식을 만들고 곱을 구해 보세요.

8 1 6 2 3 9

/ 268, 13 / 3484

2-3 (1) 853, 94, 80182

(2) 358, 14, 5012

1-1 8>5>3>2>1이므로 곱이 가장 큰 곱셈식을 만들면 다음과 같습니다.

$$\begin{array}{r} 531 \\ \times\ \ 82 \\ \hline 1062 \\ 4248\ \ \\ \hline 43542 \end{array}$$

1-2 9>7>6>4>2

$$\begin{array}{r} 762 \\ \times\ \ 94 \\ \hline 3048 \\ 6858\ \ \\ \hline 71628 \end{array}$$

1-3 7>5>4>3>1

$$\begin{array}{r} 541 \\ \times\ \ 73 \\ \hline 1623 \\ 3787\ \ \\ \hline 39493 \end{array}$$

2-1 2<3<4<5<7<9이므로 2, 3, 4, 5, 7을 사용하여 곱이 가장 작은 곱셈식을 만들면 다음과 같습니다.

$$\begin{array}{r} 357 \\ \times\ \ 24 \\ \hline 1428 \\ 714\ \ \\ \hline 8568 \end{array}$$

2-2 1<2<3<6<8<9

$$\begin{array}{r} 268 \\ \times\ \ 13 \\ \hline 804 \\ 268\ \ \\ \hline 3484 \end{array}$$

2-3 (1) 9>8>5>4>3>1 (2) 1<3<4<5<8<9

$$\begin{array}{r} 853 \\ \times\ \ 94 \\ \hline 3412 \\ 7677\ \ \\ \hline 80182 \end{array} \qquad \begin{array}{r} 358 \\ \times\ \ 14 \\ \hline 1432 \\ 358\ \ \\ \hline 5012 \end{array}$$

5일 사고력·코딩 78쪽~79쪽

1 8710

2 (1) (위부터) 46, 25, 11675

(2) (위부터) 34, 17, 5933

3 541, 72, 38952, NURSE

4 24614

1 주사위의 윗면의 눈의 수는 5, 4, 3, 6, 1입니다.
6>5>4>3>1이므로 가장 작은 세 자리 수는 134, 가장 큰 두 자리 수는 65입니다.
➔ 134×65=8710

2 (1) 25<46<83<91이므로 25와 46이 들어가야 합니다.
25<46이므로 두 자리 수의 자리에 25가 들어가야 합니다.

$$\begin{array}{r} 467 \\ \times\ \ 25 \\ \hline 2335 \\ 934\ \ \\ \hline 11675 \end{array}$$

(2) 17 < 34 < 39 < 58이므로 17과 34가 들어가야 합니다. 17 < 34이므로 두 자리 수의 자리에 17이 들어가야 합니다.

$$\begin{array}{r} 3\ 4\ 9 \\ \times \quad 1\ 7 \\ \hline 2\ 4\ 4\ 3 \\ 3\ 4\ 9\ \ \\ \hline 5\ 9\ 3\ 3 \end{array}$$

3 7 > 5 > 4 > 2 > 1

$$\begin{array}{r} 5\ 4\ 1 \\ \times \quad 7\ 2 \\ \hline 1\ 0\ 8\ 2 \\ 3\ 7\ 8\ 7\ \ \\ \hline 3\ 8\ 9\ 5\ 2 \end{array}$$

38952를 암호문에 맞게 알파벳으로 나타내면 NURSE(간호사)입니다.

4 가 = 375, 가 × 62 = 나에서 375 × 62 = 23250입니다.
나는 23250으로 24000보다 크지 않으므로
가 = 375 + 11 = 386 ➔ 386 × 62 = 23932입니다.
나는 23932로 24000보다 크지 않으므로
가 = 386 + 11 = 397 ➔ 397 × 62 = 24614입니다.
나는 24614로 24000보다 크므로 24614를 출력합니다.

2주 특강 창의 · 융합 · 코딩 80쪽~85쪽

1

2

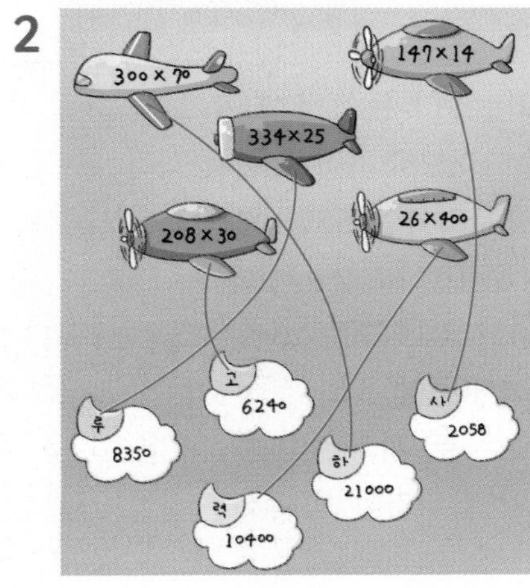

3 다

4 1476개

5

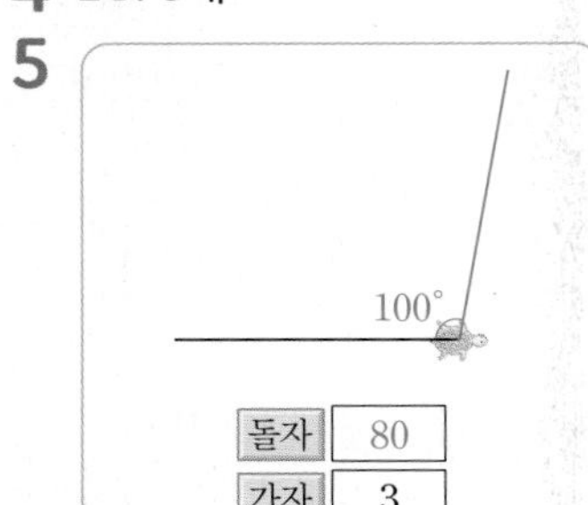

6

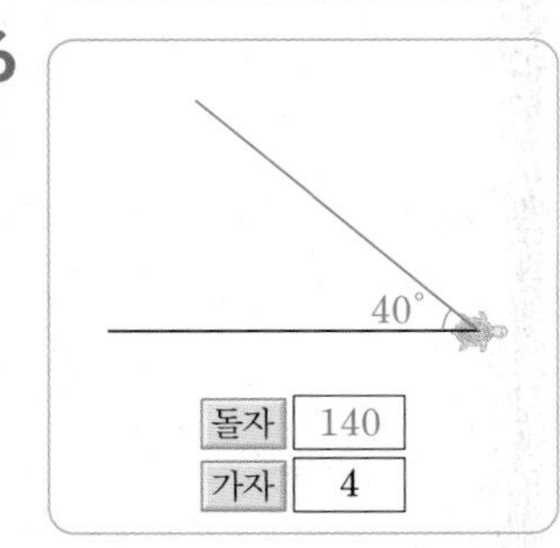

7 2464 L

8 7140 L

9 ① 9시, 3시 ② 3시

2 300×70 = 21000 ➔ 하, 334×25 = 8350 ➔ 루,
147×14 = 2058 ➔ 사, 208×30 = 6240 ➔ 고,
26×400 = 400×26 = 10400 ➔ 력

3 지붕 위쪽의 세 각의 크기를 비교하면 각의 크기는 다가 가장 크고, 나가 가장 작습니다.
따라서 삼촌 댁은 다입니다.

4 (한 상자의 사과 수)×(상자 수)
= 12×123 = 123×12 = 1476(개)

5 명령어 '돌자 ♥'에서 $180^\circ - ♥^\circ$ 크기의 각이 그려집니다.
$180^\circ - ♥^\circ = 100^\circ$, $♥^\circ = 180^\circ - 100^\circ = 80^\circ$

6 명령어 '돌자 ♥'에서 $180^\circ - ♥^\circ$ 크기의 각이 그려집니다.
$180^\circ - ♥^\circ = 40^\circ$, $♥^\circ = 180^\circ - 40^\circ = 140^\circ$

7 1회에 절약되는 물의 양에 실천 횟수를 곱합니다.
176×14 = 2464 (L)

8 70×102 = 102×70 = 7140 (L)

9 ① 시계의 긴바늘과 짧은바늘이 이루는 작은 쪽의 각도가 직각인 시계의 시각은 9시, 3시입니다.
② 체육 수업이 오후에 있으므로 체육 수업이 시작된 시각은 3시입니다.

누구나 100점 TEST 86쪽~87쪽

1 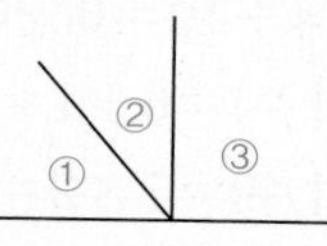 , 둔각

2 (1) 2개 (2) 3개

3 (1) 100° (2) 60°

4 (1) 8, 4 (2) 2, 7

5
$$\begin{array}{r} 5\ 4\ 2 \\ \times\quad 9\ 3 \\ \hline 5\ 0\ 4\ 0\ 6 \end{array}$$

6
$$\begin{array}{r} 2\ 7\ 8 \\ \times\quad 1\ 6 \\ \hline 4\ 4\ 4\ 8 \end{array}$$

1 각도가 직각보다 크고 180°보다 작으므로 둔각입니다.

2 (1) ①, ② ➔ 2개

(2) ②, ③, ②③ ➔ 3개

3 (1) 삼각형의 세 각의 크기의 합은 180°입니다.
35°+45°+□=180°, 80°+□=180°,
180°−80°=□, □=100°

(2) 사각형의 네 각의 크기의 합은 360°입니다.
90°+110°+100°+□=360°,
300°+□=360°, 360°−300°=□, □=60°

4 (1)
$$\begin{array}{r} 4\ 1\ 8 \\ \times\quad ㉠\ 0 \\ \hline 3\ 3\ ㉡\ 4\ 0 \end{array}$$

8×㉠의 일의 자리 수는 4이고 8×3=24, 8×8=64이므로 ㉠이 될 수 있는 수는 3 또는 8입니다.
418×30=12540, 418×80=33440이므로 ㉠=8, ㉡=4입니다.

(2)
$$\begin{array}{r} 5\ 3\ ㉠ \\ \times\quad 9\ 0 \\ \hline 4\ ㉡\ 8\ 8\ 0 \end{array}$$

㉠×9의 일의 자리 수는 8이고 2×9=18이므로 ㉠=2입니다.
532×90=47880이므로 ㉡=7입니다.

5 9>5>4>3>2
$$\begin{array}{r} 5\ 4\ 2 \\ \times\quad 9\ 3 \\ \hline 1\ 6\ 2\ 6 \\ 4\ 8\ 7\ 8\ \\ \hline 5\ 0\ 4\ 0\ 6 \end{array}$$

6 1<2<6<7<8
$$\begin{array}{r} 2\ 7\ 8 \\ \times\quad 1\ 6 \\ \hline 1\ 6\ 6\ 8 \\ 2\ 7\ 8\ \\ \hline 4\ 4\ 4\ 8 \end{array}$$

3주

이번 주에는 무엇을 공부할까? ② 90쪽~91쪽

1-1 (1) 8, 400, 33 (2) 3, 69, 2

1-2 (1) 6, 468, 34 (2) 46, 76, 121, 114, 7

2-1 7, 29 / 예 40×7=280, 280+29=309

2-2 13, 18 / 예 65×13=845, 845+18=863

3-1 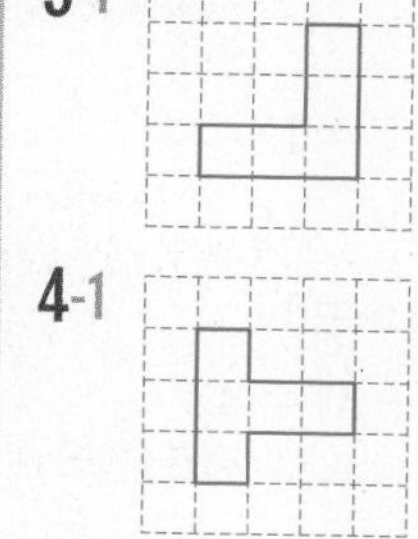

3-2 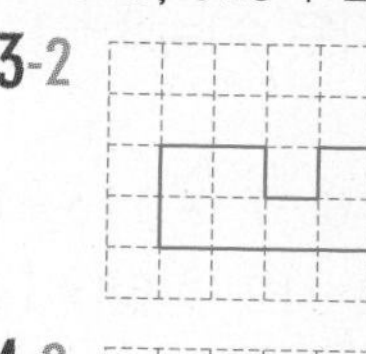

4-1

4-2

2-1
$$\begin{array}{r} 7 \\ 40\overline{)\,3\ 0\ 9} \\ 2\ 8\ 0 \\ \hline 2\ 9 \end{array}$$

2-2
$$\begin{array}{r} 1\ 3 \\ 65\overline{)\,8\ 6\ 3} \\ 6\ 5\ \\ \hline 2\ 1\ 3 \\ 1\ 9\ 5 \\ \hline 1\ 8 \end{array}$$

3-1～3-2 도형을 오른쪽으로 뒤집으면 도형의 왼쪽과 오른쪽이 바뀌고, 위쪽으로 뒤집으면 도형의 위쪽과 아래쪽이 바뀝니다.

4-1～4-2 도형을 시계 방향으로 90°만큼 돌리면 도형의 위쪽 부분이 오른쪽으로 이동하고, 시계 반대 방향으로 180°만큼 돌리면 도형의 위쪽 부분이 아래쪽으로 이동합니다.

1일 개념·원리 길잡이 92쪽~93쪽

활동 문제 92쪽

9, 10 / 6, 7 / 7, 8 / 8, 9

활동 문제 93쪽

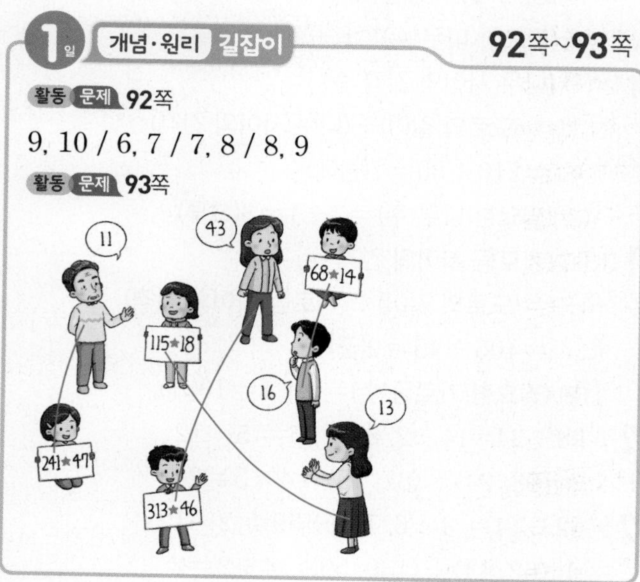

활동 문제 92쪽

- (나무 사이의 간격 수)＝108÷12＝9(군데)
  ➔ (필요한 나무 수)＝9＋1＝10(그루)
- (나무 사이의 간격 수)＝180÷30＝6(군데)
  ➔ (필요한 나무 수)＝6＋1＝7(그루)
- (나무 사이의 간격 수)＝91÷13＝7(군데)
  ➔ (필요한 나무 수)＝7＋1＝8(그루)
- (나무 사이의 간격 수)＝168÷21＝8(군데)
  ➔ (필요한 나무 수)＝8＋1＝9(그루)

활동 문제 93쪽

- 115÷18＝6…7 ➔ 115★18＝6＋7＝13
- 68÷14＝4…12 ➔ 68★14＝4＋12＝16
- 241÷47＝5…6 ➔ 241★47＝5＋6＝11
- 313÷46＝6…37 ➔ 313★46＝6＋37＝43

1일 서술형 길잡이 독해력 길잡이 94쪽~95쪽

1-1 9그루
1-2 (1) 7군데 (2) 8그루
1-3 (1) 9군데 (2) 10개
2-1 20
2-2 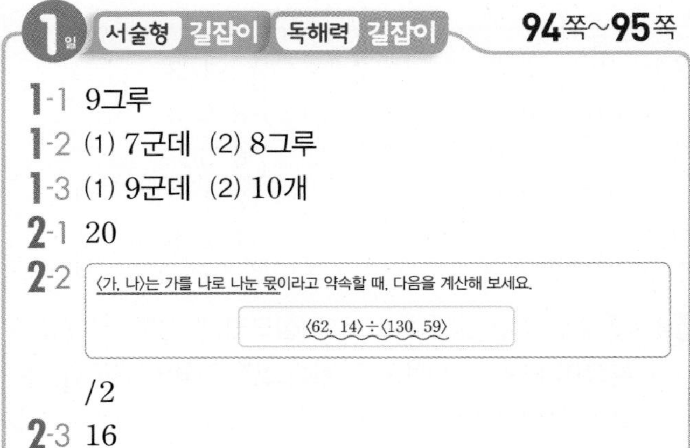
⟨가, 나⟩는 가를 나로 나눈 몫이라고 약속할 때, 다음을 계산해 보세요.
⟨62, 14⟩÷⟨130, 59⟩
/2
2-3 16

1-1 (나무 사이의 간격 수)
＝(도로의 길이)÷(나무 사이의 간격)
＝136÷17＝8(군데)
➔ (필요한 나무 수)＝8＋1＝9(그루)

1-2 (1) (나무 사이의 간격 수)
＝(도로의 길이)÷(나무 사이의 간격)
＝210÷30＝7(군데)
(2) (필요한 나무 수)＝7＋1＝8(그루)

1-3 (1) (가로등 사이의 간격 수)
＝(도로의 길이)÷(가로등 사이의 간격)
＝405÷45＝9(군데)
(2) (필요한 가로등 수)＝9＋1＝10(개)

2-1 98÷24＝④…2, 87÷15＝⑤…12
➔ ⟨98, 24⟩×⟨87, 15⟩＝4×5＝20

2-2 62÷14＝④…6, 130÷59＝②…12
➔ ⟨62, 14⟩÷⟨130, 59⟩＝4÷2＝2

2-3 48÷13＝3…⑨, 128÷17＝⑦…9
➔ [48, 13]＋⟨128, 17⟩＝9＋7＝16

1일 사고력·코딩 96쪽~97쪽

1 6
2 15
3 14개
4 10, 1, 3
5 (왼쪽부터) 6, 43

1 거꾸로 계산하면
65÷13＝5, 5×60＝300, 300÷50＝6입니다.

2 69÷18＝③…15, 150÷44＝3…⑱
➔ 69▲18＝3, 150◆44＝18이므로
18－3＝15입니다.

3 (태극기 사이의 간격 수)＝114÷19＝6(군데)
(도로의 한쪽에 필요한 태극기 수)＝6＋1＝7(개)
(도로의 양쪽에 필요한 태극기 수)＝7×2＝14(개)

4 • 100÷15＝6…10이므로 ㉠＝10입니다.
• 91÷15＝6…1이므로 ㉡＝1입니다.
• 123÷15＝8…3이므로 ㉢＝3입니다.

5 79÷21＝3…16이고, 813÷96＝8…45이므로 상자에 넣은 두 공에 쓰인 두 수의 나눗셈을 하여 몫과 나머지가 쓰인 공이 나오는 규칙입니다.
415÷62＝6…43
노란색 공 ← 6, 43 → 초록색 공

2일 개념·원리 길잡이 98쪽~99쪽

활동 문제 98쪽

(위쪽부터) 696, 900 / 860, 816, 650

활동 문제 99쪽

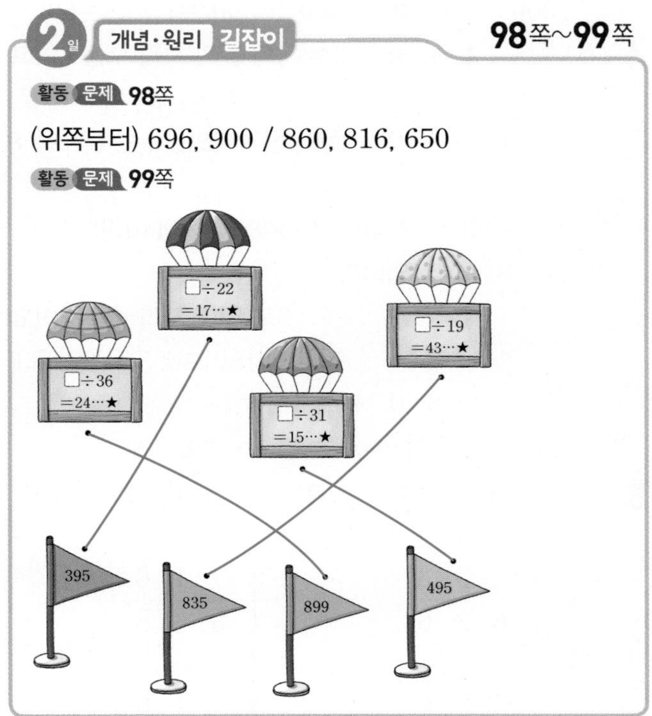

활동 문제 98쪽

- □÷43=16⋯8
  43×16=688, 688+8=696
- □÷31=29⋯1
  31×29=899, 899+1=900
- □÷57=15⋯5
  57×15=855, 855+5=860
- □÷62=13⋯10
  62×13=806, 806+10=816
- □÷33=19⋯23
  33×19=627, 627+23=650

활동 문제 99쪽

- □÷36=24⋯★에서 36으로 나누었을 때 나머지가 가장 큰 경우는 35입니다.
  36×24=864, 864+35=899
- □÷22=17⋯★에서 22로 나누었을 때 나머지가 가장 큰 경우는 21입니다.
  22×17=374, 374+21=395
- □÷31=15⋯★에서 31로 나누었을 때 나머지가 가장 큰 경우는 30입니다.
  31×15=465, 465+30=495
- □÷19=43⋯★에서 19로 나누었을 때 나머지가 가장 큰 경우는 18입니다.
  19×43=817, 817+18=835

2일 서술형 길잡이 독해력 길잡이 100쪽~101쪽

1-1 394

1-2 (1) □÷27=18⋯9 (2) 495

1-3 (1) □÷16=42⋯11 (2) 683

2-1 797

2-2 나눗셈 상자에 어떤 수를 넣었더니 몫이 36이 나왔습니다. 어떤 수가 될 수 있는 수 중에서 가장 큰 수를 구해 보세요.

/ 813

2-3 705, 751

1-1 어떤 수를 □라 하여 나눗셈식을 쓰면
□÷29=13⋯17입니다.
검산식을 이용하여 계산해 보면
29×13=377, 377+17=□, □=394입니다.
따라서 어떤 수는 394입니다.

1-2 (1) 어떤 수를 □라 하여 나눗셈식을 쓰면
□÷27=18⋯9입니다.
(2) 검산식을 이용하여 계산해 보면
27×18=486, 486+9=□, □=495입니다.
따라서 어떤 수는 495입니다.

1-3 어떤 수를 □라 하여 나눗셈식을 쓰면
□÷16=42⋯11입니다.
검산식을 이용하여 계산해 보면
16×42=672, 672+11=□, □=683입니다.
따라서 어떤 수는 683입니다.

2-1 어떤 수를 19로 나누었을 때 나머지가 될 수 있는 수 중에서 가장 큰 수는 18입니다.
➔ (어떤 수)÷19=41⋯18
19×41=779, 779+18=797이므로 어떤 수가 될 수 있는 수 중에서 가장 큰 수는 797입니다.

2-2 어떤 수를 22로 나누었을 때 나머지가 될 수 있는 수 중에서 가장 큰 수는 21입니다.
➔ (어떤 수)÷22=36⋯21
22×36=792, 792+21=813이므로 어떤 수가 될 수 있는 수 중에서 가장 큰 수는 813입니다.

2-3 어떤 수가 될 수 있는 수 중에서 가장 작은 수는 나누어떨어질 때입니다.
➔ (어떤 수)÷47=15, 47×15=705이므로 어떤 수가 될 수 있는 수 중에서 가장 작은 수는 705입니다.
어떤 수를 47로 나누었을 때 나머지가 될 수 있는 수 중에서 가장 큰 수는 46입니다.
➔ (어떤 수)÷47=15⋯46, 47×15=705, 705+46=751이므로 어떤 수가 될 수 있는 수 중에서 가장 큰 수는 751입니다.

2일 사고력·코딩 102쪽~103쪽

1 4, 8에 ○표

2 302개

3 (1) 2, 7, 4, 7 (2) 3, 4, 3, 7

4 7

5 394

6 960

1 □□÷12=7에서 검산식을 이용하면

□□=12×7=84입니다.

➡ 사용한 수 카드는 4와 8입니다.

2 귤의 수를 □개라고 하면 □÷25=12…2이고

25×12=300, 300+2=302이므로 □=302입니다.

따라서 귤은 모두 302개입니다.

3 (1)

```
          2 [2]
3[7]) 8 2 5   ← ② 3□×2=74, □=7
      7 [4]   ← ① 82−8=74
      ─────
        8 5
      [7] 4   ← ③ 85−11=74,
      ─────       37×2=74
        1 1
```

(2)

```
         2 [3]
19) 4 [4] 1   ← ② 380+61=441
    [3] 8     ← ① 19×2=38
    ───────
      6 1
      5 [7]   ← ③ 61−4=57,
    ───────       19×3=57
        4
```

4 40×6=240, 40×7=280이므로

2□5는 240보다 크고 280보다 작습니다.

따라서 □ 안에 들어갈 수 있는 수는 4, 5, 6, 7이고

이 중에서 가장 큰 수는 7입니다.

5 □÷27=3…26 ➡ 27×3=81, 81+26=107

□÷18=15…17 ➡ 18×15=270, 270+17=287

➡ 《27, 3》+《18, 15》=107+287=394

6 A÷63=♥…♥ ➡ 63×♥=□, □+♥=A

♥가 15일 때 63×15=945, 945+15=960

♥가 16일 때 63×16=1008(×)

A는 세 자리 수이므로 960입니다.

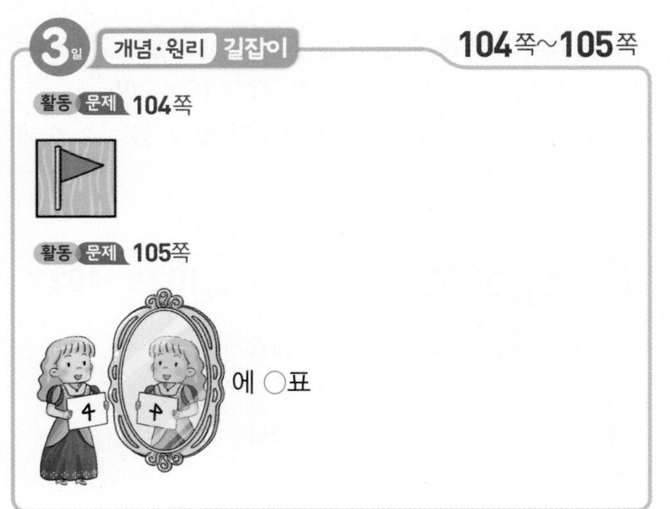

3일 개념·원리 길잡이
104쪽~105쪽
활동 문제 104쪽
활동 문제 105쪽
에 ○표

활동 문제 104쪽

그림 블록을 밀었을 때 모양은 그대로지만 위치는 바뀝니다.

활동 문제 105쪽

그림을 거울에 비추면 왼쪽과 오른쪽이 바뀌어 보입니다.

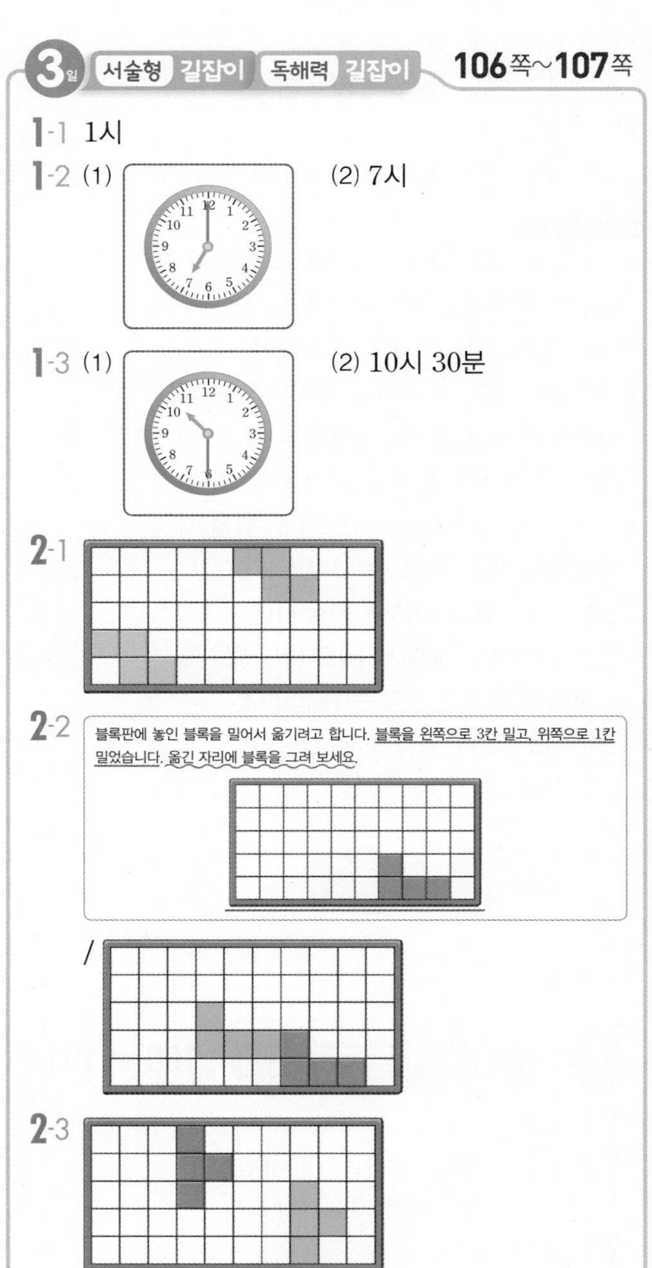

3일 서술형 길잡이 독해력 길잡이
106쪽~107쪽
1-1 1시
1-2 (1) (2) 7시
1-3 (1) (2) 10시 30분
2-1
2-2
블록판에 놓인 블록을 밀어서 옮기려고 합니다. 블록을 왼쪽으로 3칸 밀고, 위쪽으로 1칸 밀었습니다. 옮긴 자리에 블록을 그려 보세요.
/
2-3

1-1 거울에 비친 시계를 왼쪽이나 오른쪽으로 뒤집으면 다음과 같습니다.

➡ 1시

1-2 (1) 거울에 비친 시계를 왼쪽이나 오른쪽으로 뒤집었을 때의 모양을 그립니다.

(2) 시계가 가리키는 시각은 7시입니다.

1-3 (1) 거울에 비친 시계를 왼쪽이나 오른쪽으로 뒤집었을 때의 모양을 그립니다.

(2) 시계가 가리키는 시각은 10시 30분입니다.

2-1

2-2

2-3

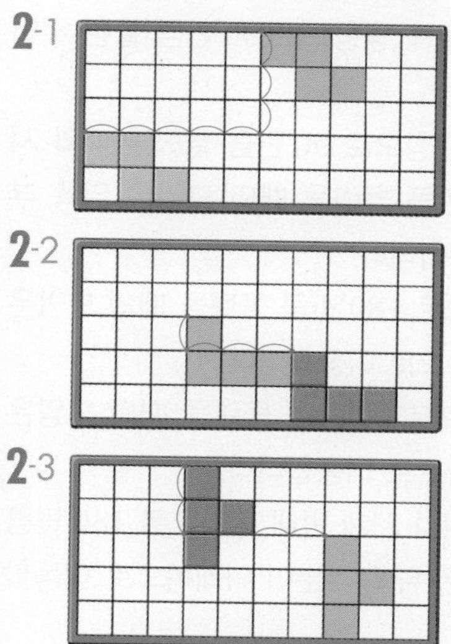

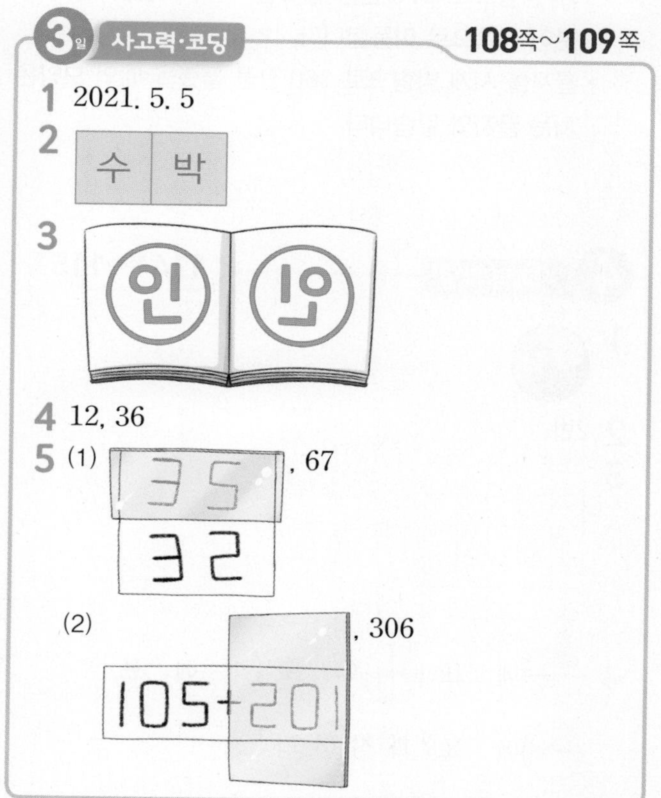

3일 사고력·코딩 108쪽~109쪽

1 2021. 5. 5

2 수 박

3

4 12, 36

5 (1) , 67

(2) , 306

1 도장에 새긴 글자는 찍었을 때 왼쪽과 오른쪽이 바뀌어서 찍힙니다. 도장에 새겨진 모양을 왼쪽이나 오른쪽으로 뒤집으면 2021. 5. 5가 됩니다.

2 미로 안에서 글자 블록의 모양은 다음과 같습니다.

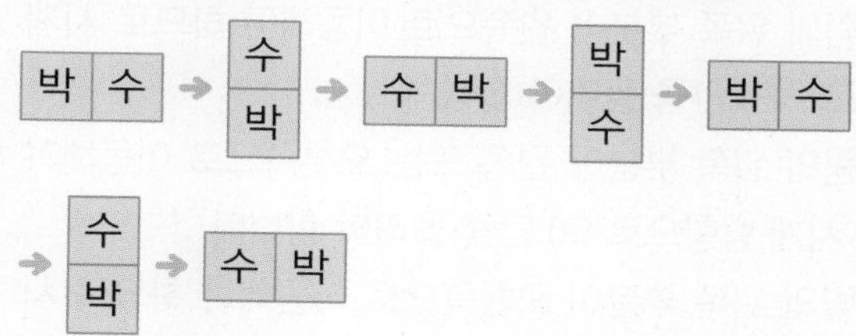

3 • 도장을 찍은 쪽에는 도장에 새겨져 있는 모양을 왼쪽이나 오른쪽으로 뒤집은 모양이 생깁니다.

• 책의 반대쪽에는 도장을 찍은 쪽에 생긴 모양을 왼쪽이나 오른쪽으로 뒤집은 모양인 도장에 새겨져 있는 모양이 생깁니다.

4 거울에 비치면 왼쪽과 오른쪽이 서로 바뀝니다. 따라서 거울에 비친 시각을 왼쪽이나 오른쪽으로 뒤집어 보면 12:36이므로 실제 시각은 12시 36분입니다.

5 (1)

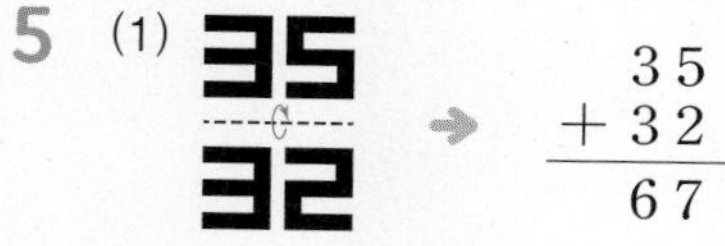

$$\begin{array}{r} 35 \\ +\ 32 \\ \hline 67 \end{array}$$

(2) → $105+201=306$

4일 개념·원리 길잡이 110쪽~111쪽

활동 문제 110쪽

에 ○표, 에 ○표,

에 ○표, 에 ○표

활동 문제 111쪽

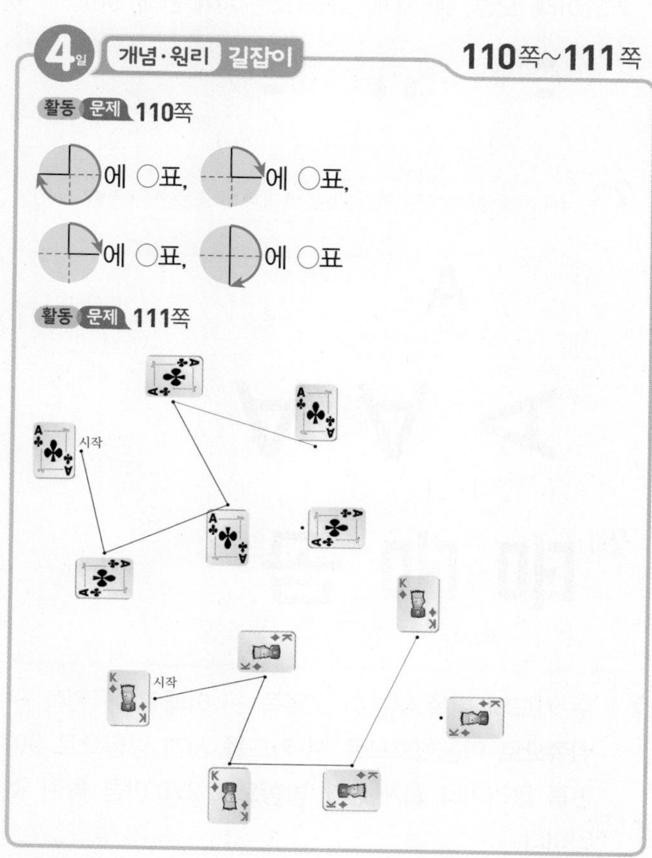

활동 문제 110쪽

- 그림의 위쪽 부분이 왼쪽으로 이동해야 하므로 시계 방향으로 270°만큼 돌려야 합니다.
- 그림의 위쪽 부분이 왼쪽 또는 오른쪽으로 이동해야 하므로 시계 방향으로 90°만큼 돌려야 합니다.
- 그림의 위쪽 부분이 오른쪽으로 이동해야 하므로 시계 방향으로 90°만큼 돌려야 합니다.
- 그림의 위쪽 부분이 아래쪽으로 이동해야 하므로 시계 방향으로 180°만큼 돌려야 합니다.

활동 문제 111쪽

- 카드의 위쪽 부분이 오른쪽 → 아래쪽으로 이동했으므로 카드를 시계 방향으로 90°만큼 돌리는 규칙입니다.
- 카드의 위쪽 부분이 왼쪽 → 아래쪽으로 이동했으므로 카드를 시계 반대 방향으로 90°만큼 돌리는 규칙입니다.

4일 서술형 길잡이 독해력 길잡이 112쪽~113쪽

1-1 아래, 왼, 위, 시계, 90 (또는 시계 반대, 270)
1-2 위, 아래, 위, 시계(또는 시계 반대), 180
1-3 아래, 오른, 위, 시계, 270 (또는 시계 반대, 90)

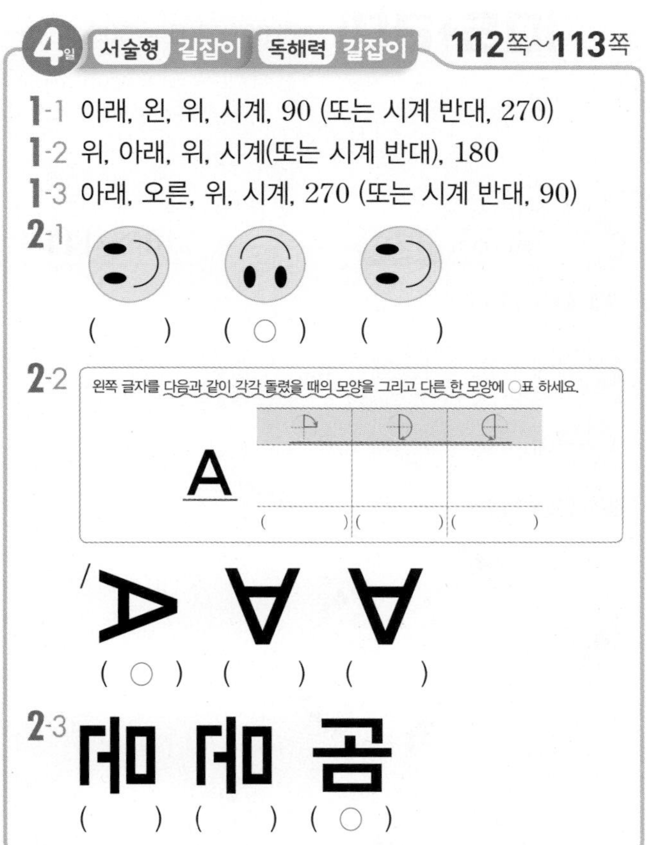

1-1 수 카드의 위쪽 부분이 오른쪽 → 아래쪽 → 왼쪽 → 위쪽으로 이동했으므로 수 카드를 시계 방향으로 90° 만큼 돌리거나 시계 반대 방향으로 270°만큼 돌린 것입니다.

1-2 수 카드의 위쪽 부분이 아래쪽 → 위쪽 → 아래쪽 → 위쪽으로 이동했으므로 수 카드를 시계 방향으로 180° 만큼 돌리거나 시계 반대 방향으로 180°만큼 돌린 것입니다.

1-3 수 카드의 위쪽 부분이 왼쪽 → 아래쪽 → 오른쪽 → 위쪽으로 이동했으므로 수 카드를 시계 방향으로 270° 만큼 돌리거나 시계 반대 방향으로 90°만큼 돌린 것입니다.

2-1
- 그림을 시계 반대 방향으로 90°만큼 돌렸을 때와 시계 방향으로 270°만큼 돌렸을 때의 모양은 위쪽 부분이 왼쪽으로 이동합니다.
- 그림을 시계 방향으로 180°만큼 돌렸을 때의 모양은 위쪽 부분이 아래쪽으로 이동합니다.

2-2
- 글자를 시계 방향으로 90°만큼 돌렸을 때의 모양은 위쪽 부분이 오른쪽으로 이동합니다.
- 글자를 시계 방향이나 시계 반대 방향으로 180°만큼 돌렸을 때의 모양은 위쪽 부분이 아래쪽으로 이동합니다.

2-3
- 글자를 시계 반대 방향으로 90°만큼 돌렸을 때와 시계 방향으로 270°만큼 돌렸을 때의 모양은 위쪽 부분이 왼쪽으로 이동합니다.
- 글자를 시계 방향으로 360°만큼 돌렸을 때의 모양은 처음 글자와 같습니다.

4일 사고력·코딩 114쪽~115쪽

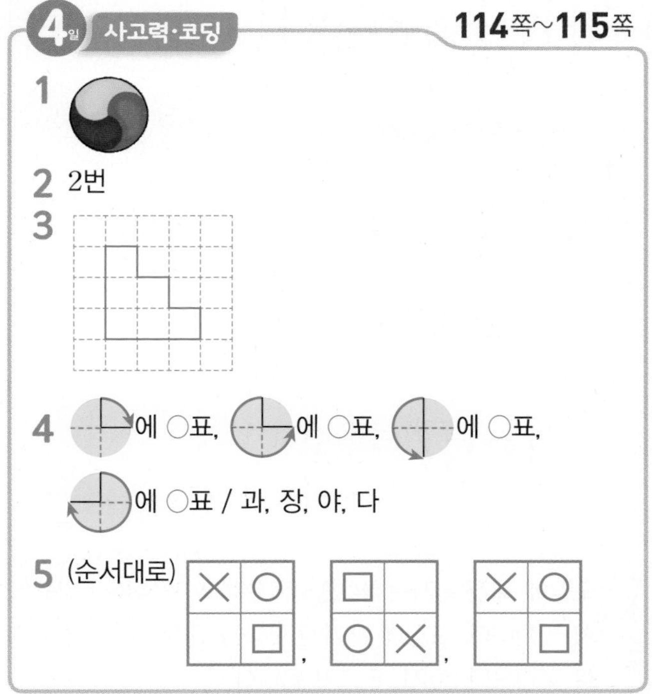

1
2 2번
3
4 에 ○표, 에 ○표, 에 ○표, 에 ○표 / 과, 장, 야, 다
5 (순서대로)

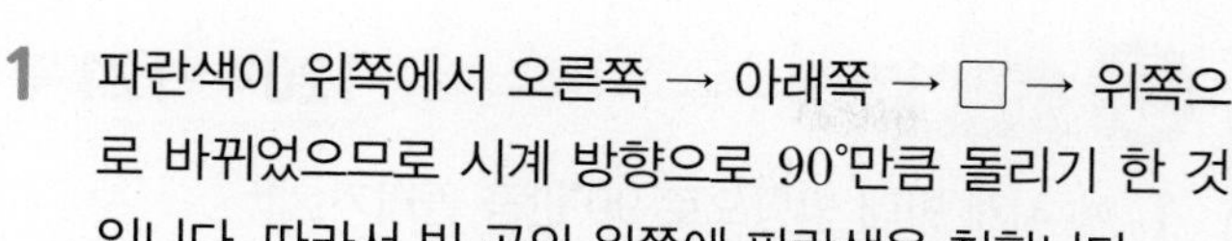

1 파란색이 위쪽에서 오른쪽 → 아래쪽 → □ → 위쪽으로 바뀌었으므로 시계 방향으로 90°만큼 돌리기 한 것입니다. 따라서 빈 곳의 왼쪽에 파란색을 칠합니다.

2 주어진 바둑돌을 시계 반대 방향으로 180°만큼 돌렸을 때의 모양은 다음과 같습니다.

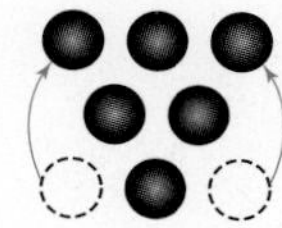

따라서 바둑돌을 적어도 2번 움직여야 합니다.

3 도형을 시계 반대 방향으로 90°만큼 4번 돌린 것은 시계 반대 방향으로 360°만큼 돌린 것과 같으므로 처음 도형과 같습니다.
따라서 시계 반대 방향으로 90°만큼 6번 돌린 것은 시계 반대 방향으로 90°만큼 2번 돌린 것과 같습니다.

4 과 다
야 장

5 도형의 위쪽 부분이 왼쪽 → 아래쪽으로 이동했으므로 시계 반대 방향으로 90°만큼 돌리기 한 것입니다.

5일 개념·원리 길잡이 116쪽~117쪽

활동 문제 116쪽

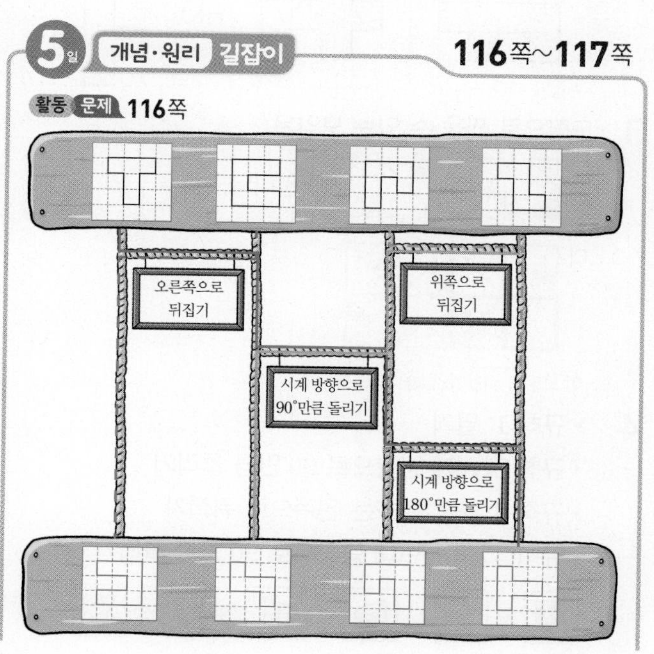

활동 문제 117쪽

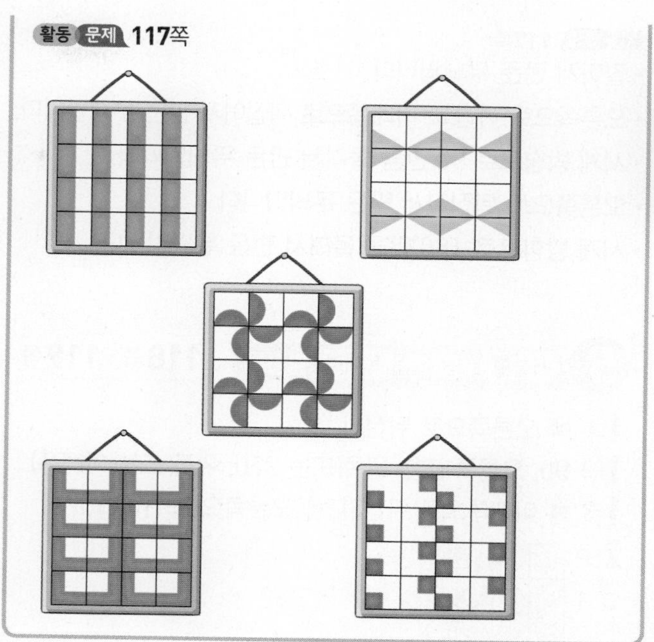

활동 문제 116쪽

• 오른쪽으로 뒤집은 다음 시계 방향으로 90°만큼 돌린 후 시계 방향으로 180°만큼 돌리기
➔ 오른쪽으로 뒤집은 다음 시계 방향으로 270°만큼 돌리기

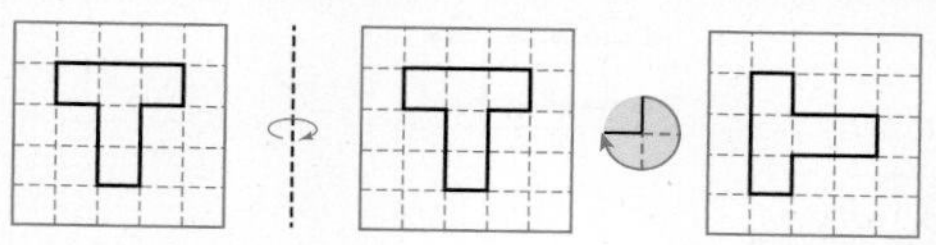

• 오른쪽으로 뒤집기

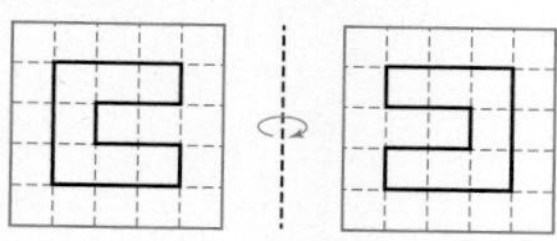

• 위쪽으로 뒤집은 다음 시계 방향으로 180°만큼 돌리기

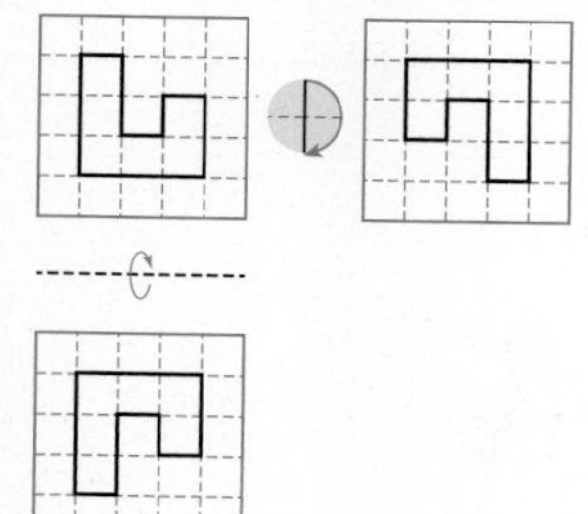

• 위쪽으로 뒤집은 다음 시계 방향으로 90°만큼 돌리기

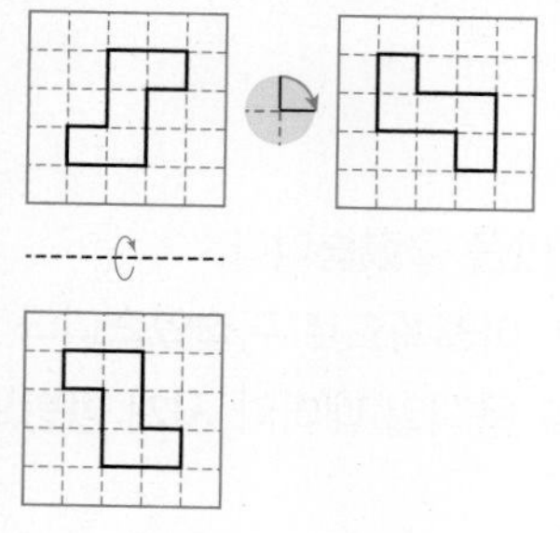

활동 문제 117쪽

- 밀어서 만든 무늬입니다.
- 오른쪽으로 뒤집고, 아래쪽으로 뒤집어서 만든 무늬입니다.
- 시계 방향으로 90°만큼 돌려서 만든 무늬입니다.
- 오른쪽으로 뒤집어서 만든 무늬입니다.
- 시계 방향으로 180°만큼 돌려서 만든 무늬입니다.

5일 서술형 길잡이 독해력 길잡이 118쪽~119쪽

1-1 예 오른쪽으로 뒤집기

1-2 90, 오른쪽 또는 왼쪽(또는 270, 위쪽 또는 아래쪽)

1-3 예 아래쪽으로 뒤집기, 예 오른쪽으로 뒤집기

2-1

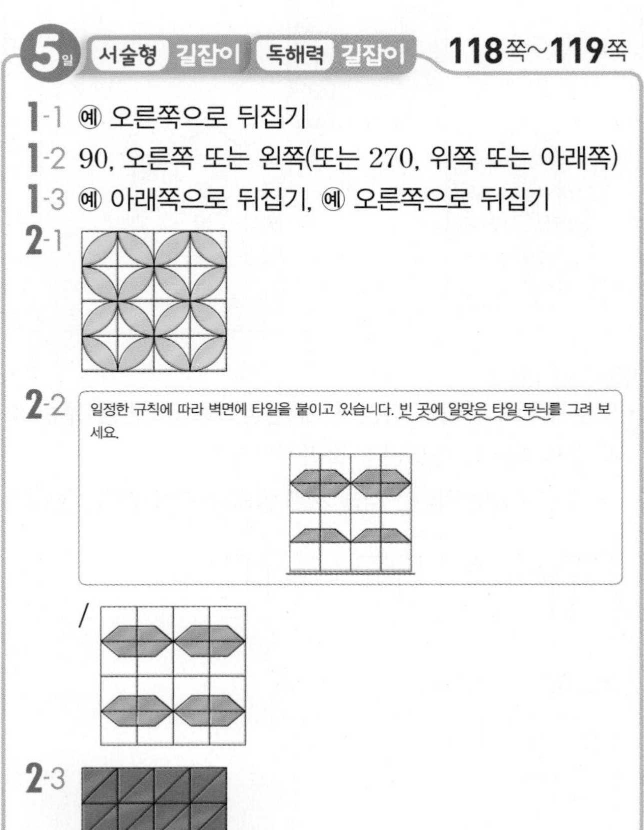

2-2
일정한 규칙에 따라 벽면에 타일을 붙이고 있습니다. 빈 곳에 알맞은 타일 무늬를 그려 보세요.
/
2-3

1-1

1-2

1-3

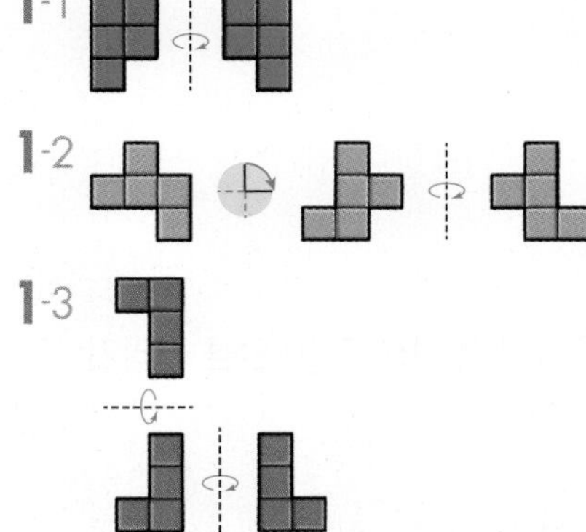

2-1 타일을 시계 방향으로 90°만큼 돌렸습니다.

2-2 타일을 오른쪽으로 뒤집고, 아래쪽으로 뒤집었습니다.

2-3 타일을 오른쪽, 아래쪽으로 움직일 때마다 시계 방향으로 180°만큼 돌렸습니다.

5일 사고력·코딩 120쪽~121쪽

1 예 시계 반대 방향으로 90°만큼 돌리기, ②
/ 예 왼쪽으로 뒤집기 한 다음 아래쪽으로 뒤집기, ③
/ 예 시계 방향으로 90°만큼 돌리기, ①

2 3군데, 3군데

3 다

4

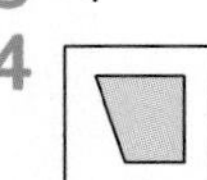

1 • 가 조각을 시계 반대 방향으로 90°만큼 돌리면 다음과 같습니다.

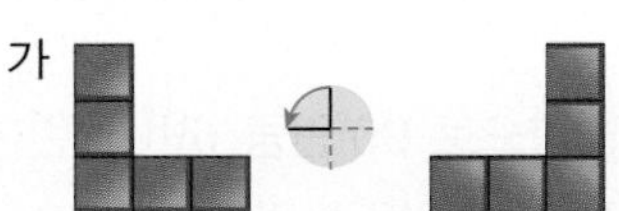

• 나 조각을 왼쪽으로 뒤집기 한 다음 아래쪽으로 뒤집으면 다음과 같습니다.

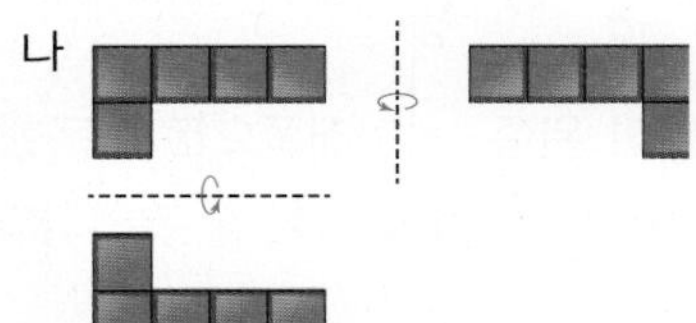

• 다 조각을 시계 방향으로 90°만큼 돌리면 다음과 같습니다.

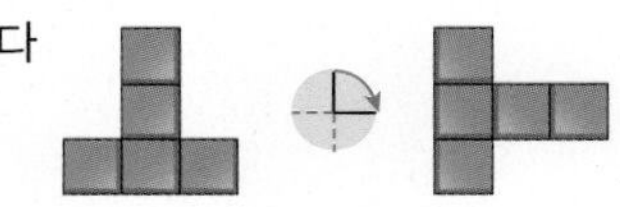

2

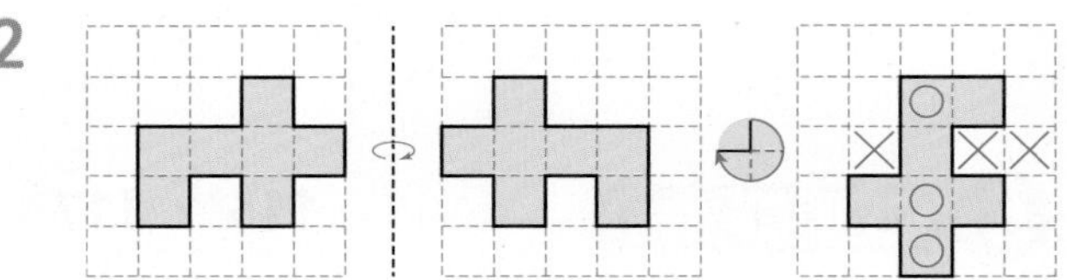

3 도장으로 찍을 수 있는 모양은

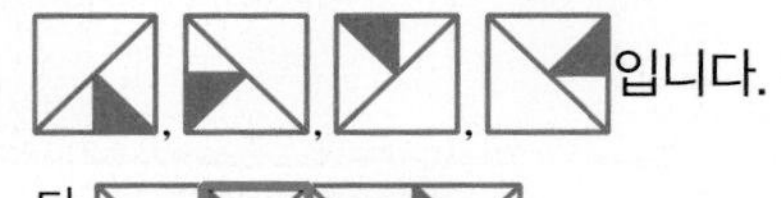입니다.

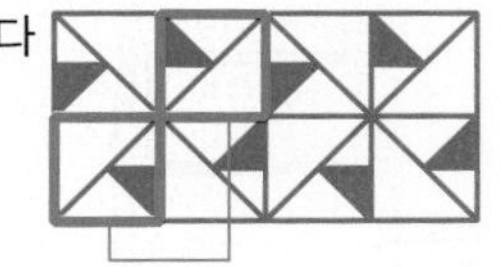

4 • 규칙 1: 밀기
• 규칙 2: 시계 방향으로 90°만큼 돌리기
• 규칙 3: 오른쪽 또는 왼쪽으로 뒤집기
• 규칙 4: 시계 반대 방향으로 90°만큼 돌리기

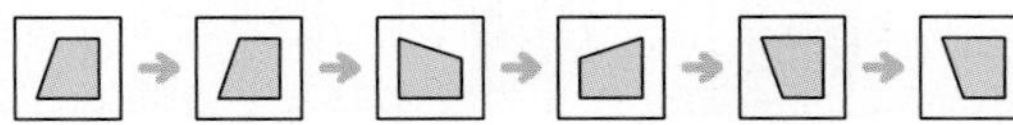

3주 특강 창의 · 융합 · 코딩 122쪽~127쪽

1

2

3 75

4

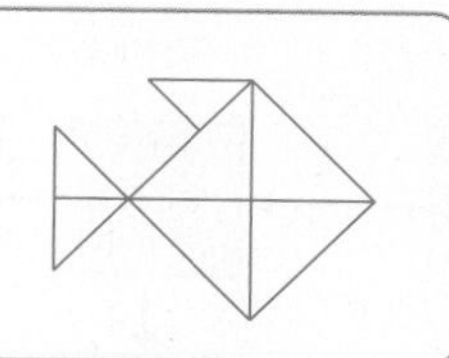

5 12, 21 / 12, 21

6 13, 12 / 13, 12

7 ❶ (○) (   ) ❷ (   ) (○)

8
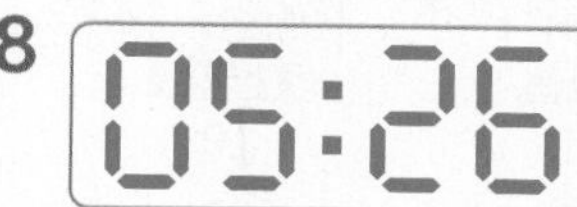

9 예 시계 방향으로 180°만큼 돌립니다.

1 토끼: $455 \div 36 = 12 \cdots 23$,
고양이: $614 \div 70 = 8 \cdots 54$,
카드병정: $746 \div 87 = 8 \cdots 50$,
모자장수: $82 \div 14 = 5 \cdots 12$,
생쥐: $867 \div 45 = 19 \cdots 12$
따라서 알맞은 열쇠를 준 친구는 생쥐입니다.

3 이 승강기는 12명이 탈 수 있으며 900 kg까지 탈 수 있습니다.
(한 명의 몸무게 기준)
=(탈 수 있는 무게)÷(탈 수 있는 사람 수)
$=900 \div 12 = 75$ (kg)
따라서 이 승강기에 쓰인 한 명의 몸무게 기준은 75 kg입니다.

4 왼쪽과 오른쪽이 바뀌려면 왼쪽이나 오른쪽으로 뒤집어야 합니다.

5 $849 \div 69 = 12 \cdots 21$이므로 69만큼 빼기가 12번 반복되고, 화면에 쓰이는 수는 21입니다.

6 $571 \div 43 = 13 \cdots 12$이므로 43만큼 빼기가 13번 반복되고, 화면에 쓰이는 수는 12입니다.

7 ❶
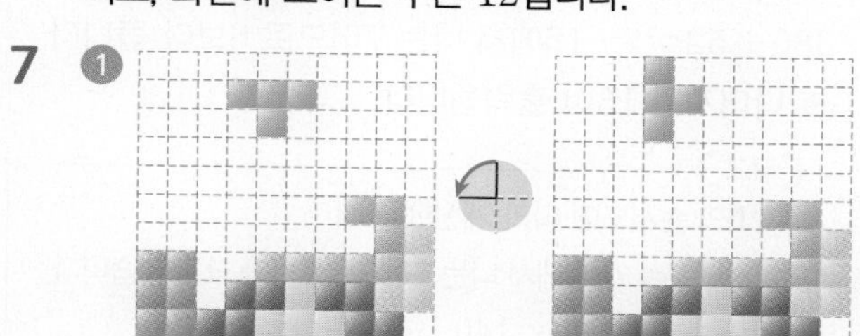

❷
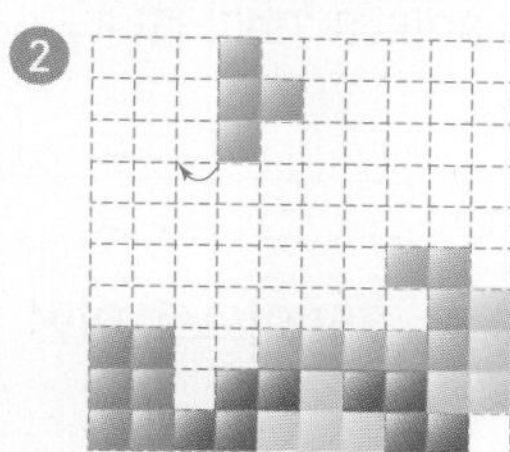

8 거울에 비친 시계의 모습은 왼쪽 또는 오른쪽으로 뒤집은 모양입니다. 따라서 주어진 모양을 왼쪽이나 오른쪽으로 뒤집으면 원래 모양이 됩니다.

9

누구나 100점 TEST 128쪽~129쪽

1 8그루
2 16
3 750
4 , 9시
5
6 왼쪽에 ○표, 180°에 ○표

1 (나무 사이의 간격 수)
=(도로의 길이)÷(나무 사이의 간격)
=280÷40
=7(군데)
➔ (필요한 나무의 수)=7+1=8(그루)

2 300÷52=5⋯40에서 나는 5이므로 6보다 크지 않습니다.
➔ 가=300+80=380
380÷52=7⋯16에서 나는 7이므로 6보다 큽니다.
➔ 나머지인 16이 출력됩니다.

> **참고**
> 보기 의 순서도에 따라 계산했을 때
> 120÷17=7⋯1에서 나는 7이므로 7보다 크지 않습니다.
> ➔ 가=120+20=140
> 140÷17=8⋯4에서 나는 8이므로 7보다 큽니다.
> ➔ 나머지인 4가 출력됩니다.

3 (어떤 수)÷53=14⋯8
➔ 53×14=742, 742+8=750이므로 어떤 수는 750입니다.

4 거울에 비친 모습은 왼쪽과 오른쪽이 서로 바뀐 모습입니다.
시계를 왼쪽으로 뒤집어 시곗바늘을 그리면 9시입니다.

5 한글 카드의 위쪽 부분이 왼쪽 → 아래쪽 → 오른쪽으로 이동했으므로 한글 카드를 시계 반대 방향으로 90° 만큼 돌리기 하는 규칙입니다.

6
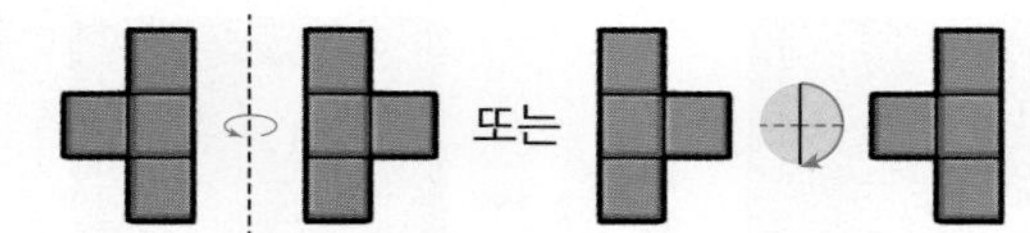

주어진 조각을 왼쪽으로 뒤집거나 시계 방향으로 180° 만큼 돌린 다음 밀어서 퍼즐을 완성합니다.

4주

이번 주에는 무엇을 공부할까? ❷ 132쪽~133쪽

1-1 (1) 장래 희망, 학생 수 (2) 7 (3) 연예인
1-2 (1) 과목, 학생 수 (2) 5 (3) 국어
2-1 (1) 2 (2) 3, 3, 3
2-2 (1) 200 (2) 320, 340, 360
3-1
3-2 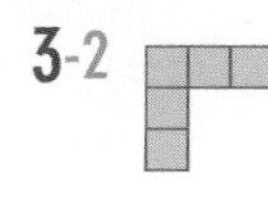

1-1 (3) 막대가 가장 긴 장래 희망을 찾아보면 연예인이므로 가장 많은 학생의 장래 희망은 연예인입니다.

1-2 (3) 막대가 가장 긴 과목을 찾아보면 국어이므로 가장 많은 학생이 좋아하는 과목은 국어입니다.

2-1 (2) ↘ 방향에 있는 세 수의 합은 가운데 수의 3배와 같습니다.

2-2 (2) ↘ 방향에 있는 두 수와 ↙ 방향에 있는 두 수의 합은 같습니다.

3-1 사각형이 1개씩 늘어나고 있습니다.

3-2 사각형이 오른쪽과 아래쪽에 1개씩 번갈아가며 늘어나고 있습니다.

1일 개념·원리 길잡이 134쪽~135쪽

활동 문제 134쪽

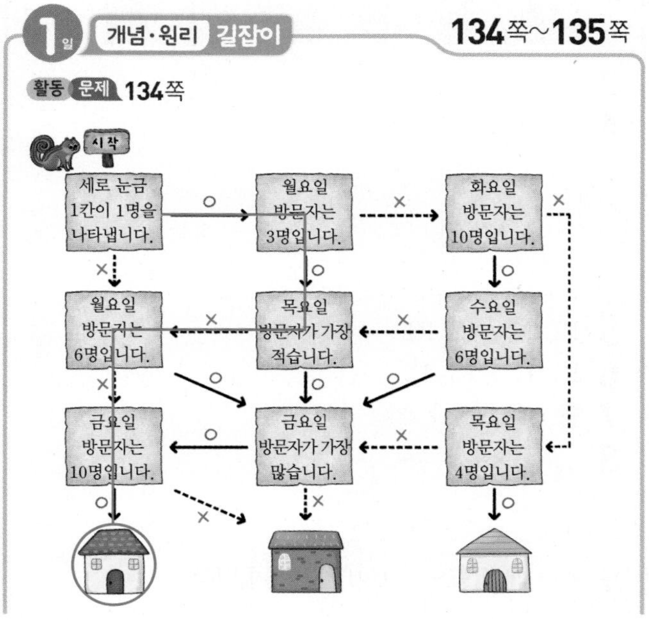

활동 문제 135쪽

활동 문제 134쪽

월요일 방문자가 가장 적습니다.

활동 문제 135쪽

- 4반의 안경을 쓴 남학생은 8명, 여학생은 3명입니다.
  ➔ $8+3=11$(명)
- 2반의 안경을 쓴 남학생은 5명, 여학생은 5명입니다.
  ➔ $5+5=10$(명)

1일 서술형 길잡이 | 독해력 길잡이 136쪽~137쪽

1-1 예 떡볶이 / 예 가장 많은 학생들이 떡볶이를 좋아하므로 간식으로 준비하면 좋을 것 같습니다.

1-2 (1) 예 축구 / 예 가장 많은 학생들이 축구를 배우고 싶어 하므로 축구 수업을 가장 많이 개설하면 좋겠습니다.

(2) 예 농구 / 예 가장 적은 학생들이 농구를 배우고 싶어 하므로 농구 수업을 가장 적게 개설하면 좋겠습니다.

2-1 7명

2-2 규민이와 한울이의 과목별 시험 점수를 나타낸 막대그래프입니다. 물음에 답하세요.

(1) 규민이의 수학 시험 점수는 몇 점일까요? (　　　)

(2) 규민이와 한울이의 사회 시험 점수의 차는 몇 점일까요? (　　　)

/ (1) 80점 (2) 20점

2-1 4반에서 그리기 대회에 참가한 여학생은 7명입니다.

2-2 (1) 수학 과목에서 보라색 막대가 나타내는 점수는 80점입니다.

(2) 규민이의 사회 시험 점수: 100점,
한울이의 사회 시험 점수: 80점
➔ $100-80=20$(점)

1일 사고력·코딩 138쪽~139쪽

1 예 고추 / 예 고추를 심고 싶은 학생이 가장 많으므로 승규네 반 학생들이 채소 한 가지를 심는다면 고추를 심는 것이 가장 좋을 것 같습니다.

2 2회

3 26권

4 11, 14, 8, 17

1 가장 많은 학생들이 심고 싶은 채소를 심는 것이 가장 좋을 것 같습니다.

2 재희가 과녁을 맞힌 횟수: $4+2+7+7=20$(회)
승현이가 과녁을 맞힌 횟수: $8+4+5+5=22$(회)
➔ $22-20=2$(회)

3 4반 학생들이 읽은 책은 세로 눈금 5칸입니다.
세로 눈금 5칸이 10권을 나타내므로 세로 눈금 한 칸은 $10\div5=2$(권)을 나타냅니다.
➔ 2반 학생들이 읽은 책은 세로 눈금 13칸이므로 $2\times13=26$(권)입니다.

4 제20회 토리노: $6+3+2=11$(개)
제21회 밴쿠버: $6+6+2=14$(개)
제22회 소치: $3+3+2=8$(개)
제23회 평창: $5+8+4=17$(개)

2일 개념·원리 길잡이 140쪽~141쪽

활동 문제 140쪽

(위부터) 5, 8, 6

활동 문제 141쪽

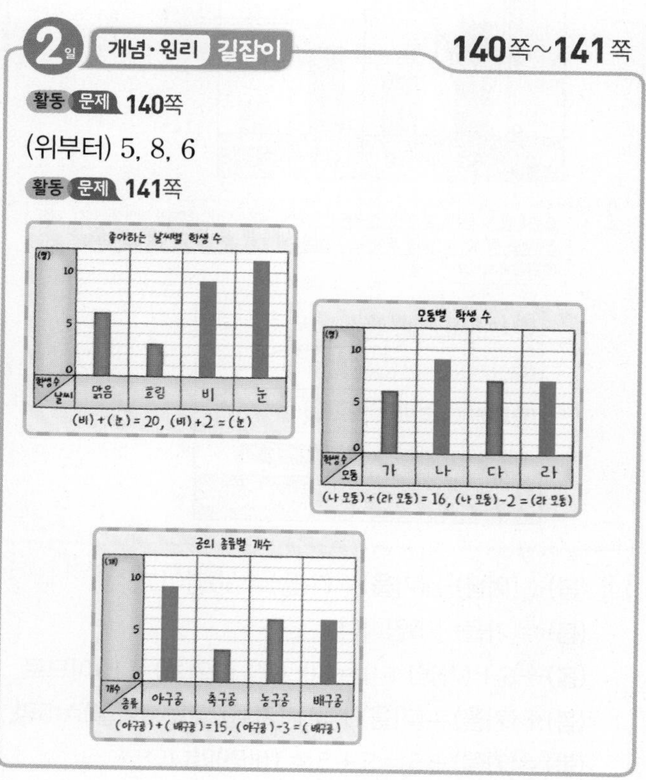

활동 문제 140쪽

- 과학을 좋아하는 학생은 사회를 좋아하는 학생보다 2명 더 많습니다. ➔ (과학)=(사회)+2, 7=(사회)+2, (사회)=5명
- 사회를 좋아하는 학생은 국어를 좋아하는 학생보다 1명 더 적습니다. ➔ (사회)=(국어)−1, (사회)=7−1=6(명)
- 사회를 좋아하는 학생은 수학을 좋아하는 학생보다 3명 더 많습니다. ➔ (사회)=(수학)+3, (사회)=5+3=8(명)

활동 문제 141쪽

- (비)+(눈)=20, (비)+2=(눈)이므로
  (비)+(비)+2=20, (비)+(비)=18, (비)=9명,
  (눈)=(비)+2=9+2=11(명)입니다.
- (나 모둠)+(라 모둠)=16, (나 모둠)−2=(라 모둠)이므로 (나 모둠)+(나 모둠)−2=16,
  (나 모둠)+(나 모둠)=18, (나 모둠)=9명,
  (라 모둠)=(나 모둠)−2=9−2=7(명)입니다.
- (야구공)+(배구공)=15, (야구공)−3=(배구공)이므로
  (야구공)+(야구공)−3=15,
  (야구공)+(야구공)=18, (야구공)=9개,
  (배구공)=(야구공)−3=9−3=6(개)입니다.

2일 서술형 길잡이 독해력 길잡이 142쪽~143쪽

1-1 10명, 5명

1-2 (1) 10명 (2) 4명

2-1

2-2 준우네 반 학생들이 좋아하는 동물을 조사하여 나타낸 막대그래프가 찢어졌습니다. 개를 좋아하는 학생은 코끼리를 좋아하는 학생의 2배일 때, 찢어지기 전 막대그래프를 오른쪽에 완성해 보세요.

1-1 (봄)+(여름)+(가을)+(겨울)=30명이고,
(봄)=(가을)+5입니다.
(봄)+6+(가을)+9=30, (봄)+(가을)=15이므로
(봄)+(가을)=(가을)+5+(가을)=15, (가을)=5명,
(봄)=(가을)+5=5+5=10(명)입니다.

1-2 (1) (빨간색)+(파란색)+(노란색)+(초록색)=40명이고, (노란색)=(초록색)−6입니다.
8+18+(노란색)+(초록색)=40,
(노란색)+(초록색)=14,
(노란색)+(초록색)=(초록색)−6+(초록색)=14,
(초록색)+(초록색)=20, (초록색)=10명
(2) (노란색)=(초록색)−6=10−6=4(명)

2-1 B형인 학생은 4명입니다.
➔ A형인 학생은 B형인 학생의 2배이므로 4×2=8(명)입니다.

2-2 개를 좋아하는 학생은 10명입니다.
➔ 개를 좋아하는 학생은 코끼리를 좋아하는 학생의 2배이므로 코끼리를 좋아하는 학생은 10÷2=5(명)입니다.

2일 사고력·코딩 144쪽~145쪽

1 5번　　2 40 kg

3 4,

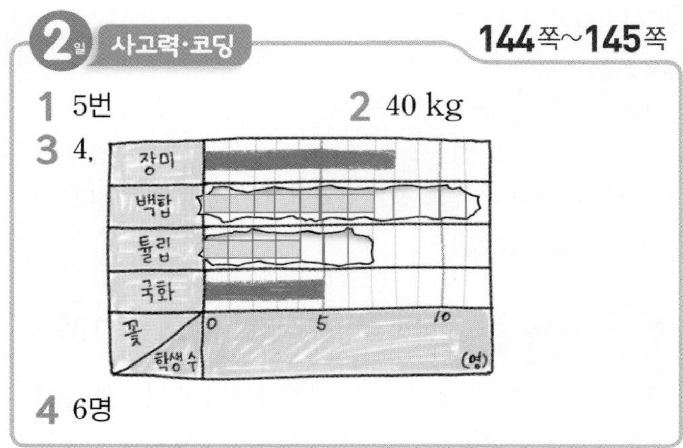

4 6명

1 독일이나 이탈리아의 우승 횟수는 4번입니다.
➔ 브라질의 우승 횟수는 4+1=5(번)입니다.

2 세로 눈금 5칸이 100 kg을 나타내므로 세로 눈금 1칸은 20 kg을 나타냅니다.
A 마을의 2019년 사과 생산량은 300 kg이고,
B 마을의 2020년 사과 생산량은 260 kg입니다.
➔ 300−260=40 (kg)

3 (장미)+(백합)+(튤립)+(국화)=24명,
8+7+(튤립)+5=24, 20+(튤립)=24,
(튤립)=4명

4 (국어)+(수학)+(사회)+(과학)=23명,
9+(수학)+(사회)+5=23,
14+(수학)+(사회)=23,
(수학)+(사회)=9, (수학)=(사회)−3이므로
(사회)−3+(사회)=9, (사회)+(사회)=12,
(사회)=6명, (수학)=6−3=3(명)입니다.
➔ 9>6>5>3이므로 9−3=6(명)입니다.

3일 개념·원리 길잡이 146쪽~147쪽

활동 문제 146쪽

(위부터) 603, 604 / 501 / 406 / 305 / 202

활동 문제 147쪽

32, 64, 128을 지나도록 선을 긋습니다.

활동 문제 146쪽
좌석 번호는 왼쪽에서 오른쪽으로 가면서 1씩 커집니다.
좌석 번호는 앞에서 뒤로 가면서 100씩 커집니다.

활동 문제 147쪽
선이 그어진 수는 순서대로 2, 4, 8, 16입니다.
앞의 수에 2를 곱한 수와 선을 긋는 규칙이므로
16 다음의 수는 $16\times2=32$,
32 다음의 수는 $32\times2=64$,
64 다음의 수는 $64\times2=128$입니다.

3일 서술형 길잡이 독해력 길잡이 148쪽~149쪽

1-1 576 / 18, 2, 곱한에 ○표
1-2 64 / 100, 9, 뺀에 ○표
1-3 55 / 합에 ○표
2-1 240
2-2 수 배열표입니다. 수 배열표에서 위에서 네 번째, 왼쪽에서 네 번째 칸에 알맞은 수를 구해 보세요.
/ 744

1-1 $18\times2=36$, $36\times2=72$, $72\times2=144$, $144\times2=288$, $288\times2=576$
➡ 18부터 시작하여 2씩 곱한 수가 오른쪽에 쓰입니다.

1-2 수가 작아지고 있으므로 뺄셈 또는 나눗셈을 이용하여 규칙을 찾아봅니다.
$100-9=91$, $91-9=82$, $82-9=73$, $73-9=64$
➡ 100부터 시작하여 9씩 뺀 수가 오른쪽에 쓰입니다.

1-3 수가 커지고 있으므로 덧셈 또는 곱셈을 이용하여 규칙을 찾아봅니다.
$3+5=8$, $5+8=13$, $8+13=21$, $13+21=34$, $21+34=55$
➡ 바로 왼쪽 두 수의 합이 오른쪽에 쓰입니다.

2-1 사물함 번호가 ↓ 방향으로 80씩 커지므로 가장 윗줄 오른쪽에서 세 번째 수인 160보다 80 큰 수를 구하면 240입니다.

2-2 ↓ 방향으로 100씩 커지므로 알맞은 수는 444－544－644－744로 744입니다.

3일 사고력·코딩 150쪽~151쪽

1 576
2 (위부터) 4, 4 / 5, 10, 10, 5
3 25308, 27508
4 E, 43
5 21, 21 / 94

1 9부터 시작하여 4를 곱한 수가 오른쪽에 있으므로 빈 곳에 알맞은 수는 $144\times4=576$입니다.

2 위의 두 수를 더한 수가 아래에 쓰입니다.

3 가로(→)는 오른쪽으로 100씩 커지는 규칙이 있습니다.
■$=25208+100=25308$
세로(↓)는 아래쪽으로 1000씩 커지는 규칙이 있습니다.
●$=26508+1000=27508$

4 가로줄: 알파벳은 그대로이고, 오른쪽으로 갈수록 숫자가 1씩 커집니다.
세로줄: 알파벳이 뒤로 가면서 A, B, C……순으로 바뀌고, 숫자가 9씩 커집니다.
➡ $25+9=34$, $34+9=43$이므로 선주의 자리는 E열 43입니다.

5 $10+21=31$, $31+21=52$, $52+21=73$, $73+21=94$ ➡ 10부터 시작하여 21씩 더한 수가 오른쪽에 쓰입니다.

4일 개념·원리 길잡이 152쪽~153쪽

활동 문제 152쪽

활동 문제 153쪽

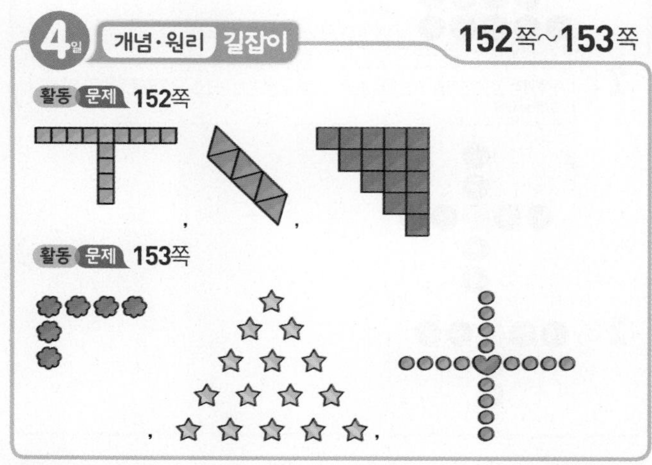

활동 문제 152쪽
• 붙임딱지가 왼쪽, 오른쪽, 아래쪽으로 1개씩 늘어납니다.
➡ 넷째 모양에서 왼쪽, 오른쪽, 아래쪽으로 붙임딱지가 1개씩 늘어난 모양을 그립니다.
• 붙임딱지가 ↘ 방향으로 1개씩 늘어납니다.
➡ 다섯째 모양에서 ↘ 방향으로 붙임딱지가 1개 늘어난 모양을 그립니다.
• 붙임딱지가 오른쪽에 2개, 3개, 4개……가 늘어납니다.
➡ 넷째 모양에서 붙임딱지가 오른쪽에 5개 늘어난 모양을 그립니다.

활동 문제 153쪽

• 붙임딱지가 오른쪽, 아래쪽으로 1개씩 번갈아 가면서 늘어납니다.

➔ 다섯째 모양에서 붙임딱지가 오른쪽으로 1개 늘어난 모양을 그립니다.

• 붙임딱지가 아래쪽에 2개, 3개, 4개……가 늘어납니다.

➔ 넷째 모양에서 붙임딱지가 아래쪽에 5개 늘어난 모양을 그립니다.

• ♥ 모양 붙임딱지를 중심으로 ● 모양 붙임딱지가 왼쪽, 오른쪽, 위쪽, 아래쪽으로 1개씩 늘어납니다.

➔ 넷째 모양에서 ● 모양 붙임딱지가 왼쪽, 오른쪽, 위쪽, 아래쪽으로 1개씩 늘어난 모양을 그립니다.

4일 서술형 길잡이 독해력 길잡이 154쪽~155쪽

1-1 ㉰ 삼각형의 수가 3개씩 늘어납니다.

1-2 초록, 빨간, 오른쪽에 ○표, 아래쪽에 ○표

1-3 노란, 주황, 왼쪽 ○표, 오른쪽에 ○표, 위쪽에 ○표

2-1

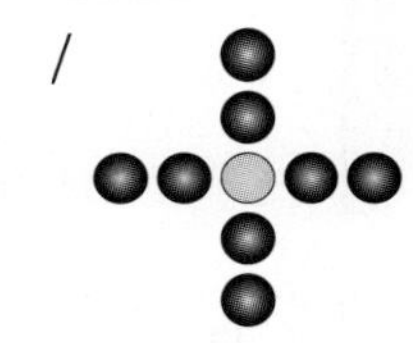

2-2 지영이는 규칙에 따라 바둑돌을 놓아 모양을 만들고 있습니다. 다섯째에 알맞은 모양을 그려 보세요.

/

2-3

1-1 첫째 둘째 셋째 넷째

1개 4개 7개 10개

+3 +3 +3

1-2 초록색 사각형을 중심으로 빨간색 사각형의 수가 오른쪽에 1개, 아래쪽에 1개씩 늘어납니다.

1-3 노란색 사각형을 중심으로 주황색 사각형의 수가 왼쪽, 오른쪽, 위쪽에 각각 1개씩 늘어납니다.

2-1 바둑돌이 1개에서 시작하여 2개, 3개, 4개 늘어납니다.

➔ 넷째 모양에서 바둑돌이 5개 늘어난 모양을 다섯째에 그립니다.

2-2 흰색 바둑돌을 중심으로 검은색 바둑돌이 왼쪽과 위쪽에 각각 1개씩, 오른쪽과 아래쪽에 각각 1개씩 번갈아 가며 늘어납니다.

➔ 넷째 모양에서 오른쪽과 아래쪽에 검은색 바둑돌이 1개씩 늘어난 모양을 다섯째에 그립니다.

2-3 흰색 바둑돌을 중심으로 검은색 바둑돌이 왼쪽과 오른쪽에 각각 1개씩, 아래쪽에 1개 번갈아 가며 늘어납니다.

➔ 넷째 모양에서 아래쪽에 바둑돌이 1개 늘어난 모양을 다섯째에 그립니다.

4일 사고력·코딩 156쪽~157쪽

1 / 36개

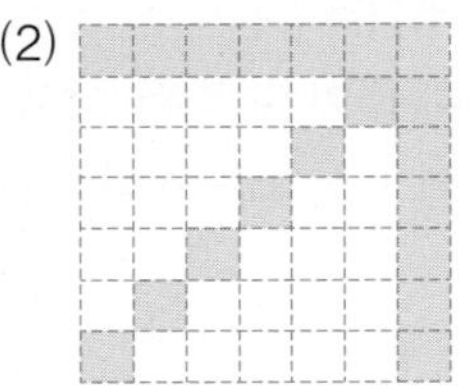

2 (1) 3, 9, 27

(2) ㉰ 빨간색 삼각형의 수가 1개에서 시작하여 3배로 늘어납니다.

3 ㉰ 오른쪽과 아래쪽으로 각각 1개씩 늘어납니다.

/ ㉰ 가로, 세로가 각각 0개, 1개, 2개, 3개인 정사각형 모양이 됩니다.

4 (1) 왼쪽에 ○표, 아래쪽에 ○표, ↙에 ○표, 2

(2)

1 첫째: 2×2, 둘째: 3×3, 셋째: 4×4, 넷째: 5×5이므로 다섯째는 $6\times6=36$(개)입니다.

2 첫째: 1개, 둘째: $1\times3=3$(개), 셋째: $3\times3=9$(개), 넷째: $9\times3=27$(개)이므로 빨간색 삼각형의 수가 1개에서 시작하여 3배로 늘어납니다.

3 각 색깔별로 놓인 모양을 보고 규칙을 찾아봅니다.

4 (1) 오른쪽 위에서부터 시작하여 왼쪽, 아래쪽, ↙ 방향으로 각각 2칸씩 더 색칠했으므로 2번 반복한 것입니다.

(2) 셋째 도형에서 왼쪽, 아래쪽, ↙ 방향으로 2칸씩 더 색칠한 모양을 넷째에 그립니다.

5일 개념·원리 길잡이 158쪽~159쪽

활동 문제 158쪽

33333×99999=3333266667,
55555×99999=5555444445

활동 문제 159쪽

3, 3, 예 9+10+11=10×3
예 104+106=114+116−20

활동 문제 158쪽

- 곱해지는 수의 3과 곱하는 수의 9가 하나씩 늘어날 때마다 곱의 2 앞에는 3이, 7 앞에는 6이 하나씩 늘어납니다.
- 곱해지는 수의 5와 곱하는 수의 9가 하나씩 늘어날 때마다 곱의 4 앞에는 5가, 5 앞에는 4가 하나씩 늘어납니다.

활동 문제 159쪽

- 연속된 세 수를 더하면 가운데 수의 3배와 같습니다.
- 수 블록의 1층의 수에서 10을 빼면 2층의 수가 되므로 2층의 두 수의 합은 1층의 두 수의 합에서 10+10=20을 뺀 수와 같습니다.

5일 서술형 길잡이 독해력 길잡이 160쪽~161쪽

1-1 44444×99999=4444355556
1-2 1, 0, 111112×9=1000008
1-3 3, 1, 8 또는 3, 8, 1
333333×333333=111110888889
2-1 예 11+19=12+18
2-2

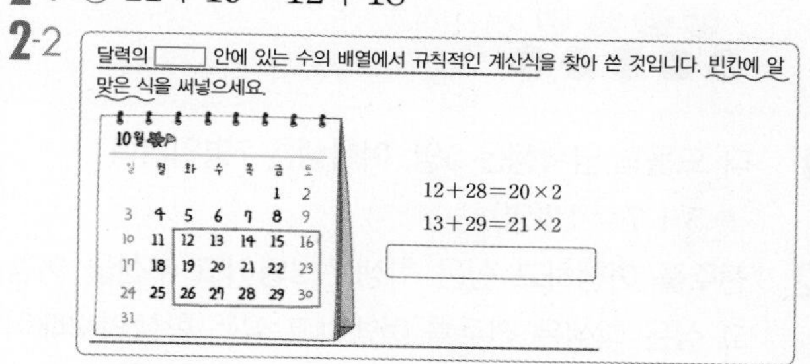

달력의 안에 있는 수의 배열에서 규칙적인 계산식을 찾아 쓴 것입니다. 빈칸에 알맞은 식을 써넣으세요.
10월
12+28=20×2
13+29=21×2

/ 예 14+30=22×2
2-3 예 301+401+501=401×3

1-1 곱해지는 수의 4와 곱하는 수의 9가 하나씩 늘어날 때마다 곱의 3 앞에는 4가, 6 앞에는 5가 하나씩 늘어납니다.
1-2 곱해지는 수의 1이 하나씩 늘어날 때마다 곱의 0이 하나씩 늘어납니다.
1-3 곱하는 수와 곱해지는 수의 3이 각각 하나씩 늘어날 때마다 곱의 0 앞에는 1이, 9 앞에는 8이 하나씩 늘어납니다.
2-1 9와 17, 10과 18은 ↘ 방향으로 연결된 두 수이고, 10과 16, 11과 17은 ↙ 방향으로 연결된 두 수입니다. ↘ 방향으로 연결된 두 수와 ↙ 방향으로 연결된 두 수의 합으로 계산식을 씁니다.
2-2 ↘ 방향으로 연결된 세 수 중에 처음 수와 마지막 수의 합은 가운데 수의 2배입니다.
2-3 연속한 세 수의 합은 가운데 수의 3배와 같습니다.

5일 사고력·코딩 162쪽~163쪽

1 936+152=988　　2 7, 8, 9
3 20
4 예 301+103=303+101
5 (1) 3, 4, 5, 1 (2) 6, 7

1 936에 10씩 커지는 수를 더하면 계산 결과는 10씩 커집니다.
2 세로에 있는 세 수끼리 더하면 가운데 수의 3배입니다.
3 13+19+20+21+27=100 → 100÷5=20
4 빌라의 호수의 배열에서 여러 가지 규칙적인 계산식을 찾을 수 있습니다.
5 2부터 시작하여 짝수를 차례로 2개, 3개, 4개, 5개씩 더한 결과는 더한 짝수의 개수와 그보다 1만큼 더 큰 수의 곱과 같습니다.
2+4+6+8+10+12=6×7
짝수가 6개

4주 특강 창의·융합·코딩 164쪽~169쪽

1 (위부터) 6마리, 4마리, 다 우리, 라 우리, 5마리
2

3 누나, 상진

4 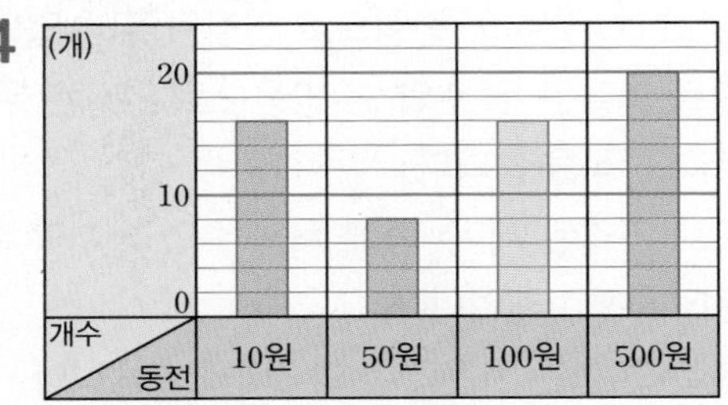

5 주훈, 6개　　6 7

7 ❶ 2, 2, 2, 5, 4 / 1, 1, 1, 1, 1

❷ 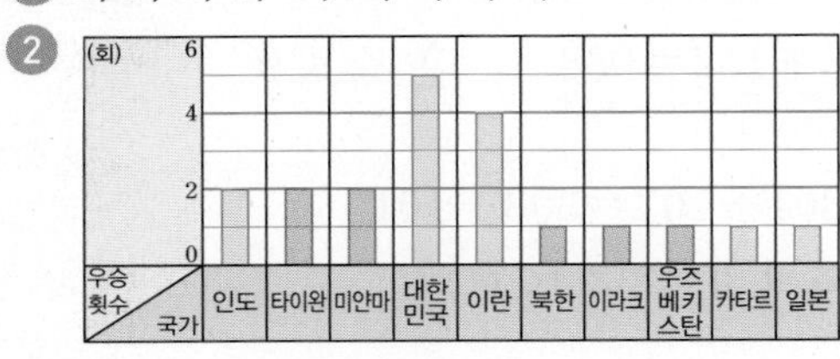

8 ❶ 2, 왼쪽, 2　❷ ⇨, ↶, ⇨, ⇨

1 • 가 우리의 동물: 6마리
• 나 우리의 동물: 4마리
• 동물 수가 가장 많은 우리: 다 우리
• 동물 수가 7마리인 우리: 라 우리
• 나 우리와 다 우리의 동물 수의 차: $9-4=5$(마리)

2 $180\div2=90 \rightarrow 90\div2=45$
$\rightarrow 45\times3=135,\ 135+1=136 \rightarrow 136\div2=68$
$\rightarrow 68\div2=34 \rightarrow 34\div2=17$
$\rightarrow 17\times3=51,\ 51+1=52 \rightarrow 52\div2=26$
$\rightarrow 26\div2=13 \rightarrow 13\times3=39,\ 39+1=40$
$\rightarrow 40\div2=20 \rightarrow 20\div2=10 \rightarrow 10\div2=5$
$\rightarrow 5\times3=15,\ 15+1=16 \rightarrow 16\div2=8$
$\rightarrow 8\div2=4 \rightarrow 4\div2=2 \rightarrow 2\div2=1$

3 세로 눈금의 숫자가 사용 시간을 나타내므로 눈금 3보다 위로 올라가 있는 막대를 찾으면 누나, 상진이입니다. 휴대 전화 사용 시간이 3시간이 넘은 사람은 누나와 상진이로 휴대 전화 중독이라고 볼 수 있는 사람은 누나와 상진이입니다.

4 세로 눈금 한 칸은 2개를 나타냅니다. 100원짜리 동전 16개는 세로 눈금 10에서 3칸 위까지 막대를 그립니다.

5 흰색 바둑돌, 검은색 바둑돌이 교대로 놓이는 규칙이므로 여섯째에는 검은색 바둑돌을 놓아야 하는데 검은색 바둑돌을 놓을 친구는 주훈입니다. 바둑돌은 맨 아래층에 1개, 2개, 3개, 4개……와 같이 1개씩 늘어나면서 놓이는 규칙이므로 여섯째에는 6개를 놓아야 합니다.

6 두 수의 덧셈 결과에서 일의 자리 숫자만 쓴 것입니다.
↓ 방향: 1씩 커집니다. ↘ 방향: 2씩 커집니다.
↙ 방향: 수는 모두 같습니다.

	2435	2436	2437	2438	2439
25	0	1	2	3	4
26	1	2	3	4	5
27	2	3	4	5	6
28	3	4	5	6	7

따라서 얼룩이 생긴 부분에 들어갈 수는 7입니다.

7 조사한 자료에서 나라별로 우승 횟수를 세어 표로 나타냅니다.

8 앞쪽으로 2칸 이동 (⇨ → ⇨)
➔ 오른쪽으로 90°만큼 돌기 (↷)
➔ 앞쪽으로 2칸 이동 (⇨ → ⇨)
➔ 왼쪽으로 90°만큼 돌기 (↶)
➔ 앞쪽으로 2칸 이동 (⇨ → ⇨)

누구나 100점 TEST　170쪽~171쪽

1 12명　　2 6명

3 (1) 100, 10 (2) 524

4 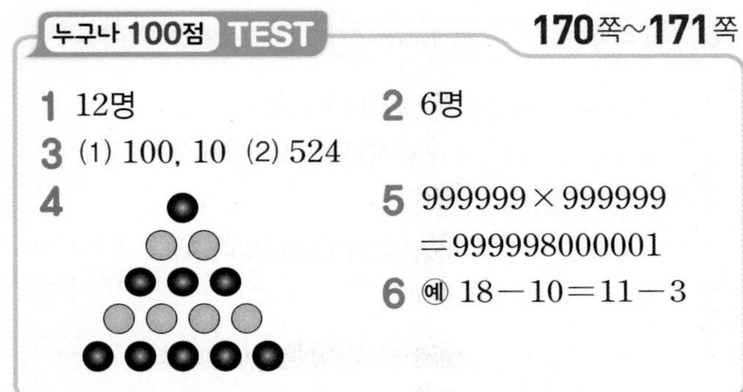

5 999999×999999
$=999998000001$

6 ㉠ $18-10=11-3$

1 다 모둠의 남학생은 5명, 여학생은 7명입니다.
➔ $5+7=12$(명)

2 전주를 여행하고 싶은 학생은 2명이고 부산을 여행하고 싶은 학생은 전주를 여행하고 싶은 학생의 3배이므로 부산을 여행하고 싶은 학생은 $2\times3=6$(명)입니다.

3 수 배열표의 수는 ↓ 방향으로 100씩 커지고, → 방향으로 10씩 커집니다.
504 → 514 → 524 (+10, +10)

4 검은색 바둑돌과 흰색 바둑돌을 번갈아 가며 1개씩 더 놓고 있습니다. 다섯째 모양은 넷째 모양의 아래쪽에 검은색 바둑돌 5개를 더 놓은 모양입니다.

5 곱해지는 수와 곱하는 수의 9가 각각 하나씩 늘어날 때마다 곱의 9와 0이 각각 하나씩 늘어납니다.

6 ↖ 방향으로 연결된 두 수의 차는 서로 같습니다.

◀ 정답은
이안에
있어!

기초 학습능력 강화 프로그램

매일 조금씩 공부력 UP!

하루 독해　　하루 어휘

하루 VOCA

하루 수학　　하루 계산　　하루 도형　　하루 사고력

과목	교재 구성	과목	교재 구성
하루 수학	1~6학년 1·2학기 12권	하루 사고력	1~6학년 A·B단계 12권
하루 VOCA	3~6학년 A·B단계 8권	하루 글쓰기	1~6학년 A·B단계 12권
하루 사회	3~6학년 1·2학기 8권	하루 한자	1~6학년 A·B단계 12권
하루 과학	3~6학년 1·2학기 8권	하루 어휘	예비초~6학년 1~6단계 6권
하루 도형	1~6단계 6권	하루 독해	예비초~6학년 A·B단계 12권
하루 계산	1~6학년 A·B단계 12권		

※ 각 교재별 출간 시기는 조금씩 다릅니다.

배움으로 행복한 내일을 꿈꾸는

천재교육 커뮤니티 안내

교재 안내부터 구매까지 한 번에!

천재교육 홈페이지

천재교육 홈페이지에서는 자사가 발행하는 참고서,
교과서에 대한 소개는 물론 도서 구매도 할 수 있습니다.
회원에게 지급되는 별을 모아 다양한 상품 응모에도
도전해 보세요.

구독, 좋아요는 필수! 핵유용 정보 가득한

천재교육 유튜브 <천재TV>

신간에 대한 자세한 정보가 궁금하세요?
참고서를 어떻게 활용해야 할지 고민인가요?
공부 외 다양한 고민을 해결해 줄 채널이 필요한가요?
학생들에게 꼭 필요한 콘텐츠로 가득한 천재TV로 놀러 오세요!

다양한 교육 꿀팁에 깜짝 이벤트는 덤!

천재교육 인스타그램

천재교육의 새롭고 중요한 소식을 가장 먼저 접하고 싶다면?
천재교육 인스타그램 팔로우가 필수!
누구보다 빠르고 재미있게 천재교육의 소식을 전달합니다.
깜짝 이벤트도 수시로 진행되니 놓치지 마세요!